高职高专信息技术类专业项目驱动模式规划教材

ASP.NET 程序设计项目教程
——C#版

诸福磊　靖定国　金莉花　主编

清华大学出版社
北　京

内容简介

本书以案例为中心,以项目开发为主线,以技能培养为目标,从 ASP.NET 应用技术出发,采用"项目导入,任务引领"的形式介绍 ASP.NET Web 应用系统开发的全过程。主要内容包括:ASP.NET 3.5 与开发工具、ASP.NET 的网页代码模型及生命周期、Web 窗体的基本控件、Web 窗体的高级控件、数据库基础、Web 窗体的数据控件、ADO.NET 数据库访问技术、访问其他数据源、用户控件和自定义控件、注册模块设计、ASP.NET 校友录系统设计。

本书主要面向高等职业技术院校,可作为高职高专院校程序设计课程的教材和教学参考书,又可作为计算机培训班的教材或参考书,也可作为计算机相关专业的程序设计课程用书。

本书封面贴有清华大学出版社防伪标签,无标签者不得销售。
版权所有,侵权必究。侵权举报电话:010-62782989 13701121933

图书在版编目(CIP)数据

ASP.NET 程序设计项目教程:C♯版/诸福磊,靖定国,金莉花主编. --北京:清华大学出版社,2016
高职高专信息技术类专业项目驱动模式规划教材
ISBN 978-7-302-41683-8

Ⅰ.①A… Ⅱ.①诸… ②靖… ③金… Ⅲ.①网页制作工具-程序设计-高等职业教育-教材 ②C 语言-程序设计-高等职业教育-教材 Ⅳ.①TP393.092 ②TP312

中国版本图书馆 CIP 数据核字(2015)第 238185 号

责任编辑:孟毅新
封面设计:傅瑞学
责任校对:刘 静
责任印制:沈 露

出版发行:清华大学出版社
网　　址:http://www.tup.com.cn, http://www.wqbook.com
地　　址:北京清华大学学研大厦 A 座　　　邮　编:100084
社 总 机:010-62770175　　　　　　　　　　邮　购:010-62786544
投稿与读者服务:010-62776969, c-service@tup.tsinghua.edu.cn
质量反馈:010-62772015, zhiliang@tup.tsinghua.edu.cn
课件下载:http://www.tup.com.cn, 010-62795764

印 装 者:北京密云胶印厂
经　　销:全国新华书店
开　　本:185mm×260mm　　印 张:22　　字 数:548 千字
版　　次:2016 年 2 月第 1 版　　　　　　印 次:2016 年 2 月第 1 次印刷
印　　数:1~2500
定　　价:48.00 元

产品编号:064829-01

前言

ASP.NET 是 Microsoft.NET 的一部分,作为战略产品,不仅仅是 Active Server Page(ASP)的下一个版本,它还提供了一个统一的 Web 开发模型,其中包括开发人员生成企业级 Web 应用程序所需的各种服务。ASP.NET 的语法在很大程度上与 ASP 兼容,同时它还提供一种新的编程模型和结构,可生成伸缩性和稳定性更好的应用程序,并提供更好的安全保护。可以通过在现有 ASP 应用程序中逐渐添加 ASP.NET 功能,随时增强 ASP 应用程序的功能。

ASP.NET 是一个已编译的、基于.NET 的环境,可以用任何与.NET 兼容的语言(包括 Visual Basic .NET、C# 和 JScript .NET)编写应用程序。另外,任何 ASP.NET 应用程序都可以使用整个.NET Framework。开发人员可以方便地获得这些技术的优点,其中包括托管的公共语言运行库环境、类型安全、继承等。

高等职业教育有别于普通高等教育,它有鲜明的培养目标、教学模式和教学内容。当前,"工学结合"是高职教育培养模式改革的重要切入点和出发点,而"校企合作"则对高职教育的模式具有积极的导向作用。为了适应培养具有创业型意识的复合型人才的需要,进一步完善和补充 ASP.NET 程序设计系列的教材,特编写了适用于高职学生特色的《ASP.NET 程序设计教程》。

本书的编写具有以下 3 个主要特点。

(1) 以突出培养创业型复合型人才为目标,用丰富的版块合理安排全文,突出实用性和可操作性。

(2) 以企业实际案例为依托,紧紧围绕"场景导入"→"知识讲解"→"本章小结"→"本章习题"这一主线进行编写,强化能力训练。

(3) 以工作过程为导向,全面展开案例实施的全过程,提炼技术要点,校企合作,面向岗位。

本书共 11 章,首先通过场景导入引出问题,其次详细讲解用来解决问题的知识点,最后回到场景中解决问题,以此为主线引导全文。全书主要内容如下。

第 1 章:ASP.NET 3.5 与开发工具,主要内容包括 ASP.NET 的发展和特点、Visual Studio 2008 环境介绍等。

第 2 章:ASP.NET 的网页代码模型及生命周期,主要内容包括网页代码模型等。

第 3 章:Web 窗体的基本控件,主要内容包括标签控件(Label)、超链接控件(HyperLink)以及图像控件(Image)、文本框控件、单选和复选控件等。

第 4 章:Web 窗体的高级控件,主要内容包括登录控件和网站管理工具等。

第 5 章:数据库基础,主要内容包括数据模型、使用 Access 2010 管理数据库和使用 SQL Server 2005 管理数据库等。

第 6 章:Web 窗体的数据控件,主要内容包括数据源控件、数据控件和数据控件连接数据库等。

第 7 章：ADO.NET 数据库访问技术，主要内容包括 Connection 建立数据库连接、使用 Command 对象操作数据库和使用 DataReader 对象读取数据等。

第 8 章：访问其他数据源，主要内容包括与数据库建立连接和访问 MySql、Excel、txt 和 SQLite 等。

第 9 章：用户控件和自定义控件，主要内容包括用户控件、自定义控件和两者的区别以及母版页的使用方法等。

第 10、11 章：课程实训，主要是对前面各项目知识点的应用。

本书配有免费多媒体课件、教案、授课计划，以及经过精心设计和调试的项目案例源代码及教材所用数据库，读者可从清华大学出版社网站 http：//www.tup.tsinghua.edu.cn 下载。

本书由硅湖职业技术学院诸福磊、靖定国和金莉花担任主编，其中第 1~6 章由诸福磊编写，第 7~9 章由靖定国编写，第 10~11 章由金莉花编写，相关企业案例由金莉花提供。全书由诸福磊统稿、定稿。

本书在编写过程中得到了硅湖职业技术学院领导的鼓励与支持，得到了计算机教研室全体教师的帮助和指导，在此向他们表示衷心的感谢。同时，还得到了方天软件（苏州）有限公司的大力支持，在此一并表示感谢。

由于编者水平有限，加之时间仓促，书中难免存在不足之处，敬请广大读者批评指正。

编　者

2016 年 1 月

目录

第1章 ASP.NET 3.5 与开发工具 ... 1

- 1.1 场景导入 ... 1
- 1.2 什么是 ASP.NET ... 1
  - 1.2.1 .NET 历史与展望 ... 1
  - 1.2.2 ASP.NET 与 ASP ... 2
  - 1.2.3 ASP.NET 开发工具 ... 3
  - 1.2.4 ASP.NET 客户端 ... 4
- 1.3 .NET 框架 ... 4
  - 1.3.1 什么是.NET 框架 ... 4
  - 1.3.2 公共语言运行库 ... 5
  - 1.3.3 .NET 框架类库 ... 6
- 1.4 安装 Visual Studio 2008 ... 7
  - 1.4.1 安装 Visual Studio 2008 ... 7
  - 1.4.2 主窗口 ... 9
  - 1.4.3 文档窗格 ... 9
  - 1.4.4 工具箱 ... 11
  - 1.4.5 解决方案管理器 ... 12
  - 1.4.6 属性窗格 ... 13
  - 1.4.7 错误列表窗格 ... 14
- 1.5 ASP.NET 应用程序基础 ... 15
  - 1.5.1 创建 ASP.NET 应用程序 ... 15
  - 1.5.2 运行 ASP.NET 应用程序 ... 15
  - 1.5.3 编译 ASP.NET 应用程序 ... 17
- 1.6 本章小结 ... 18
- 1.7 本章习题 ... 18

第2章 ASP.NET 的网页代码模型及生命周期 ... 19

- 2.1 场景导入 ... 19
- 2.2 ASP.NET 的网页代码模型 ... 19
  - 2.2.1 创建 ASP.NET 网站 ... 20
  - 2.2.2 单文件页模型 ... 20
  - 2.2.3 代码隐藏页模型 ... 22
  - 2.2.4 创建 ASP.NET Web Application ... 23
  - 2.2.5 ASP.NET 网站和 ASP.NET 应用程序的区别 ... 24

2.3 代码隐藏页模型的解释过程 ………………………………………………………… 24
2.4 代码隐藏页模型的事件驱动处理 …………………………………………………… 25
2.5 ASP.NET 客户端状态 ………………………………………………………………… 25
   2.5.1 视图状态 ………………………………………………………………………… 25
   2.5.2 控件状态 ………………………………………………………………………… 26
   2.5.3 隐藏域 …………………………………………………………………………… 26
   2.5.4 Cookie …………………………………………………………………………… 27
   2.5.5 客户端状态维护 ………………………………………………………………… 27
2.6 ASP.NET 页面生命周期 ……………………………………………………………… 27
2.7 ASP.NET 生命周期中的事件 ………………………………………………………… 28
   2.7.1 页面加载事件(Page_PreInit) …………………………………………………… 28
   2.7.2 页面加载事件(Page_Init) ……………………………………………………… 28
   2.7.3 页面载入事件(Page_Load) …………………………………………………… 29
   2.7.4 页面卸载事件(Page_Unload) ………………………………………………… 29
   2.7.5 页面指令 ………………………………………………………………………… 30
2.8 ASP.NET 网站文件类型 ……………………………………………………………… 31
2.9 本章小结 ……………………………………………………………………………… 33
2.10 本章习题 …………………………………………………………………………… 34

第 3 章 Web 窗体的基本控件 ……………………………………………………… 35

3.1 场景导入 ……………………………………………………………………………… 35
3.2 控件的属性 …………………………………………………………………………… 35
3.3 简单控件 ……………………………………………………………………………… 36
   3.3.1 标签控件(Label) ………………………………………………………………… 36
   3.3.2 超链接控件(HyperLink) ………………………………………………………… 37
   3.3.3 图像控件(Image) ……………………………………………………………… 39
3.4 文本框控件(TextBox) ………………………………………………………………… 39
   3.4.1 文本框控件的属性 ……………………………………………………………… 40
   3.4.2 文本框控件的使用 ……………………………………………………………… 40
3.5 按钮控件(Button、LinkButton 和 ImageButton) …………………………………… 42
   3.5.1 按钮控件的通用属性 …………………………………………………………… 43
   3.5.2 Click 单击事件 …………………………………………………………………… 43
   3.5.3 Command 命令事件 …………………………………………………………… 43
3.6 单选控件和单选组控件(RadioButton 和 RadioButtonList) ……………………… 45
   3.6.1 单选控件(RadioButton) ………………………………………………………… 45
   3.6.2 单选组控件(RadioButtonList) ………………………………………………… 45
3.7 复选框控件和复选组控件(CheckBox 和 CheckBoxList) ………………………… 47
   3.7.1 复选框控件(CheckBox) ………………………………………………………… 47
   3.7.2 复选组控件(CheckBoxList) …………………………………………………… 48
3.8 列表控件(DropDownList、ListBox 和 BulletedList) ……………………………… 49

	3.8.1 DropDownList 列表控件	49
	3.8.2 ListBox 列表控件	50
	3.8.3 BulletedList 列表控件	51
3.9	面板控件(Panel)	53
3.10	占位控件(PlaceHolder)	55
3.11	日历控件(Calendar)	55
	3.11.1 日历控件的样式	56
	3.11.2 日历控件的事件	57
3.12	广告控件(AdRotator)	58
3.13	文件上传控件(FileUpload)	61
3.14	视图控件(MultiView 和 View)	63
3.15	表控件(Table)	64
3.16	向导控件(Wizard)	68
	3.16.1 向导控件的样式	68
	3.16.2 导航控件的事件	69
3.17	XML 控件	71
3.18	验证控件	71
	3.18.1 表单验证控件(RequiredFieldValidator)	71
	3.18.2 比较验证控件(CompareValidator)	72
	3.18.3 范围验证控件(RangeValidator)	74
	3.18.4 正则验证控件(RegularExpressionValidator)	74
	3.18.5 自定义逻辑验证控件(CustomValidator)	76
	3.18.6 验证组控件(ValidationSummary)	77
3.19	导航控件	78
3.20	其他控件	80
	3.20.1 隐藏输入框控件(HiddenField)	80
	3.20.2 图片热点控件(ImageMap)	81
	3.20.3 静态标签控件(Lieral)	83
	3.20.4 动态缓存更新控件(Substitution)	85
3.21	本章小结	86
3.22	本章习题	87

第4章 Web 窗体的高级控件 … 88

4.1	场景导入	88
4.2	登录控件	88
	4.2.1 登录控件(Login)	88
	4.2.2 登录名称控件(LoginName)	90
	4.2.3 登录视图控件(LoginView)	91
	4.2.4 登录状态控件(LoginStatus)	93
	4.2.5 密码恢复控件(PasswordRecovery)	95

  4.2.6 密码更改控件(ChangePassword) ……………………………………… 98
  4.2.7 生成用户控件(CreateUserWizard) ……………………………………… 99
 4.3 网站管理工具 …………………………………………………………………… 101
  4.3.1 启动管理工具 …………………………………………………………… 102
  4.3.2 用户管理 ………………………………………………………………… 102
  4.3.3 用户角色 ………………………………………………………………… 104
  4.3.4 访问规则管理 …………………………………………………………… 105
  4.3.5 应用程序配置 …………………………………………………………… 107
 4.4 使用登录控件 …………………………………………………………………… 108
  4.4.1 生成用户控件(CreateUserWizard) ……………………………………… 108
  4.4.2 密码更改控件(ChangePassword) ……………………………………… 110
 4.5 本章小结 ………………………………………………………………………… 111
 4.6 本章习题 ………………………………………………………………………… 111

第 5 章 数据库基础 …………………………………………………………………… 112

 5.1 场景导入 ………………………………………………………………………… 112
 5.2 使用 Access 2010 管理数据库 ………………………………………………… 112
  5.2.1 创建 Access 数据库 …………………………………………………… 112
  5.2.2 创建 Access 数据表 …………………………………………………… 113
  5.2.3 表的设计 ………………………………………………………………… 114
 5.3 使用 SQL Server 2005 管理数据库 …………………………………………… 115
  5.3.1 SQL Server 2005 简介 ………………………………………………… 115
  5.3.2 安装 SQL Server 2005 ………………………………………………… 117
  5.3.3 教务系统数据库的创建 ………………………………………………… 125
  5.3.4 表的创建 ………………………………………………………………… 127
  5.3.5 数据库的备份与还原 …………………………………………………… 129
 5.4 SQL 语言基础 ………………………………………………………………… 133
  5.4.1 SQL 简介 ………………………………………………………………… 133
  5.4.2 SQL Server 数据库数据检索 …………………………………………… 134
  5.4.3 SQL Server 数据库数据管理 …………………………………………… 137
 5.5 SQL Server 数据库系统优化 ………………………………………………… 138
  5.5.1 创建视图显示学生信息 ………………………………………………… 138
  5.5.2 创建存储过程显示指定学生的课程和成绩 …………………………… 141
  5.5.3 创建触发器自动更新学生人数 ………………………………………… 143
 5.6 本章小结 ………………………………………………………………………… 144
 5.7 本章习题 ………………………………………………………………………… 145

第 6 章 Web 窗体的数据控件 …………………………………………………………… 146

 6.1 场景导入 ………………………………………………………………………… 146
 6.2 数据源控件 ……………………………………………………………………… 147

6.2.1　数据源控件简介 147
　　6.2.2　AccessDataSource 数据源控件 148
　　6.2.3　SqlDataSource 数据源控件 149
　　6.2.4　DropDownList 控件联动 157
6.3　数据控件 158
　　6.3.1　GridView 数据控件 158
　　6.3.2　DetailsView 数据控件 164
6.4　使用其他数据控件连接数据库 166
　　6.4.1　FormView 数据控件 167
　　6.4.2　DataList 数据控件 168
　　6.4.3　Repeater 数据控件 174
　　6.4.4　ListView 数据控件 177
　　6.4.5　DataPager 数据控件 181
6.5　本章小结 185
6.6　本章习题 185

第 7 章　ADO.NET 数据库访问技术 187

7.1　场景导入 187
7.2　ADO.NET 技术概述 187
　　7.2.1　数据库访问技术的演变 187
　　7.2.2　ADO.NET 技术 188
7.3　Connection 建立数据库连接 190
　　7.3.1　Connection 对象概述 190
　　7.3.2　连接数据库字符串 191
　　7.3.3　使用 Connection 对象连接数据库 192
7.4　使用 Command 对象操作数据库 194
　　7.4.1　Command 对象概述 194
　　7.4.2　使用 Command 对象插入数据 196
　　7.4.3　使用 Command 对象更新数据 198
　　7.4.4　使用 Command 对象删除数据 200
7.5　使用 DataReader 对象读取数据 203
　　7.5.1　DataReader 对象概述 203
　　7.5.2　使用 DataReader 对象读取数据 204
　　7.5.3　使用 DataReader 对象和 GridView 控件显示数据 206
　　7.5.4　案例：登录页面的设计 206
7.6　使用 DataSet 和 DataReader 读取数据 209
　　7.6.1　DataSet 对象和 DataReader 对象 209
　　7.6.2　使用 DataReader 对象读取 DataSet 表中数据 211
　　7.6.3　使用 DataReader 对象、DataSet 对象和 GridView 控件显示数据 212
　　7.6.4　DataReader 对象与 DataSet 对象的区别 213

7.7 本章小结 216
7.8 本章习题 216

第 8 章 访问其他数据源 218

8.1 场景导入 218
8.2 使用 ODBC.NET Data Provider 218
 8.2.1 ODBC.NET Data Provider 简介 218
 8.2.2 建立连接 219
8.3 使用 OLEDB.NET Data Provider 224
 8.3.1 OLEDB.NET Data Provider 简介 224
 8.3.2 建立连接 225
8.4 访问 MySql 226
 8.4.1 MySql 简介 226
 8.4.2 建立连接 227
8.5 访问 Excel 229
 8.5.1 Excel 简介 230
 8.5.2 建立连接 230
8.6 访问 TXT 233
 8.6.1 使用 ODBC.NET Data Provider 连接 TXT 233
 8.6.2 使用 OLEDB.NET Data Provider 连接 TXT 235
 8.6.3 使用 System.IO 命名空间 236
8.7 访问 SQLite 237
 8.7.1 SQLite 简介 237
 8.7.2 SQLite 连接方法 238
8.8 本章小结 239
8.9 本章习题 239

第 9 章 用户控件和自定义控件 240

9.1 场景导入 240
9.2 用户控件 240
 9.2.1 什么是用户控件 241
 9.2.2 编写一个简单的控件 241
 9.2.3 将 Web 窗体转换成用户控件 244
9.3 自定义控件 245
 9.3.1 实现自定义控件 246
 9.3.2 复合自定义控件 249
9.4 用户控件和自定义控件的异同 253
9.5 用户控件示例 253
 9.5.1 ASP.NET 登录控件 254
 9.5.2 ASP.NET 登录控件的开发 254

9.5.3　ASP.NET 登录控件的使用 ……………………………………………… 258
9.6　自定义控件实例 ……………………………………………………………………… 260
　　9.6.1　ASP.NET 分页控件 …………………………………………………………… 260
　　9.6.2　ASP.NET 分页控件的使用 …………………………………………………… 266
9.7　母版页 ………………………………………………………………………………… 268
　　9.7.1　母版页基础 …………………………………………………………………… 268
　　9.7.2　内容窗体 ……………………………………………………………………… 271
　　9.7.3　母版页的运行方法 …………………………………………………………… 273
　　9.7.4　嵌套母版页 …………………………………………………………………… 274
9.8　本章小结 ……………………………………………………………………………… 276
9.9　本章习题 ……………………………………………………………………………… 277

第 10 章　注册模块设计 278

10.1　场景导入 …………………………………………………………………………… 278
10.2　学习要点 …………………………………………………………………………… 279
10.3　系统设计 …………………………………………………………………………… 280
　　10.3.1　模块功能描述 ……………………………………………………………… 280
　　10.3.2　模块流程分析 ……………………………………………………………… 280
10.4　数据库设计 ………………………………………………………………………… 281
　　10.4.1　数据库的分析和设计 ……………………………………………………… 281
　　10.4.2　数据表的创建 ……………………………………………………………… 281
10.5　界面设计 …………………………………………………………………………… 282
　　10.5.1　基本界面 …………………………………………………………………… 282
　　10.5.2　创建 CSS …………………………………………………………………… 283
10.6　代码实现 …………………………………………………………………………… 284
　　10.6.1　验证控制 …………………………………………………………………… 284
　　10.6.2　过滤输入信息 ……………………………………………………………… 285
　　10.6.3　插入注册信息 ……………………………………………………………… 286
　　10.6.4　管理员页面 ………………………………………………………………… 287
10.7　本章小结 …………………………………………………………………………… 289

第 11 章　ASP.NET 校友录系统设计 290

11.1　场景导入 …………………………………………………………………………… 290
　　11.1.1　准备数据源 ………………………………………………………………… 290
　　11.1.2　实例演示 …………………………………………………………………… 290
　　11.1.3　管理后台演示 ……………………………………………………………… 293
11.2　系统设计 …………………………………………………………………………… 296
　　11.2.1　需求分析 …………………………………………………………………… 296
　　11.2.2　系统功能设计 ……………………………………………………………… 298
　　11.2.3　模块功能划分 ……………………………………………………………… 299

11.3 数据库设计 ··· 300
   11.3.1 数据库分析和设计 ·· 300
   11.3.2 数据表的创建 ·· 302
11.4 数据表关系图 ··· 306
11.5 系统公用模块的创建 ·· 306
   11.5.1 使用 Fckeditor ·· 306
   11.5.2 使用 SQLHelper ··· 308
   11.5.3 配置 Web.config ·· 309
11.6 系统界面和代码实现 ·· 309
   11.6.1 用户注册实现 ··· 309
   11.6.2 用户登录实现 ··· 310
   11.6.3 校友录页面规划 ·· 311
   11.6.4 自定义控件实现 ·· 312
   11.6.5 校友录页面实现 ·· 314
   11.6.6 日志发布实现 ··· 314
   11.6.7 日志修改实现 ··· 315
   11.6.8 管理员日志删除 ·· 317
   11.6.9 日志显示页面 ··· 317
   11.6.10 用户索引页面 ··· 318
   11.6.11 管理员用户删除 ··· 318
11.7 用户体验优化 ··· 319
   11.7.1 超链接样式优化 ·· 319
   11.7.2 默认首页优化 ··· 321
   11.7.3 导航栏编写 ·· 322
   11.7.4 AJAX 留言优化 ·· 324
   11.7.5 优化留言表情 ··· 325
11.8 高级功能实现 ··· 329
   11.8.1 后台管理页面实现 ·· 329
   11.8.2 日志管理实现 ··· 331
   11.8.3 日志修改和删除实现 ·· 332
   11.8.4 评论删除实现 ··· 333
   11.8.5 板报功能实现 ··· 333
   11.8.6 用户修改和删除实现 ·· 335
   11.8.7 用户权限管理 ··· 337
   11.8.8 权限及注销实现 ·· 338
11.9 本章小结 ··· 339

参考文献 ··· 340

ASP.NET 3.5 与开发工具

从本章开始,读者将能够系统地学习 ASP.NET 3.5 技术。相对于 ASP.NET 2.0 而言,3.5 版本的 ASP.NET 并没有太多的变化,而更多的变化则在于 C#编程语言。作为微软主推的编程语言,ASP.NET 3.5 能够使用 C#的最新特性进行高效的开发,本章主要讲解什么是 ASP.NET,以及开发工具的使用。

1.1 场景导入

一个好的开发环境可以使开发工作事半功倍,而使用.NET 框架进行应用程序开发的最好工具莫过于 Visual Studio 系列产品,它们被认为是当前最好的开发环境之一。Visual Studio 2008 集成开发环境为 ASP.NET 3.5 应用程序提供了一个操作简单且界面友好的可视化开发环境,在该环境下设计一个网页,运行显示"启动了一个 ASP.NET 应用程序",如图 1-1 所示。

图 1-1 "启动了一个 ASP.NET 应用程序"运行结果

1.2 什么是 ASP.NET

ASP.NET 是微软推出的 ASP 的下一代 Web 开发技术。ASP.NET 顾名思义是基于.NET 平台而存在的,在了解 ASP.NET 之前需要了解.NET 技术,只有了解了.NET 平台的相关技术,才能够深入地了解 ASP.NET 是如何运行的。

1.2.1 .NET 历史与展望

.NET 技术是微软近十几年推出的主要技术,微软为.NET 技术的推出可谓是不遗余力,在.NET 平台下,微软有着极大的野心,.NET 技术的发展历程如下所述。

(1) 2000 年 6 月,微软公司总裁比尔·盖茨在"论坛 2000"的会议上向业内公布.NET 平台并描绘了.NET 的愿景。

(2) 2002 年 1 月,微软发布.NET Framework 1.0 版本,以及 Visual Studio.NET 2002,进行.NET Framework 1.0 应用程序的辅助开发。

(3) 2003 年 4 月,微软发布.NET Framework 1.1 版本,以及针对.NET Framework 1.1 版本的开发工具 Visual Studio 2003。

(4) 2004 年 6 月,微软在 TechEd Europe 会议上发布.NET Framework 2.0 beta 版本,以及 Visual Studio 2005 beta 版本,在 Visual Studio 2005 beta 版本中包含了多个精简版,以满足不同开发人员的需要。

(5) 2005 年 4 月,微软发布 Visual Studio 2005 beta 2 版本。

(6) 2005 年 11 月,微软发布 Visual Studio 2005 的正式版和 SQL Server 2005 的正式版。

(7) 2006 年 11 月,微软发布.NET Framework 3.0 版本,在其中加入了一些新特性,以及语法特性,这些特性包括 Windows Workflow Foundation、Windows Communication Foundation、Windows CardSpace 和 Windows Presentation Foundation。

(8) 2007 年 11 月,微软发布.NET Framework 3.5 版本,在其中加入了更多的新特性,包括 LINQ、AJAX 等,为下一代软件开发做好准备。

(9) 2008 年 11 月,微软向业界发布.NET Framework 4.0 社区测试版,以及 Visual Studio 2010 社区测试版,标志着.NET 4.0 的到来。

在.NET 发展的十几年时间中,.NET 技术在不断地改进。虽然在 2002 年微软发布了.NET 技术的第一个版本,但是由于系统维护和系统学习的原因,.NET 技术当时并没有广泛地被开发人员和企业所接受。而自从.NET 2.0 版本之后,越来越多的开发人员和企业已经能够接受.NET 技术带来的革新。

而随着计算机技术的发展,越来越高的要求和越来越多的需求让开发人员不断地进行新技术的学习,这里包括云计算和云存储等新概念。.NET 平台同样为最新的概念和软件开发理念做好准备,这其中就包括.NET 3.0 中出现并不断完善的 Windows Workflow Foundation、Windows Communication Foundation、Windows CardSpace 和 Windows Presentation Foundation 等应用。

在 Windows Vista 中,微软集成了.NET 平台,使用.NET 技术进行软件开发能够无缝地将软件部署在操作系统中,在进行软件的升级和维护中,基于.NET 平台的软件也能够快速升级。微软的.NET 野心不仅于此,微软的.NET 平台还在为多核化、虚拟化、云计算做准备。随着时间的推移,.NET 平台已经逐渐完善,学习.NET 平台以及.NET 技术对开发人员而言能够在未来的计算机应用中起到促进作用。

1.2.2 ASP.NET 与 ASP

对于 ASP.NET 而言,开发人员不可避免地会将 ASP.NET 与 ASP 进行比较,因为 ASP.NET 可以算作 ASP 的下一个版本。但是 ASP.NET 却与 ASP 完全不同,可以说微软将 ASP 重新进行编写和组织形成了 ASP.NET 技术。

在传统的 ASP 开发中，开发人员可以在页面中进行 ASP 代码的编写，当服务器请求相应的页面时，服务器会解析 ASP 代码进行页面呈现。ASP 具有轻巧等特点，但是随着互联网的发展，ASP 也越来越多地呈现出其不足之处，这些不足之处包括 ASP 代码无法和 HTML 代码很好地分离，这就出现了页面代码混乱、维护性低等情况。当 ASP 中出现错误或者需要进行功能的添加时，就需要对大部分的页面进行更改，这样就降低了 ASP 程序的复用性和可维护性。

而随着互联网的不断发展，基于 Web 的应用程序诞生，ASP 已经不能满足日益增长的需求，于是诞生了 ASP.NET。ASP.NET 虽然同 ASP 都包含 ASP 这个词，但是 ASP.NET 与 ASP 完全是不同的编程模型，对于有 ASP 经验的人可以在页面中进行代码编写，而对于 ASP.NET 而言，ASP 的经验基本上不适用于 ASP.NET 的开发。ASP.NET 使用了软件开发的思想进行 Web 应用程序的编写，ASP.NET 是面向对象的开发模型，使用 ASP.NET 能够提高代码的复用性，降低开发和维护的成本。

而对于 ASP 而言，同样不能满足日益增长的互联网需求，随着计算机科学与技术的发展，互联网和本地客户端的界限越来越模糊。一个 Web 应用程序可能基于本地应用程序，而本地应用程序也可能是基于服务器的服务进行开发的，这就对 Web 应用程序提出了更高的要求。相比之下，基于.NET 平台的 ASP.NET 能够适应和解决复杂的互联网需求。

从历史发展的角度而言，不得不说 ASP 已经是过时的技术，但是并不代表 ASP 不会被使用，现在仍有很多 ASP 应用程序，在小型的应用中，ASP 依旧是低成本的最佳选择。

1.2.3 ASP.NET 开发工具

相对于 ASP 而言，ASP.NET 具有更加完善的开发工具。在传统的 ASP 开发中，可以使用 DreamWeaver、FrontPage 等工具进行页面开发。当使用 Dreamweaver、FrontPage 等工具进行 ASP 应用程序开发时，其效率并不能提升，而且这些工具对 ASP 应用程序的开发和运行也没有带来性能提升。

相比之下，对于 ASP.NET 应用程序而言，微软开发了 Visual Studio 开发环境供开发人员进行高效的开发，开发人员还能够使用现有的 ASP.NET 控件进行高效的应用程序开发，这些控件包括日历控件、分页控件、数据源控件和数据绑定控件。开发人员能够在 Visual Studio 开发环境中拖动相应的控件到页面中，实现复杂的应用程序编写。

Visual Studio 开发环境在人机交互的设计理念上更加完善，使用 Visual Studio 开发环境进行应用程序开发能够极大地提高开发效率，实现复杂的编程应用。

Visual Studio 开发环境为开发人员提供了诸多控件，使用这些控件能够实现在 ASP 中难以实现的复杂功能，极大地简化了开发人员的开发。在传统的 ASP 开发过程中需要实现日历控件是非常复杂和困难的，而在 ASP.NET 中，系统提供了日历控件，开发人员只需要将日历控件拖动到页面中就能够实现日历效果，如图 1-2 所示。

使用 Visual Studio 开发环境进行 ASP.NET 应用程序开发还能够直接编译和运行 ASP.NET 应用程序。在使用 DreamWeaver、FrontPage 等工具进行页面开发时需要安装 IIS 才能运行 ASP.NET 应用程序，而 Visual Studio 提供了虚拟的服务器环境，用户可以像编写 C、C++ 应用程序一样在开发环境中进行应用程序的编译和运行。

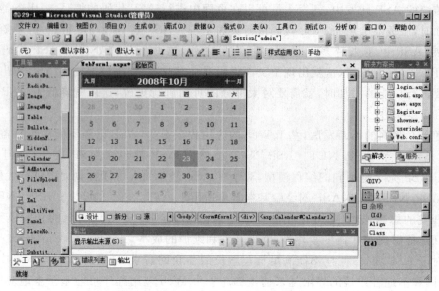

图 1-2 Visual Studio 开发环境

1.2.4 ASP.NET 客户端

ASP.NET 应用程序是基于 Web 的应用程序,所以用户可以使用浏览器作为 ASP.NET 应用程序的客户端进行 ASP.NET 应用程序的访问。浏览器已经是操作系统中必备的常用工具,包括 IE 7、IE 8、Firefox、Opera 等常用浏览器都可以支持 ASP.NET 应用程序的访问和使用。对于 ASP.NET 应用程序而言,由于其客户端为浏览器,所以 ASP.NET 应用程序的客户端部署成本低,可以在服务器端进行更新而无须进入客户端进行客户端的更新。

1.3 .NET 框架

无论是 ASP.NET 应用程序还是 ASP.NET 应用程序中所提供的控件,甚至是 ASP.NET 支持的原生的 AJAX 应用程序,都不能离开.NET 框架的支持。.NET 框架作为 ASP.NET 以及其应用程序的基础而存在,若需要使用 ASP.NET 应用程序则必须使用.NET 框架。

1.3.1 什么是.NET 框架

.NET 框架是一个多语言组件开发和执行环境,无论开发人员是使用 C#作为编程语言还是使用 VB.NET 作为其开发语言,都能够基于.NET 框架而运行。.NET 框架主要包括 3 个部分,这 3 个部分分别为公共语言运行库、统一的编程类和活动服务器页面。

1. 公共语言运行库

公共语言运行库在组件的开发及运行过程中扮演着非常重要的角色。在经历了传统的面向过程开发后，开发人员寻找了更多更高效的方法进行应用程序开发，逐渐产生了面向对象的应用程序开发，并在面向对象程序开发的过程中，衍生了组件开发。

在组件运行过程中，运行时负责管理内存分配、启动或删除线程和进程、实施安全性策略，同时满足当前组件对其他组件的需求。在多层开发和组件开发应用中，运行库负责管理组件与组件之间的功能需求。

2．统一的编程类

.NET 框架为开发人员提供了一个统一、面向对象、层次化、可扩展的类库集。现今，C++ 开发人员使用的是 Microsoft 基类库，Java 开发人员使用的是 Windows 基类库，而 Visual Basic 用户使用的又是 Visual Basic API 集，在应用程序开发中，很难将应用程序进行跨平台的移植。

注意：虽然 Windows 包括不同的版本，且这些版本的基本类库相同，但是不同版本的 Windows 同样会有不同的 API，例如 Windows 9x 系列和 Windows NT 系列。

而.NET 框架统一了微软当前的各种不同类型的框架。.NET 框架是一个系统级的框架，对现有的框架进行了封装，开发人员无须进行复杂的框架学习就能够轻松使用.NET 框架进行应用程序开发。无论是使用 C#编程语言还是 Visual Basic 编程语言都能够进行应用程序开发，不同的编程语言所调用的框架 API 都是来自.NET 框架，所以这些应用程序之间就不存在框架差异的问题，在不同版本的 Windows 间也能够方便地移植。

注意：.NET 框架能够安装到各个版本的 Windows 中，当有多个版本的 Windows 时，只须安装.NET 框架即可，任何.NET 应用程序就都能够在不同版本的 Windows 下运行而不需要额外的移植。

3．活动服务器页面

.NET 框架还为 Web 开发人员提供了基础保障，ASP.NET 是使用.NET 框架提供的编程类库构建而成的，它提供了 Web 应用程序模型。该模型由一组控件和一个基本结构组成，使用该模型让 ASP.NET Web 开发变得非常容易。开发人员可以将特定的功能封装到控件中，然后通过控件的拖动进行应用程序的开发，这样不仅提高了应用程序开发的简便性，还极大地精简了应用程序代码，让代码更具有复用性。

.NET 框架不仅能够安装到多个版本的 Windows 中，还能够安装到其他智能设备中，这些设备包括智能手机、GPS 导航器以及其他家用电器。.NET 框架提供了精简版的应用程序框架，使用.NET 框架能够开发容易移植到手机、导航器以及家用电器中的应用程序。Visual Studio 2008 还提供了智能电话应用程序开发的控件，体现了多应用、单平台的特点。

开发人员在使用 Visual Studio 2008 和.NET 框架进行应用程序开发时，会发现无论是在原理上还是在控件的使用上，很多都是相通的，极大地简化了开发人员的学习过程，无论是 Windows 应用程序、Web 应用程序还是手机应用程序，都能够使用.NET 框架进行开发。

1.3.2 公共语言运行库

公共语言运行库(Common Language Runtime，CLR)为托管代码提供了各种服务，如跨语言集成、代码访问安全性、对象生存期管理、调试和分析支持。CLR 和 Java 虚拟机一样，也是一个运行时环境，它负责资源管理（内存分配和垃圾收集），并保证应用和底层操作系统之间必要的分离。同时，为了提高.NET平台的可靠性，以及为了达到面向事务的电子商务应用所要求的稳定性和安全性级别，CLR还要负责其他一些任务。

在公共语言运行库下运行的程序被称为托管程序。顾名思义，托管程序就是被公共语言运行库所托管的应用程序，公共语言运行库会监视应用程序的运行并在一定程度上监视应用程序的运行结果。当开发人员进行应用程序开发和运行时，如出现了数组越界等错误，都会被公共语言运行库所监控和捕获。

当开发人员进行应用程序的编写时，编写完成的应用程序将会被翻译成一种中间语言，中间语言在公共语言运行库中被监控并被解释成计算机语言，解释后的计算机语言能够被计算机所理解并执行相应的程序操作。在程序开发中，使用的编程语言如果在CLR监控下就被称为托管语言；而如果语言的执行不需要CLR的监控就不是托管语言，被称为非托管语言。托管语言解释时的效率不如非托管语言高，这是因为托管语言首先需要被解释成计算机语言，这也造成了性能问题。

虽然如此，但是CLR所带来的性能问题已越来越不成为问题，因为随着计算机硬件的发展，当代计算机已经能够适应和解决托管程序所带来的效率问题。

1.3.3 .NET框架类库

.NET框架类库包含了.NET应用程序开发中所需要的类和方法，开发人员可以使用.NET框架类库提供的类和方法进行应用程序的开发。

.NET框架类库中的类和方法将Windows底层的API进行了封装和重新设计，开发人员能够使用.NET框架类库提供的类和方法进行Windows应用程序开发。.NET框架的功能如下。

（1）提供一个一致的面向对象编程环境，无论这个代码是在本地执行还是通过远程执行。

（2）提供一个将软件部署和版本控制冲突最小化的代码执行环境以便于应用程序的部署和升级。

（3）提供一个可提高代码执行安全性的代码执行环境，就算软件是来自第三方不可信任的开发商也能够提供可信赖的开发环境。

（4）提供一个可消除脚本环境或解释环境性能问题的代码执行环境，.NET框架将应用程序甚至是Web应用相关类编译成DLL文件。

（5）使开发人员的经验在面对类型大不相同的应用程序时保持应用程序和数据的一致性，特别是使用面向服务开发和敏捷开发。

（6）提供一个确保基于.NET框架的代码可与任何其他代码开发、集成、移植的可靠环境。

.NET框架类库用于实现基于.NET框架的应用程序所需要的功能，例如实现音乐的播放和多线程开发等技术都可以使用.NET框架中现有的类库进行开发。.NET框架类库相比MFC具有较好的命名方法，开发人员能够轻易阅读和使用.NET框架类库提供的类和方法。

无论是基于何种平台或设备的应用程序都可以使用.NET框架类库提供的类和方法。

无论是基于 Windows 的应用程序和基于 Web 的 ASP.NET 应用程序还是移动应用程序，都可以使用现有的.NET 框架中的类和方法进行开发。在开发过程中,.NET 框架类库中对不同的设备和平台提供的类和方法基本相同,开发人员不需要进行重复学习就能够开发不同设备的应用程序。

1.4 安装 Visual Studio 2008

使用 Visual Studio 2008 能够快速构建 ASP.NET 应用程序并为 ASP.NET 应用程序提供所需要的类库、控件和智能提示等支持,本节介绍如何安装 Visual Studio 2008 以及 Visual Studio 2008 中窗口的使用和操作方法。

1.4.1 安装 Visual Studio 2008

在安装 Visual Studio 2008 之前,首先确保 IE 浏览器版本为 6.0 或更高;其次,安装 Visual Studio 2008 开发环境在软件方面的计算机配置要求如下。

（1）支持的操作系统：Windows Server 2003、Windows Vista、Windows XP。
（2）最低配置：1.6GHz CPU,384MB 内存,1024 像素×768 像素显示分辨率,5400r/m 硬盘。
（3）建议配置：2.2GHz 或更快的 CPU,1024MB 或更大的内存,1280 像素×1024 像素显示分辨率,7200r/m 或更快的硬盘。
（4）硬盘空间：要求至少有 5GB 空间进行应用程序的安装,推荐 10GB 或更高。

满足以上条件后就能够安装 Visual Studio 2008,其安装过程如下。
（1）单击 Visual Studio 2008 光盘中的 setup.exe 安装程序进入安装界面,如图 1-3 所示。

图 1-3 Visual Studio 2008 安装界面

（2）进入 Visual Studio 2008 安装界面后,用户可以选择进行 Visual Studio 2008 的安

装,单击"安装 Visual Studio 2008"按钮,进行 Visual Studio 2008 安装组件的加载,如图 1-4 所示,这些组件为 Visual Studio 2008 的顺利安装提供了基础保障。在完成组件的加载前,用户不能够进行安装步骤的选择。

图 1-4　加载安装组件

(3) 在安装组件加载完毕后,用户可以单击"下一步"按钮,进行 Visual Studio 2008 安装路径的选择,如图 1-5 所示。

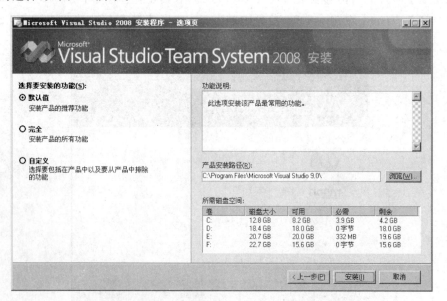

图 1-5　选择 Visual Studio 2008 安装路径

在选择路径前,可以选择相应的安装功能,包括"默认值""完全"和"自定义"3 项。选择"默认值"将安装 Visual Studio 2008 提供的默认组件,选择"完全"将安装 Visual Studio

2008 的所有组件,但如果用户只需要安装几个组件,就可以选择"自定义"进行组件的选择安装。

（4）选择完安装功能后,单击"安装"按钮就进入了 Visual Studio 2008 的安装,如图 1-6 所示。

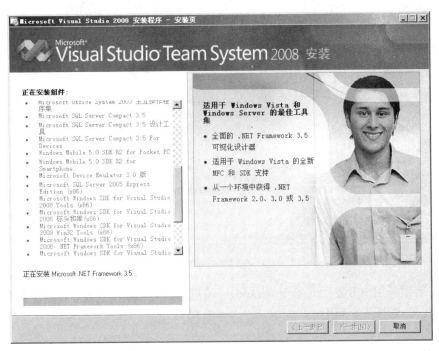

图 1-6 Visual Studio 2008 的安装

当图 1-6 中安装界面左侧的安装列表进度完成后,就会出现安装成功界面,说明已经在本地计算机中成功地安装了 Visual Studio 2008。

1.4.2 主窗口

安装完 Visual Studio 2008 后就能够进行 .NET 应用程序的开发了,Visual Studio 2008 极大地提高了开发人员对 .NET 应用程序的开发效率。为了能快速地进行 .NET 应用程序的开发,就需要熟悉 Visual Studio 2008 的开发环境。启动 Visual Studio 2008 后,就会出现 Visual Studio 2008 主窗口,如图 1-7 所示。

从图 1-7 中可以看出,Visual Studio 2008 主窗口包含多个窗格,最左侧是工具箱,用于服务器控件的存放；中间是文档窗格,用于应用程序代码的编写和样式控制；中下方是错误列表窗格,用于呈现错误信息；右侧是资源管理器窗格和属性窗格,用于呈现解决方案以及页面和控件的相应属性。

1.4.3 文档窗格

文档窗格用于代码的编写和样式控制。当用户开发的是基于 Web 的 ASP.NET 应用程序时,文档窗格是以 Web 的形式呈现给用户的,而代码视图是以 HTML 代码的形式呈现

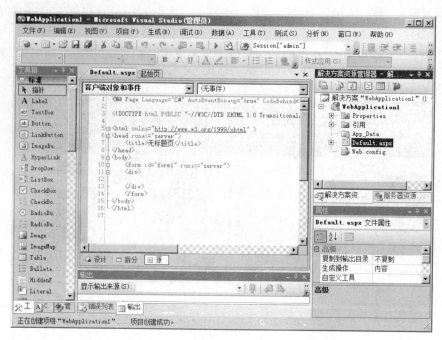

图 1-7　Visual Studio 2008 主窗口

给用户的；而如果用户开发的是基于 Windows 的应用程序，则文档窗格将会呈现应用程序的窗格或代码，如图 1-8 和图 1-9 所示。

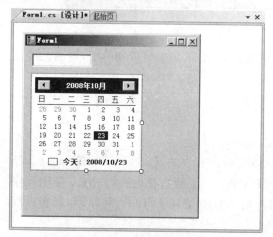

图 1-8　Windows 程序开发文档窗格　　　　图 1-9　Web 程序开发文档窗格

当开发人员进行不同的应用程序开发时，文档窗格也会呈现为不同的样式。在 ASP.NET 应用程序中，其文档窗格包括 3 个部分，如图 1-10 所示，开发人员可以使用这 3 个部分进行高效的开发，这 3 个部分的功能如下。

（1）页面标签：当打开多个页面进行开发时，会呈现多个页面标签，开发人员可以通过页面标签进行不同页面的替换。

（2）视图栏：用户可以通过视图栏进行视图的切换，Visual Studio 2008 提供设计、拆分和源代码 3 种视图，开发人员可以选择不同的视图进行页面样式控制和代码的开发。

第 1 章 ASP.NET 3.5 与开发工具

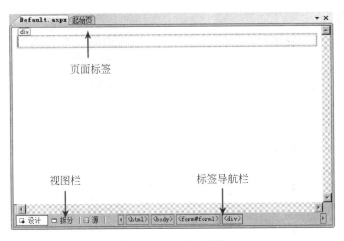

图 1-10 文档主窗格

（3）标签导航栏：标签导航栏能够进行不同的标签选择，当用户需要选择页面代码中的＜body＞标签时，可以通过标签导航栏进行标签或标签内容的选择。

开发人员可以灵活运用主文档窗格进行高效的应用程序开发，相比 Visual Studio 2005 而言，Visual Studio 2008 的视图栏窗格提供了拆分窗格，拆分窗格允许开发人员同时进行页面样式开发和代码编写。

注意：虽然 Visual Studio 2008 为开发人员提供了拆分窗格，但是只有在编写 Web 应用中文档主窗格时才能够呈现拆分窗格。

1.4.4 工具箱

Visual Studio 2008 主窗口左侧为开发人员提供了工具箱，工具箱中包含了 Visual Studio 2008 对.NET 应用程序所支持的控件，对于不同的应用程序开发而言，在工具箱中所呈现的工具也不同，如图 1-11 和图 1-12 所示。工具箱是 Visual Studio 2008 中的基本窗格，开发人员可以使用工具箱中的控件进行应用程序开发。

系统默认为开发人员提供了数十种服务器控件用于系统的开发，用户也可以添加工具箱选项卡进行自定义组件的存放。Visual Studio 2008 为开发人员提供了不同类别的服务器控件，这些控件被归为不同的类别，开发人员可以按照需求进行相应类别控件的使用。开发人员还能够在工具箱中添加现有的控件。右击工具箱空白区域，在弹出的快捷菜单中选择"选择项"命令，系统会弹出用于开发人员添加自定义组件的对话框，如图 1-13 所示。

组件添加完成后就能够在工具箱中显示，开发人员可直接将自定义组件拖放到主窗口中进行相应功能的开发而无须通过复杂编程实现。

注意：开发人员能够在互联网上下载其他人员已经开发好的自定义组件进行.NET 应用程序开发，而无须通过编程实现重复的功能。

图 1-11 工具箱

图 1-12 选择类别

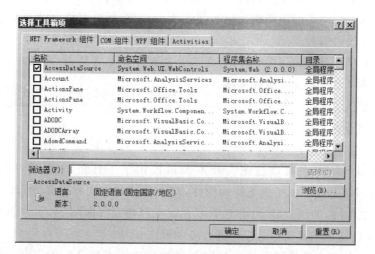
图 1-13 添加自定义组件

1.4.5 解决方案管理器

在 Visual Studio 2008 中，为了方便开发人员进行应用程序开发，在主窗口的右侧提供了一个解决方案管理器。开发人员能够在解决方案管理器中进行相应文件的选择，双击后相应文件的代码就会呈现在主窗口；此外，还能够单击解决方案管理器下方的服务器资源管理器窗格进行服务器资源的管理；同时还允许开发人员在 Visual Studio 2008 中进行表的创建和修改。解决方案管理器和服务器资源管理器如图 1-14 和图 1-15 所示。

解决方案管理器就是对解决方案进行管理。可以把解决方案想象成是一个软件开发的整体方案，这个方案包括程序的管理、类库的管理和组件的管理。开发人员可以在解决方案管理器中双击文件进行相应文件的编码工作，也能够进行项目的添加和删除等操作。

第 1 章　ASP.NET 3.5 与开发工具

图 1-14　解决方案管理器

图 1-15　服务器资源管理器

在应用程序开发中，通常需要进行不同组件的开发，例如一个人开发用户界面，同时另一个人进行后台开发。这种情况下，如果将不同的模块分开开发或打开多个 Visual Studio 2008 进行开发是非常不方便的。使用解决方案管理器就能够解决这个问题，将一个项目看成一个"解决方案"，不同的项目可在一个解决方案中进行互相的协调和调用。

注意：Visual Studio 2008 可能在默认情况下不会呈现解决方案管理器中的"解决方案'1-1'"这个标题，开发人员可以在"工具"菜单栏"选项"中的项目和解决方案中选择"总是显示解决方案"，如果没有项目和解决方案，则需要单击"显示所有设置"按钮。

1.4.6　属性窗格

Visual Studio 2008 提供了非常多的控件，开发人员能够使用 Visual Studio 2008 提供的控件进行应用程序的开发。每个服务器控件都有自己的属性，通过配置不同的服务器控件属性可以实现复杂的功能。服务器控件属性如图 1-16 和图 1-17 所示。

图 1-16　控件的样式属性

图 1-17　控件的数据属性

在控件的属性配置中,可以为控件进行样式属性的配置,包括配置字体的大小、字体的颜色、字体的粗细、CSS 类等相关控件所需要使用的样式属性。还可以为控件进行数据属性的配置,如图 1-17 中使用了 GirdView 控件进行数据呈现并将 PageSize 属性(分页属性)设置为 30,即如果数据条目数大于 30 则该控件会自动按照 30 条目进行分页,免除了复杂的分页编程。

1.4.7　错误列表窗格

在应用程序开发中,如果出现编程错误或异常,系统会在错误列表窗格呈现,如图 1-18 所示,开发人员可以单击相应的错误进行错误的跳转。

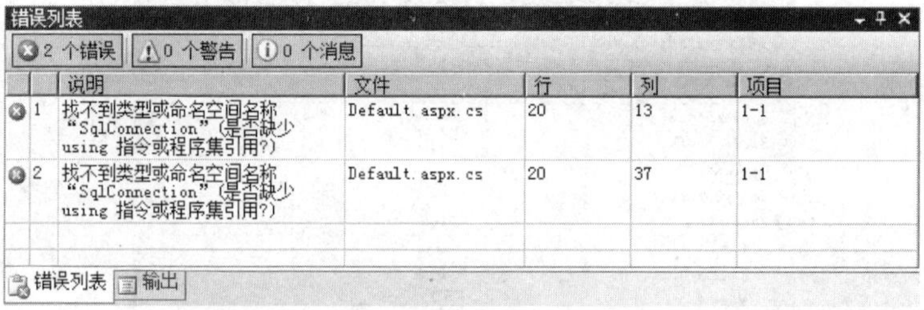

图 1-18　错误列表窗格

传统的 ASP 应用程序编程中出现错误时并不能良好地将异常反馈给开发人员,这一方面是由于 Dreamweaver 等开发环境并不能原生地支持 ASP 应用程序的开发;另一方面是由于 ASP 本身是解释型编程语言,无法进行良好的异常反馈。

而 ASP.NET 应用程序运行前,Visual Studio 2008 会编译现有的应用程序并对程序中的错误进行判断。如果 ASP.NET 应用程序出现错误,则 Visual Studio 2008 不会让应用程序运行起来,只有修正了所有的错误后才能够运行。

注意：Visual Studio 2008 的错误处理并不能检测出应用程序中的逻辑错误，例如 1 除以 0 的错误是不会被检测出来的，错误处理通常处理的是语法错误而不是逻辑错误。

在错误列表窗格中包含错误、警告和消息选项卡，这些选项卡中的错误安全级别不尽相同。对于错误选项卡中的错误信息，通常是语法上的错误，如果存在语法上的错误则不允许应用程序运行，而警告和消息选项卡中的信息安全级别较低，只是作为警告而存在，通常情况下不会危害应用程序的运行和使用。警告选项卡如图 1-19 所示。

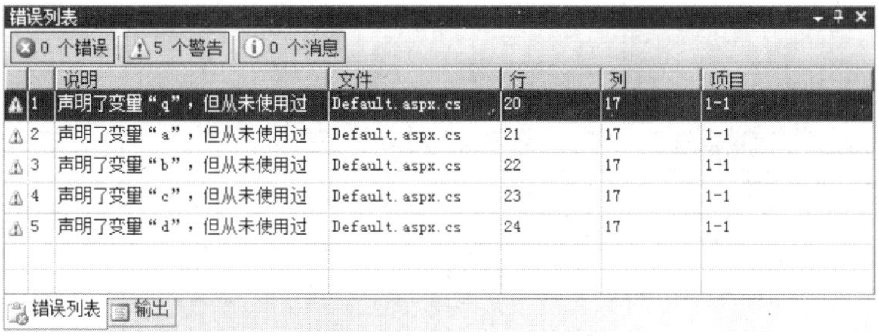

图 1-19　警告选项卡

在应用程序中如果出现了变量未使用或者在页面布局中出现了布局错误，都可能会在警告选项卡中出现警告信息。双击相应的警告信息会跳转到应用程序中相应的位置，方便开发人员对于错误的检查。

注意：虽然警告信息不会造成应用程序运行错误，但是可能存在潜在的风险，推荐开发人员修正所有的错误和警告中出现的错误信息。

1.5　ASP.NET 应用程序基础

1.5.1　创建 ASP.NET 应用程序

使用 Visual Studio 2008 进行 ASP.NET 应用程序开发的步骤如下。

（1）启动 Visual Studio 2008 应用程序。

（2）打开 Visual Studio 2008 初始界面，单击菜单栏上的"文件"→"新建网站"按钮创建 ASP.NET 应用程序，如图 1-20 所示。

（3）选择"ASP.NET Web 应用程序"选项，单击"确定"按钮就能够创建一个最基本的 ASP.NET Web 应用程序。创建完成后系统会创建 default.aspx、default.aspx.cs、default.aspx.designer.cs 以及 Web.config 等文件用于应用程序的开发。

1.5.2　运行 ASP.NET 应用程序

创建 ASP.NET 应用程序后就能够进行 ASP.NET 应用程序的开发了，开发人员可以在"资源管理器"中添加相应的文件和项目进行 ASP.NET 应用程序和组件开发。Visual Studio 2008 提供了数十种服务器控件以便开发人员进行应用程序的开发。

在完成应用程序的开发后，可以运行应用程序，单击"调试"按钮或"启动调试"按钮调试 ASP.NET 应用程序，也可以按 F5 键进行应用程序的调试。调试前，Visual Studio 2008 会

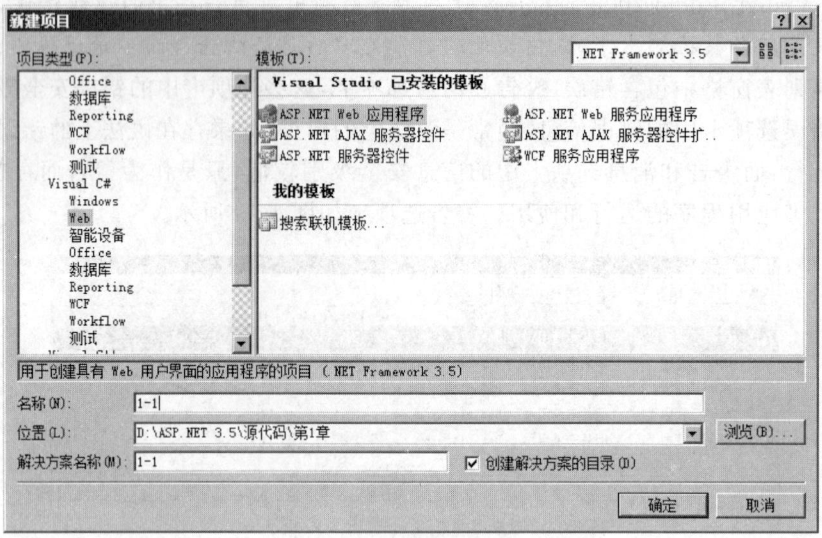

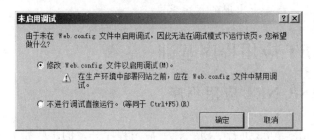

图 1-20 创建 ASP.NET Web 应用程序

让用户选择是否启用 Web.config 进行调试，默认选择为使用，如图 1-21 所示。在 Visual Studio 2008 中包含虚拟服务器，所以开发人员可以无须安装 IIS 进行应用程序的调试。但是一旦进入调试状态，就无法在 Visual Studio 2008 中进行 CS 页面以及类库等源代码的修改。运行 ASP.NET 应用程序的结果如图 1-22 所示。

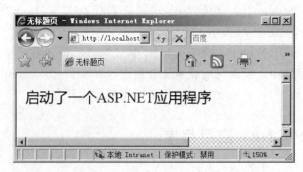

图 1-21 启用调试配置

图 1-22 运行 ASP.NET 应用程序的结果

注意：虽然 Visual Studio 2008 提供虚拟服务器，开发人员可以无须安装 IIS 进行应用程序调试，但是为了完好地模拟 ASP.NET 网站应用程序，建议在发布网站前使用 IIS 进行调试。

1.5.3 编译 ASP.NET 应用程序

与传统的 ASP 应用程序开发不同的是，ASP.NET 应用程序能够将相应的代码编译成 DLL（动态链接库）文件，这样不仅能够提高 ASP.NET 应用程序的安全性，还能够提高 ASP.NET 应用程序的速度。在现有的项目中，打开相应的项目文件，其项目源代码都可以被读取，如图 1-23 所示。

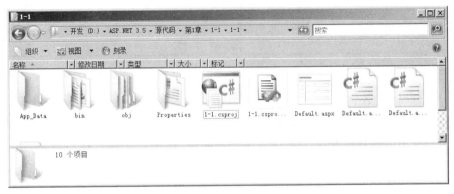

图 1-23 源代码文件

开发人员能够将源代码文件放置在服务器中运行，但这样会产生潜在的风险，例如用户下载 Default.aspx 或在其他页面进行源代码的查看时，就有可能造成源代码的泄露和漏洞的出现，是非常不安全的。将 ASP.NET 应用程序代码编译成动态链接库能够提高安全性，就算非法用户下载了相应的页面也无法看到源代码。

在现有的项目中，右击要发布的项目图标，单击"发布"按钮，系统会弹出"发布 Web"对话框，如图 1-24 所示。

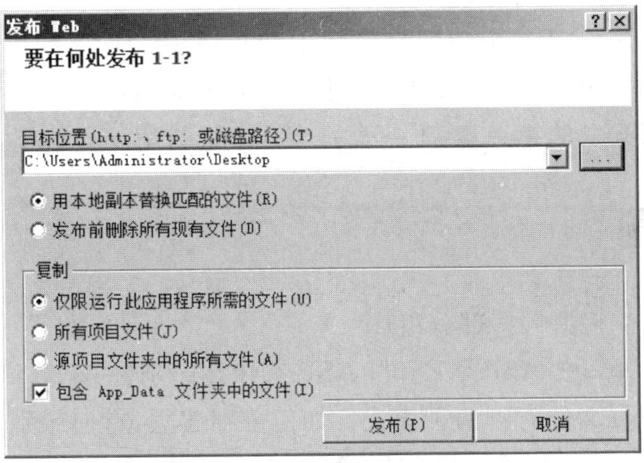

图 1-24 "发布 Web"对话框

单击"发布"按钮，Visual Studio 2008 就能够将网站编译并生成 ASP.NET 应用程序，如图 1-25 所示。编译后的 ASP.NET 应用程序没有 CS 源代码，因为编译后的文件会存放在 bin 目录下并被编译成动态链接库文件，如图 1-26 所示。

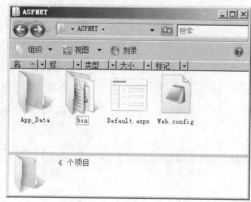
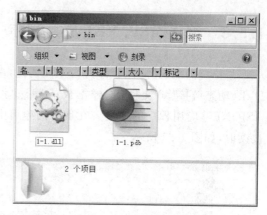

图 1-25　编译后的文件　　　　　　图 1-26　动态链接库文件

如图 1-25 所示，在项目文件夹中只包含 Default.aspx 页面而并没有包含 Default.aspx 页面的源代码 Default.aspx.cs 等文件，因为这些文件都被编译成为动态链接库文件。编译后的 ASP.NET 应用程序在第一次应用时会有些慢，但第一次运行后，每次对 ASP.NET 应用程序的请求就可以直接从 DLL 文件中请求，能够提高应用程序的运行速度。

1.6　本章小结

本章讲解了 ASP.NET 以及.NET 框架的基本概念。这些概念在初学 ASP.NET 时会觉得非常困难，但是这些概念会在今后的开发中逐渐清晰。虽然这些基本概念看上去没什么功用，但是在今后的 ASP.NET 应用开发中会起到非常重要的作用，熟练掌握 ASP.NET 基本概念能够提高应用程序的适用性和健壮性。Visual Studio 2008 不仅提供了丰富的服务器控件还提供了属性、资源管理、错误列表窗口以便开发人员进行项目开发。

本章着重讲解了 Visual Studio 2008 的开发环境、如何安装 Visual Studio 2008 以及通过创建一个简单的 ASP.NET 应用程序讲解了建立 ASP.NET 程序的步骤。本章还讲解了 ASP.NET 的基本知识，考虑到 ASP.NET 是使用 C♯ 语言进行开发的，了解 C♯ 编程语言是 ASP.NET 应用开发的第一步，下一章将会详细地讲解 C♯ 编程技术。

1.7　本章习题

1. 什么是.NET？它由哪些部分组成？
2. 什么是 ASP.NET？ASP.NET 与 ASP 有什么区别？
3. ASP.NET 网页文件有哪两种模式？如何分别建立，有何区别？
4. 简述 Visual Studio 2008 安装的环境要求及安装步骤。
5. 在 Visual Studio 2008 环境中，如何建立一个网站项目？
6. ASP.NET 应用程序包含哪些主要文件类型，各有什么用途？
7. 简述创建 ASP.NET 应用程序的步骤，尝试创建一个 ASP.NET 的网站项目。

第 2 章 ASP.NET 的网页代码模型及生命周期

从本章开始,就进入了 ASP.NET 应用开发的世界。本章首先介绍 ASP.NET 中最重要的概念——网页代码模型。

2.1 场景导入

ASP.NET 页面运行时,将经历一个生命周期,在此过程中页面执行一系列的事件,最常用的有 Page_Load 事件、Unload 事件及 Page_Init 事件等。Page_Init 事件在初始化网页时被触发,且只触发一次,可以使用 IsPostBack 来实现,当页面初次加载的时候,显示两个单选按钮,以后每次按 Enter 键,都会把用户在文本框中输入的内容加为 1 个单选按钮,如图 2-1 所示。

图 2-1 Page_Init 事件应用示例

2.2 ASP.NET 的网页代码模型

在 ASP.NET 应用程序开发中,微软提供了大量的控件,这些控件能够方便用户的开发以及维护,并且具有很强的扩展能力,在开发过程中无须自己手动编写。不仅如此,用户还能够创建自定义控件进行应用程序开发,以扩展现有服务器控件的功能。

2.2.1 创建 ASP.NET 网站

在 ASP.NET 中,可以创建 ASP.NET 网站和 ASP.NET 应用程序,ASP.NET 网站的网页元素包含可视元素和页面逻辑元素,并不包含 designer.cs 文件,而 ASP.NET 应用程序中包含 designer.cs 文件。创建 ASP.NET 网站,首先需要创建网站,在"文件"菜单中选择"新建网站"命令,弹出对话框用于 ASP.NET 网站的创建,如图 2-2 所示。

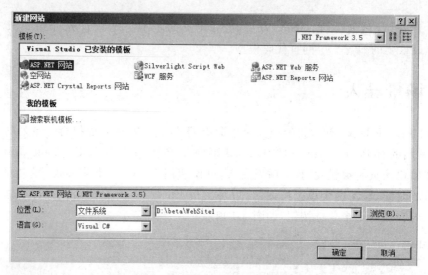

图 2-2 新建 ASP.NET 网站

在"位置"下拉列表框中,可以按照开发的需求进行选择。一般选择本地文件系统,.NET 网站中使用的语言。如果选择 Visual C#,则默认的开发语言为 C#,否则为 Visual Basic。创建了 ASP.NET 网站后,系统会自动创建一个代码隐藏页模型页面 Default.aspx。ASP.NET 网页一般由三部分组成。

(1) 可视元素:包括 HTML、标签、服务器空间。

(2) 页面逻辑元素:包括事件处理程序和代码。

(3) designer.cs 页文件:用来为页面的控件做初始化工作,一般只有 ASP.NET 应用程序(Web Application)才有。

ASP.NET 页面中包含两种代码模型:一种是单文件页模型;另一种是代码隐藏页模型。这两个模型的功能完全一样,都支持控件的拖曳以及智能的代码生成。

2.2.2 单文件页模型

单文件页模型中的所有代码,包括控件代码、事物处理代码以及 HTML 代码,全都包含在.aspx 文件中。编程代码在 script 标签中,并使用 runat="server" 属性。一个单文件页模型的创建过程为:在"文件"菜单中选择"新建文件"命令,在弹出的对话框中选择"Web 窗体"选项,如图 2-3 所示。或右击当前项目,在弹出的快捷菜单中选择"添加新建项"命令,即可创建一个.aspx 页面。创建时,清除"将代码放在单独的文件中"复选框的选择即可创

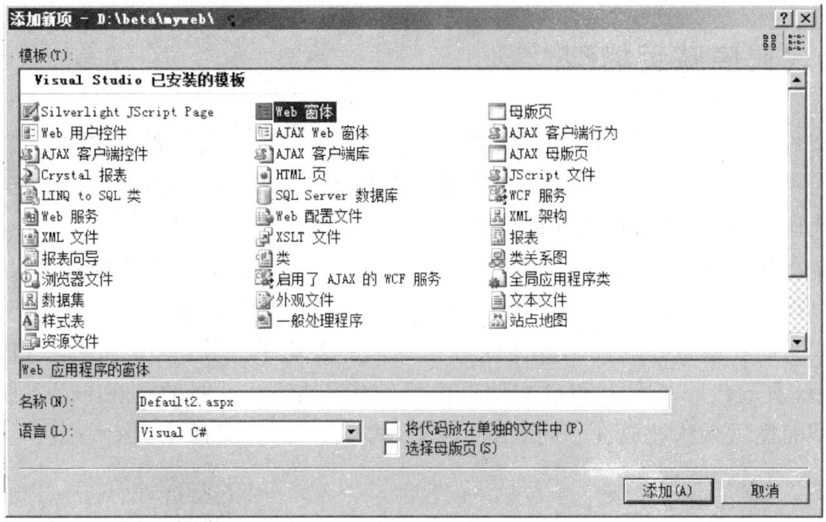

第 2 章　ASP.NET 的网页代码模型及生命周期

图 2-3　创建单文件页模型

建单文件页模型的 ASP.NET 文件。创建后文件会自动创建相应的 HTML 代码以便页面的初始化，示例代码如下。

```
<%@ Page Language="C#" %>
<!DOCTYPE html
PUBLIC "-//W3C//DTD XHTML 1.0 Transitional//EN" "http://www.w3.org/TR/xhtml1/
DTD/xhtml1-transitional.dtd">
<script runat="server">
</script>
<html xmlns="http://www.w3.org/1999/xhtml">
<head runat="server">
    <title>无标题页</title>
</head>
<body>
    <form id="form1" runat="server">
    <div>
    </div>
    </form>
</body>
</html>
```

编译并运行上述代码，即可看到一个空白的页面被运行了。ASP.NET 单文件页模型在创建并生成时，开发人员编写的类将编译成程序集，并将该程序集加载到应用程序域，可对该页的类进行实例化后输出到浏览器。可以说，.aspx 页面的代码也即将生成一个类，并包含内部逻辑。在浏览器浏览该页面时，.aspx 页面的类实例化并输出到浏览器，反馈给浏览者。ASP.NET 单文件页模型运行示例如图 2-4 所示。

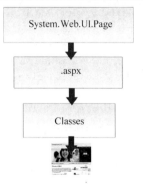

图 2-4　单文件页模型

2.2.3 代码隐藏页模型

与单文件页模型不同的是，代码隐藏页模型将事务处理代码都存放在.cs文件中，当ASP.NET网页运行的时候，生成的ASP.NET类会先处理.cs文件中的代码，再处理.aspx页面中的代码，这种过程被称为代码分离。

代码分离的好处是在.aspx页面中，开发人员可以将页面直接作为样式来设计，即美工人员也可以设计.aspx页面，而.cs文件由程序员来完成事务处理。另外，将ASP.NET中的页面样式代码和逻辑处理代码分离能够让维护变得简单。在.aspx页面中，代码隐藏页模型的.aspx页面代码基本上和单文件页模型的代码相同，不同的是在script标记中的单文件页模型的代码默认被放在了同名的.cs文件中，而.aspx文件示例代码如下。

```
<%@ Page Language="C#" AutoEventWireup="true" CodeFile="Default.aspx.cs"
    Inherits="_Default" %>
<!DOCTYPE html
PUBLIC "-//W3C//DTD XHTML 1.0 Transitional//EN" "http://www.w3.org/TR/xhtml1/
DTD/xhtml1-transitional.dtd">
<html xmlns="http://www.w3.org/1999/xhtml">
<head runat="server">
    <title>无标题页</title>
</head>
<body>
    <form id="form1" runat="server">
    <div>
    </div>
    </form>
</body>
</html>
```

从上述代码可以看出，在头部声明的时候，单文件页模型只包含Language="C#"，而代码隐藏页模型包含了CodeFile="Default.aspx.cs"，说明被分离出去处理事务的代码被定义在Default.aspx.cs中，示例代码如下。

```
using System.Linq;
using System.Web;
using System.Web.Security;
using System.Web.UI;
using System.Web.UI.HtmlControls;               //使用HtmlControls
using System.Web.UI.WebControls;                //使用WebControls
using System.Web.UI.WebControls.WebParts;       //使用WebParts
public partial class _Default : System.Web.UI.Page   //继承自System.Web.UI.Page
{
    protected void Page_Load(object sender, EventArgs e)
    {
    }
}
```

上述代码为Default.aspx.cs页面代码。从上述代码可以看出，其格式与类库、编写类的格式相同,这也说明了.aspx 页面允许使用面向对象的特性,如多态、继承等。但是 ASP.NET 代码隐藏页模型的运行过程比单文件页模型要复杂,运行示例如图 2-5 所示。

以上内容为代码隐藏类模型的页面生成模型。当页面被呈现之前,ASP.NET 应用程序会解释并编译相应的.cs 文件中的代码,与此同时,ASP.NET 应用程序还会对.aspx 页面进行编译并生成.aspx 页面对应的类。生成.aspx 页面对应的类后会将该类与 cs 文件中的类进行协调生成新的类,该类会通过 IIS 在用户浏览页面时呈现在用户的浏览器中。

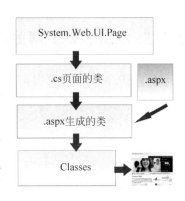

图 2-5　代码隐藏页模型

2.2.4　创建 ASP.NET Web Application

ASP.NET 网站的一个优点是在编译后,编译器将整个网站编译成一个 DLL(动态链接库),在更新的时候,只须更新编译后的 DLL 文件即可。但是 ASP.NET 网站还有一个缺点,就是编译速度慢,并且类的检查不彻底。

相比之下,ASP.NET Web Application 不仅加快了速度,只生成一个程序集,而且可以拆分成多个项目进行管理。创建 Application 时,首先需要新建项目用于开发 Web Application,在"文件"菜单中选择"新建项目"命令,在弹出的对话框中选择"ASP.NET Web 应用程序"选项,如图 2-6 所示。

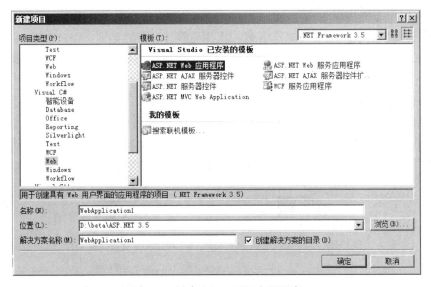

图 2-6　创建 ASP.NET 应用程序

在创建了 ASP.NET 应用程序后,系统同样会默认创建一个 Default.aspx 页面,而同时还多了一个 Default.aspx.designer.cs,用来初始化页面控件,一般不需要修改。

2.2.5 ASP.NET 网站和 ASP.NET 应用程序的区别

在 ASP.NET 中,可以创建 ASP.NET 网站和 ASP.NET 应用程序,但是二者的开发过程和编译过程是有区别的。

ASP.NET 应用程序主要有以下特点。

(1) 可以将 ASP.NET 应用程序拆分成多个项目以方便开发、管理和维护。
(2) 可以从项目和源代码管理中排除一个文件或项目。
(3) 支持 VSTS 的 Team Build,方便每日构建。
(4) 可以对编译前后的名称、程序集等进行自定义。

ASP.NET WebSite 编程模型具有以下特点。

(1) 可动态编译该页面,而不用编译整个站点。
(2) 当一部分页面出现错误时不会影响到其他的页面或功能。
(3) 不需要项目文件,可以把一个目录当作一个 Web 应用来处理。

总体来说,ASP.NET 网站适用于较小的网站开发,因为它具有动态编译的特点,无须整站编译。而 ASP.NET 应用程序适用于大型的网站开发、维护等。

2.3 代码隐藏页模型的解释过程

在 ASP.NET 的代码隐藏页模型中,一个完整的.aspx 页面包含两个页面,分别是以.aspx 和.cs 为后缀的文件,这两个文件形成了整个 Web 窗体,在编译的过程中都被编译成由项目生成的动态链接库(.dll),同时,.aspx 页面同样也会编译。但是.aspx 页面编译与.cs 页面编译过程不同的是,当浏览者第一次浏览到.aspx 页面时,ASP.NET 会自动生成该页的.NET 类文件,并将其编译成另外一个.dll 文件。当浏览者再一次浏览该页面的时候,生成的.dll 文件就会在服务器上运行,并响应用户在该页面上的请求。ASP.NET 应用程序的解释过程如图 2-7 所示。在客户端浏览器访问该页面时,浏览器会给 IIS 发送请求消息,IIS 开始执行 ASP.NET 编译过程,如果不存在编译过后的 DLL 文件,则加载编译的类并创建对象。然后生成创建对象后的代码并生成一个 ASPX 页面代码,将该页面代码反馈给 IIS,然后 IIS 再以 HTML 页面的形式反馈给客户端。

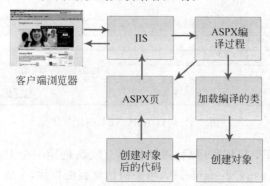

图 2-7 代码隐藏页模型页面的执行过程

2.4 代码隐藏页模型的事件驱动处理

在传统的 ASP 开发中,事件都是按照网页的顺序来处理的,一般情况下,ASP 页面的事件都是从上到下处理的,可以说 ASP 的开发是一个线性的处理模型。在用户的浏览操作中,每一次用户的操作都会导致页面重新被发送到服务器,因此,重复的操作必然导致客户端和服务器的往返过程,服务器必须重新创建页面,然后再按照原来的从上到下的顺序进行事件处理。

在 ASP.NET 中,使用模拟事件驱动模型的行为代替了 ASP 的线性处理模型。ASP.NET 页框架模型隐式地为用户建立了事件和事件处理程序的关联,可以让用户在服务器代码中为从浏览器中传递的事件设置相应的处理程序。假设某个用户正在浏览网站并与页面产生了某种交互,用户的操作就会引发事件,事件通过 HTTP 被传输到服务器。在服务器中,由 ASP.NET 框架解释信息,并触发事件与之对应的处理程序。该程序可以是 .aspx 页面中的处理程序,也可以是开发者自定义的类库,或者 COM 组件等。事件驱动处理模型如图 2-8 所示,说明了当一个浏览者通过浏览器触发 ASPX 页面时,浏览器、服务器和服务器返回页的交互过程。

图 2-8 页面框架的事件驱动处理模型

2.5 ASP.NET 客户端状态

Web 开发不像软件开发,Web 应用实际上是没有状态的,这就说明 Web 应用程序不能自动指示序列中的请求是否来自相同的浏览器或客户端,无法判断浏览器是否一直在浏览一个页面或者一个站点,也无法判断用户执行了哪个操作,因此也就无法统计用户的喜好。

2.5.1 视图状态

服务器与客户端每次的信息往返过程中,都会销毁页面并重新创建新的页面。如果一个页面中的信息超出了页面的生命周期,那么这个页面中的相关信息就不存在了。如果注销了页面的信息,那么用户的一些信息可能就不存在了。

在ASP.NET中,网页通过视图状态来保存用户的信息,当视图状态在页面发回到自身时,跨页过程的存储会向用户自己的页面返回特定值,视图状态的优点如下。

(1) 不需要任何服务器资源。

(2) 在默认情况下,对控件启用状态的数据进行维护,不会被破坏。

(3) 视图状态的值经过哈希运算和压缩保护,安全性更高。

视图状态同样有一些缺点,具体如下。

(1) 视图状态会影响性能,如果页面存储较大较多的值,则性能会有较大的影响。

(2) 在手机、移动终端上,可能无法保存视图状态中使用的值。

(3) 视图状态虽然安全性较高,但还是有风险,如果直接查看页面代码,可以看到相应代码。

2.5.2 控件状态

ASP.NET中还提供了控件状态属性作为在服务器往返过程中存储自定义控件中数据的方法。在页面控件中,如果使用多个自定义控件来显示不同的数据结构,则为了让这些页面控件能够协调工作,需要使用控件状态来保护控件,同时,控件状态是不能被关闭的。同样,控件状态也有它的优点,具体如下。

(1) 与视图状态相同的是,不需要任何服务器资源。

(2) 控件状态是不能被关闭的,提供了更加可靠的控件管理方法。

(3) 控件状态具有通用性。

2.5.3 隐藏域

ASP.NET同ASP一样,也使用隐藏域来保存页面信息。隐藏域作为一种维护页面状态的形式,其安全性并不高,最好不要在隐藏域中保存过多的信息。隐藏域具有以下优点。

(1) 不需要任何服务器资源。

(2) 支持广泛,任何客户端都支持隐藏域。

(3) 实现简单,隐藏域属于HTML控件,无须像服务器控件那样需要编程知识。

而隐藏域也有一些不足,具体如下。

(1) 具有较高的安全隐患。

(2) 存储结构简单。

(3) 如果存储了较多较大的值,则会导致性能问题。

(4) 如果隐藏域过多,则在某些客户端中被禁止。

(5) 隐藏域将数据存储在服务器上,而不存储在客户端。

注意:在应用开发中,如果页面中的隐藏域过多,它们将被存储在服务器。当客户端浏览页面时,会有一些防火墙扫描页面,以保证操作系统的安全,如果页面中的隐藏域过多,那么这些防火墙可能会禁止页面的某些功能。

2.5.4 Cookie

Cookie 在客户端为用户保存少量的网站用户信息,服务器可以通过编程来获取用户信息,Cookie 信息和页面请求通常一起发送到服务器,服务器对客户端传递过来的 Cookie 信息做处理。通常 Cookie 保存用户的登录状态、用户名等基本信息等,在后面的章节会详细介绍如何使用 ASP.NET 操作 Cookies。

2.5.5 客户端状态维护

虽然使用某些客户端状态并不使用服务器资源,但是这些状态都具有潜在的安全隐患,如 Cookie。非法用户可以使用 Cookie 欺骗来攻击网站获取用户信息,不过使用客户端状态能够使用客户端的资源从而提高服务器性能。使用客户端状态,虽然有安全隐患,但是具有良好的编程能力,以及基本的安全知识,能够较好地解决安全问题,同时也能够提高服务器性能。下面介绍一些客户端状态的优缺点。

(1) 视图状态:推荐存储少量回发到自身页面的信息时使用。

(2) 控件状态:不需要任何服务器资源,控件状态是不能被关闭的,提供了更加可靠和通用的控件管理方法。

(3) 隐藏域:实现简单,但是在应用程序中会造成一些安全隐患。

(4) Cookie:实现简单,能够简单地获取用户的信息,但是有大小限制,不适宜存储大量的代码。

2.6 ASP.NET 页面生命周期

ASP.NET 页面运行时,同类的对象一样,也有自己的生命周期。在生命周期内,ASP.NET 页面将执行一系列的步骤,包括控件的初始化、控件的实例化、还原状态和维护状态以及通过 IIS 反馈给用户呈现成 HTML 等。

ASP.NET 页面生命周期是 ASP.NET 中非常重要的概念,了解了 ASP.NET 页面的生命周期,就能够在合适的生命周期内编写代码,执行事务。同时,熟练掌握 ASP.NET 页面的生命周期,可以开发高效的自定义控件。ASP.NET 生命周期通常情况下需要经历以下几个阶段。

(1) 页请求。页请求发生在页生命周期开始之前。当用户请求一个页面时,ASP.NET 将确定是否需要分析或者编译该页面,或者是否可以在不运行页的情况下直接请求缓存响应客户端。

(2) 开始。发生请求后,页面就进入了开始阶段。在该阶段,页面将确定请求是回发请求还是新请求,并设置 IsPostBack 属性。

(3) 初始化。在页面开始后,进入初始化阶段。初始化期间,页面可以使用服务器控件,并为每个服务器控件进行初始化。

(4) 加载。页面加载控件。

(5) 验证。调用所有的验证程序控件的 Validate 方法,来设置各个验证程序控件和页的属性。

(6) 回发事件。如果是回发请求,则调用所有的事件处理程序。

(7) 呈现。在呈现期间,视图状态被保存并呈现到页面。

(8) 卸载。完全呈现页面后,将页面发送到客户端并准备丢弃时,将调用卸载。

2.7 ASP.NET 生命周期中的事件

在页面周期的每个阶段,页面将引发可运行用户代码进行事件处理。对于控件产生的事件,通过声明的方式执行代码,并将事件处理程序绑定到事件。不仅如此,事件还支持自动事件连接,最常用的就是 Page_Load 事件了,除此之外,还有 Page_Init 等其他事件,本节将会介绍此类事件。

2.7.1 页面加载事件(Page_PreInit)

每当页面被发送到服务器时,页面就会重新被加载,启动 Page_PreInit 事件,执行 Page_PreInit 事件代码块。当需要对页面中的控件进行初始化时,则需要使用此类事件,示例代码如下。

```
protected void Page_PreInit(object sender, EventArgs e)      //Page_PreInit 事件
{
    Label1.Text="OK";                                         //标签赋值
}
```

当触发了 Page_PreInit 事件时,就会执行该事件的代码,上述代码将 Lable1 的初始文本值设置为 OK。Page_PreInit 事件能够让用户在页面处理中,确保服务器加载时只执行一次而当网页被返回给客户端时不被执行,这可以使用 IsPostBack 属性来实现,当网页第一次加载时 IsPostBack 属性为 false,而当页面再次被加载时,IsPostBack 属性将会被设置为 true,IsPostBack 属性的使用能够影响到应用程序的性能。

2.7.2 页面加载事件(Page_Init)

Page_Init 事件与 Page_PreInit 事件基本相同,区别在于 Page_Init 并不能保证完全加载各个控件。虽然在 Page_Init 事件中,依旧可以访问页面中的各个控件,但是当页面回送时,Page_Init 依然执行所有的代码并且不能通过 IsPostBack 来执行某些代码,示例代码如下。

```
protected void Page_Init(object sender, EventArgs e)    //Page_Init 事件
{
    if(!IsPostBack)                                     //判断是否第一次加载
    {
        Label1.Text="OK";                               //将成功信息赋值给标签
    }
    else
```

```
        Label1.Text="IsPostBack";              //将回传的值赋值给标签
    }
}
```

2.7.3 页面载入事件(Page_Load)

大多数初学者会认为 Page_Load 事件是第一次访问页面时触发的事件,其实不然,在 ASP.NET 页面生命周期内,Page_Load 远远不是第一次触发的事件,通常情况下,ASP.NET 事件顺序为:Page_Init()→Load ViewState→Load Postback data→Page_Load()→Handle control events→Page_PreRender()→Page_Render()→Unload event→Dispose method called。

Page_Load 事件是在网页加载时一定会被执行的事件。在 Page_Load 事件中,一般都需要使用 IsPostBack 属性来判断用户是否进行了操作,因为 IsPostBack 指示该页是否正为响应客户端回发而加载,或者它是否正被首次加载和访问,示例代码如下。

```
protected void Page_Load(object sender, EventArgs e)    //Page_Load 事件
{
    if(!IsPostBack)
    {
        Label1.Text="OK";                                //第一次执行的代码块
    }
    else
    {
        Label1.Text="IsPostBack";                        //如果用户提交表单等
    }
}
```

上述代码使用了 Page_Load 事件,在页面被创建时,系统会自动在代码隐藏页模型的页面中增加此方法。当用户执行了操作,页面响应了客户端回发后,IsPostBack 属性值变为 true,于是执行 else 部分的相应操作。

2.7.4 页面卸载事件(Page_Unload)

页面执行完毕,就可以通过 Page_Unload 事件来执行页面卸载时的清除工作。以下情况会触发 Page_Unload 事件。

(1) 页面被关闭。
(2) 数据库连接被关闭。
(3) 对象被关闭。
(4) 完成日志记录或者其他的程序请求。

2.7.5 页面指令

页面指令用来通知编译器在编译页面时做出的特殊处理。当编译器处理 ASP.NET 应用程序时,可以通过这些特殊指令要求编译器做特殊处理,例如缓存、使用命名空间等。当需要执行页面指令时,通常的做法是将页面指令包括在文件的头部,示例代码如下。

```
<%@ Page Language="C#" AutoEventWireup="true" CodeBehind="Default.aspx.cs"
    Inherits="MyWeb._Default" %>
<!DOCTYPE html PUBLIC "-//W3C//DTD XHTML 1.0 Transitional//EN"
    "http://www.w3.org/TR/xhtml1/DTD/xhtml1-transitional.dtd">
```

上述代码中,就使用了@Page 页面指令来定义 ASP.NET 页面分析器和编译器使用的特定页的属性。当代码隐藏页模型的页面被创建时,系统会自动增加@Page 页面指令。

ASP.NET 页面支持多个页面指令,常用的页面指令有以下几个。

(1) @ Page:定义 ASP.NET 页分析器和编译器使用的页特定(.aspx 文件)属性,可以编写为<%@ Page attribute="value"[attribute="value"…]%>。

(2) @ Control:定义 ASP.NET 页分析器和编译器使用的用户控件(.ascx 文件)特定的属性。该指令只能配置用户控件。可以编写为<%@ Control attribute="value"[attribute="value"…]%>。

(3) @ Import:将命名空间显示导入到页中,使所导入的命名空间的所有类和接口可用于该页。导入的命名空间可以是.NET 框架类库或用户定义的命名空间的一部分。可以编写为<%@ Import namespace="value" %>。

(4) @ Implements:提示当前页或用户控件实现制定的.NET 框架接口。可以编写为<%@ Implements interface="ValidInterfaceName" %>。

(5) @ Reference:以声明的方式指示,应该根据在其中声明此指令的页对另一个用户控件或页源文件进行动态编译和链接。可以编写为<%@ Reference page | control="pathtofile" %>。

(6) @ Output Cache:以声明的方式控制 ASP.NET 页或页中包含的用户控件的输出缓存策略。可以编写为<%@ Output Cache Duration="#ofseconds" Location="Any | Client | Downstream | Server | None" Shared="True | False" VaryByControl="controlname" VaryByCustom="browser | customstring" VaryByHeader="headers" VaryByParam="parametername" %>。

(7) @ Assembly:在编译过程中将程序集链接到当前页,以使程序集的所有类和接口都可用在该页上。可以编写为<%@ Assembly Name="assemblyname" %>或<%@ Assembly Src="pathname" %>的方式。

(8) @ Register:将别名与命名空间以及类名关联起来,以便在自定义服务器控件语法中使用简明的表示法。可以编写为<%@ Register tagprefix="tagprefix" Namespace="namepace" Assembly="assembly" %>或<%@ Register tagprefix="tagprefix" Tagname="tagname" Src="pathname" %>的方式。

2.8 ASP.NET 网站文件类型

在 ASP.NET 中包含诸多的文件类型，这些类型的文件由 ASP.NET 支持和管理，而除了这些文件以外，其他的文件都由 IIS 托管。使用 Visual Studio 2008 能够创建大部分可以使用 ASP.NET 托管运行的程序，同时，使用应用程序映射可以将文件类型映射到应用程序。当需要伪静态时，很可能需要将 HTML 文件托管到 IIS 中的应用扩展，因为默认情况下 ASP.NET 不会处理 HTML 的操作。

技巧：现在的网站构架中，生成静态页面是一种很好地降低网站压力的解决方案。在某些情况下，服务器可能需要伪静态支持，就是将.aspx 页面后缀显式成.html 后缀，让搜索引擎能够更好地搜索。

1. ASP.NET 管理的文件类型

ASP.NET 管理的文件类型能够在 ASP.NET 应用程序中被其不同模块进行访问和调用，这些文件可能是用户能够直接访问的，也有可能是用户无法直接访问的。ASP.NET 管理的文件类型如表 2-1 所示。

表 2-1 ASP.NET 管理的文件类型

文件类型	保存位置	描述
.asax	根目录	Global.asax 文件。包含 HttpApplication 对象的派生代码，用于重新展示 Application 对象
.ascx	根目录或子目录	可重用的自定义 Web 控件
.ashx	根目录或子目录	处理器文件。包含实现 IHttpHandler 接口的代码，用于处理输入请求
.asmx	根目录或子目录	XML Web Services 文件。包含由 SOAP 提供给其他 Web 应用的类对象和功能
.aspx	根目录或子目录	ASP.NET Web 窗体。包含 Web 控件和其他业务逻辑
.axd	根目录	跟踪视图文件。通常是 Trace.axd
.browser	App_Browsers 目录	浏览器定义文件。用于识别客户端浏览器的可用特征
.cd	根目录或子目录	类图文件
.compile	Bin 目录	定位于适当汇编集中的预编译文件。可执行文件(.aspx、.ascx、.master、theme)预编译后放在 Bin 目录
.config	根目录或子目录	Web.config 配置文件。包含用于配置 ASP.NET 若干特征的 XML 元素集
.cs、.jsl、vb	App_Code 目录。有些是 ASP.NET 的代码分离文件，位于与 Web 页面相同的目录	运行时被编译的类对象源代码。类对象可以是 HTTP 模块、HTTP 处理器或 ASP.NET 页面的代码分离文件
.csproj、vbproj、vjsproj	Visual Studio 工程目录	Visual Studio 客户工程文件

续表

文件类型	保存位置	描　述
.disco,.vsdisco	App_WebReferences 目录	XML Web Services Discovery 文件。用于定位可用 Web Services
.dsdgm,.dsprototype	根目录或子目录	分布式服务图表(DSD)文件。可添加到 Visual Studio 方案中，为反向引擎提供消耗 Web Services 时的交互性图表
.dll	Bin 目录	已编译类库文件。作为替代，可将类对象源代码保存到 App_Code 目录
.licx,.webinfo	根目录或子目录	许可协议文件。许可协议有助于保护控件开发者的知识产权，并对控件用户的使用权进行验证
.master	根目录或子目录	模板文件定义 Web 页面的统一布局，并在其他页面中得到引用
.mdb,.ldb	App_Data 目录	Access 数据库文件
.mdf	App_Data 目录	SQLServer 数据库文件
.msgx,.svc	根目录或子目录	Indigo Messaging Framework(MFx)服务文件
.rem	根目录或子目录	远程处理器文件
.resources	App_GlobalResources 或 App_LocalResources 目录	资源文件。包含图像、本地化文本或其他数据的资源引用串
.resx	App_GlobalResources 或 App_LocalResources 目录	资源文件。包含图像、本地化文本或其他数据的资源引用串
.sdm,.sdmDocument	根目录或子目录	系统定义模型(SDM)文件
.sitemap	根目录	网站地图文件。包含网站的结构。ASP.NET 通过默认的网站地图提供者，简化导航控件对网站地图文件的使用
.skin	App_Themes 目录	皮肤定义文件。用于确定显示格式
.sln	Visual Web Developer 工程目录	Visual Web Developer 工程的项目文件
.soap	根目录或子目录	SOAP 扩展文件

注意：ASP.NET 管理的文件类型映射到 IIS 的 Aspnet_isapi.dll。

2. IIS 管理的文件类型

在 ASP.NET 应用程序中，有些动态的文件如 asp 文件就不被 ASP.NET 应用程序框架管理，而由 IIS 进行管理，这些文件类型如表 2-2 所示。

表 2-2　IIS 管理的文件类型

文件类型	保存位置	描　述
.asa	根目录	Global.asa 文件。包含 ASP 会话对象或应用程序对象生命周期中的各种事件处理
.asp	根目录或子目录	ASP Web 页面。包含 @ 指令和使用 ASP 内建对象的脚本代码
.cdx	App_Data 目录	Visual FoxPro 的混合索引文件

续表

文件类型	保存位置	描述
.cer	根目录或子目录	证明文件。用于对网站的授权
.idc	根目录或子目录	Internet Database Connector（IDC）文件。被映射到 httpodbc.dll。注意：由于无法为数据库连接提供足够的安全性，IDC 将不再被继续使用。IIS 6.0 是最后一个支持 IDC 的版本
.shtm,.shtml,.stm	根目录或子目录	包含文件。被映射到 ssinc.dll

注意：IIS 管理的文件类型被映射到 IIS 的 asp.dll。

3. 静态文件类型

IIS 仅提供已注册 MIME 类型的静态文件服务，注册信息保存在 MIME Map IIS 元数据库中。如果某种文件类型已经映射到指定应用程序，在不需要作为静态文件的情况下，无须再在 MIME 类型列表中进行包含。默认的静态文件类型如表 2-3 所示。

表 2-3 静态文件类型

文件类型	保存位置	描述
.css	根目录或子目录，以及 App_Themes 目录	样式表文件。用于确定 HTML 元素的显示格式
.htm,.html	根目录或子目录	静态网页文件。由 HTML 代码编写

注意：虽然 ASP.NET 的代码页面也能够手动添加到 MIME 类型列表中，但是这样操作会让浏览者看到页面源代码，从而暴露 ASP.NET 页面源代码，对于服务器而言是非常不安全的。

2.9 本章小结

本章介绍了 ASP.NET 页面生命周期，以及 ASP.NET 页面的几种模型。ASP.NET 页面生命周期是 ASP.NET 中非常重要的概念，熟练掌握 ASP.NET 生命周期能对 ASP.NET 开发以及自定义控件开发起到促进作用。本章还介绍了以下内容：

（1）代码隐藏页模型的解释过程。
（2）代码隐藏页模型的事件驱动处理。
（3）ASP.NET 网页的客户端状态。
（4）ASP.NET 页面生命周期。
（5）ASP.NET 生命周期中的事件。
（6）ASP.NET 网站文件类型。

上面的章节分开讲解了 ASP.NET 运行中的一些基本机制，在了解了这些基本运行机制后，就能够在 .NET 框架下做 ASP.NET 开发了。虽然这些都是基本概念，但是在今后的开发中，会起到非常重要的作用。

2.10 本章习题

1. Page 对象的 IsPostBack 属性的功能是什么？
2. ASP.NET 页面中包含两种代码模型，这两种模型各有什么特点？
3. 简述创建 ASP.NET Web Application 的步骤。
4. 简述 ASP.NET 网站和 ASP.NET 应用程序的区别。
5. 简述代码隐藏页模型的解释过程。
6. ASP.NET 生命周期通常情况下需要经历哪几个阶段，各阶段分别执行哪些事件？
7. ASP.NET 网站中有哪些文件类型？
8. 开发一个页面，当用户第一次访问时，需要在线注册用户名、密码等信息，然后把信息保存到 Cookies 中，下次再访问时，则自动显示"××你好，欢迎你，你是第×次光临本网站"。

第 3 章 Web 窗体的基本控件

与 ASP 不同的是,ASP.NET 提供了大量的控件,这些控件能够轻松地实现交互的复杂的 Web 应用功能。在传统的 ASP 开发中,让开发人员最为烦恼的是代码的重用性太低,以及事件代码和页面代码不能很好地分开。而在 ASP.NET 中,控件不仅解决了代码重用性的问题,对于初学者而言,控件更简单易用并能够轻松上手、投入开发。

3.1 场景导入

在网站开发中,如果需要加强用户与应用程序之间的交互,就需要上传文件。上传一个图片文件,上传后在网页上可以看到,如图 3-1 所示。

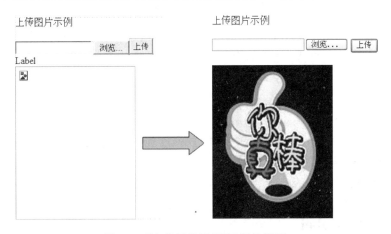

图 3-1 "上传图片示例"运行效果图

3.2 控件的属性

每个控件都有一些公共属性,例如字体颜色、边框的颜色、样式等。在 Visual Studio 2008 中,当开发人员用鼠标单击相应控件的属性后,属性栏中会简单介绍该属性的作用,如图 3-2 所示。

属性栏用来设置控件的属性,当控件在页面被初始化时,这些属性将被应用到控件中。控件的属性也可以通过编程的方法在页面相应代码区域编写,示例代码如下。

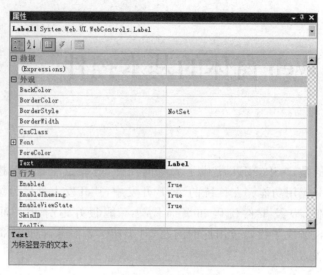

图 3-2 控件的属性

```
protected void Page_Load(object sender, EventArgs e)
{
    Label1.Visible=false;                    //在 Page_Load 中设置 Label1 的可见性
}
```

上述代码编写了一个页面载入事件(Page_Load),并通过编程的方法对控件的属性进行更改,当页面加载时,控件的属性会被应用并呈现在浏览器中。

3.3 简单控件

ASP.NET 提供了诸多控件,包括简单控件、数据库控件、登录控件等。在 ASP.NET 中,简单控件是最基础也是经常被使用的控件,简单控件包括标签控件(Label)、超链接控件(HyperLink)以及图像控件(Image)等。

3.3.1 标签控件(Label)

在 Web 应用中,希望显式的文本不能被用户更改,或者当触发事件时,某一段文本能够在运行时更改,则可以使用标签控件(Label)。开发人员可以非常方便地将标签控件拖放到页面,完成拖放后,该页面将自动生成一段标签控件的声明代码,示例代码如下。

```
<asp:Label ID="Label1" runat="server" Text="Label"></asp:Label>
```

上述代码中,声明了一个标签控件,并将这个标签控件的 ID 属性设置为默认值 Label1。由于该控件是服务器端控件,所以在控件属性中包含 runat="server" 属性。该代码还将标签控件的文本初始化为 Label,开发人员能够配置该属性进行不同文本内容的呈现。

注意:通常情况下,控件的 ID 也应该遵循良好的命名规范,以便维护。

同样,标签控件的属性也能够在相应的.cs代码中初始化,示例代码如下。

```
protected void Page_PreInit(object sender, EventArgs e)
{
    Label1.Text="Hello World";                          //标签赋值
}
```

上述代码在页面初始化时将Label1的文本属性设置为"Hello World"。值得注意的是,对于Label标签,同样也可以显示HTML样式,示例代码如下。

```
protected void Page_PreInit(object sender, EventArgs e)
{
    Label1.Text="Hello World<hr/><span style=\"color:red\">A Html Code</span>";
                                                        //输出 HTML
    Label1.Font.Size=FontUnit.XXLarge;                  //设置字体大小
}
```

上述代码中,Label1的文本属性被设置为一串HTML代码,当Label文本被呈现时,会以HTML效果显示,运行结果如图3-3所示。

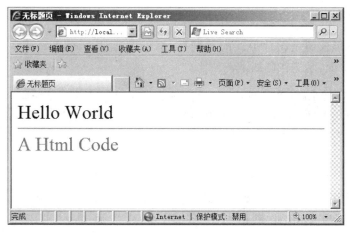

图 3-3 Label 的 Text 属性的使用

如果开发人员只是为了显示一般的文本或者HTML效果,则不推荐使用Label控件,因为服务器控件过多会导致性能问题,而使用静态的HTML文本能够让页面解析速度更快。

3.3.2 超链接控件(HyperLink)

超链接控件相当于实现了HTML代码中的<a href=""></a>效果,当然,超链接控件有自己的特点,当拖动一个超链接控件到页面时,系统会自动生成控件声明代码,示例代码如下。

```
<asp:HyperLink ID="HyperLink1" runat="server">HyperLink</asp:HyperLink>
```

上述代码声明了一个超链接控件,相对于 HTML 代码形式。超链接控件可以通过传递指定的参数来访问不同的页面。当触发一个事件后,超链接的属性可以被改变。超链接控件通常使用的两个属性如下。

(1) ImageUrl:要显示图像的 URL。

(2) NavigateUrl:要跳转到的 URL。

1. ImageUrl 属性

ImageUrl 属性可以设置这个超链接是以文本形式显示还是以图片形式显示,示例代码如下。

```
<asp:HyperLink ID="HyperLink1" runat="server"
    ImageUrl="http://www.shangducms.com/images/cms.jpg">
    HyperLink
</asp:HyperLink>
```

上述代码将文本形式显示的超链接变为了图片形式的超链接,虽然表现形式不同,但是不管是图片形式还是文本形式,都可以实现相同的效果。

2. NavigateUrl 属性

无论是文本形式还是图片形式的超链接,都可以通过 Navigate 属性来设置超链接属性,即将跳转的页面,示例代码如下。

```
<asp:HyperLink ID="HyperLink1" runat="server"
    ImageUrl="http://www.shangducms.com/images/cms.jpg"
    NavigateUrl="http://www.shangducms.com">
    HyperLink
</asp:HyperLink>
```

上述代码使用了图片超链接的形式,其中图片来自 http://www.shangducms.com/images/cms.jpg,当单击此超链接控件后,浏览器将跳到 URL 为 http://www.shangducms.com 的页面。

3. 动态跳转

超链接控件的优点在于能够对控件进行编程,来按照用户的意愿跳转到需要跳转的页面。以下代码实现了当用户选择 QQ 时跳转到腾讯网站,而选择 sohu 时跳转到 sohu.com 页面的功能,示例代码如下。

```
protected void DropDownList1_SelectedIndexChanged(object sender, EventArgs e)
{
    if(DropDownList1.Text=="qq")                         //如果选择 qq
    {
        HyperLink1.Text="qq";                            //文本为 qq
        HyperLink1.NavigateUrl="http://www.qq.com";      //URL 为 qq.com
    }
    else                                                 //选择 sohu
```

```
        {
            HyperLink1.Text="sohu";                              //文本为 sohu
            HyperLink1.NavigateUrl="http://www.sohu.com";        //URL 为 sohu.com
        }
}
```

上述代码使用了 DropDownList 控件,当用户选择不同的值时,对 HyperLink1 控件进行操作,即当用户选择 qq 时,则为 HyperLink1 控件配置链接为 http://www.qq.com。

注意:与标签控件相同的是,如果只是为了单纯地实现超链接,同样不推荐使用 HyperLink 控件,因为过多地使用服务器控件同样有可能造成性能问题。

3.3.3 图像控件(Image)

图像控件用来在 Web 窗体中显示图像,其常用的属性如下。
(1) AlternateText:在图像无法显示时显示的备用文本。
(2) ImageAlign:图像的对齐方式。
(3) ImageUrl:要显示图像的 URL。

当图片无法显示时,图片将被替换成 AlternateText 属性中的文字,ImageAlign 属性用来控制图片的对齐方式,而 ImageUrl 属性用来设置图像链接地址。同样,HTML 中也可以使用<img src=""alt="">来替代图像控件,图像控件的可控性优点就是基于可通过编程来控制图像控件,图像控件基本声明代码如下。

```
<asp:Image ID="Image1" runat="server" />
```

除了显示图形以外,Image 控件的其他属性还允许为图像指定各种文本,具体如下。
(1) ToolTip:浏览器显示在工具提示中的文本。
(2) GenerateEmptyAlternateText:如果将此属性设置为 true,则呈现的图片的 alt 属性将设置为空。

开发人员能够为 Image 控件配置相应的属性以便在浏览时呈现不同的样式,创建一个 Image 控件也可以直接通过编写 HTML 代码进行呈现,示例代码如下。

```
<asp:Image ID="Image1" runat="server"
AlternateText="图片链接失效" ImageUrl="http://www.shangducms.com/images/cms
.jpg" />
```

上述代码设置了一个图片,并当图片失效时提示图片链接失效。

注意:当双击图像控件时,系统并没有生成事件所需要的代码段,这说明 Image 控件不支持任何事件。

3.4 文本框控件(TextBox)

在 Web 开发中,通常需要和用户进行交互,如用户注册、登录、发帖等,那么就需要文本框控件(TextBox)来接受用户输入的信息。开发人员还可以使用文本框控件制作高级的文本编辑器用于 HTML 以及文本的输入、输出。

3.4.1 文本框控件的属性

通常情况下，默认的文本控件（TextBox）是一个单行的文本框，用户只能在文本框中输入一行内容。通过修改该属性，可以将文本框设置为多行或者是以密码形式显示，文本框控件常用的属性如下所示。

1. AutoPostBack（自动回传）属性

在网页的交互中，如果用户提交了表单，或者执行了相应的方法，那么该页面将会发送到服务器上，服务器执行完表单的操作或者相应方法后，再呈现给用户，如按钮控件、下拉菜单控件等。如果将某个控件的 AutoPostBack 属性设置为 true，则当该控件的属性被修改时，同样会使页面自动发回到服务器。

2. EnableViewState（控件状态）属性

ViewState 是 ASP.NET 中用来保存 Web 控件回传状态的一种机制，它是由 ASP.NET 页面框架管理的一个隐藏字段。在回传发生时，ViewState 数据同样将回传到服务器，ASP.NET 框架解析 ViewState 字符串并为页面中的各个控件填充该属性。而填充后，控件通过使用 ViewState 将数据重新恢复到以前的状态。

在使用某些特殊控件时，如用数据库控件来显示数据库。如果每次打开页面，就执行一次数据库往返过程，将是非常不明智的。开发人员可以绑定数据，在加载页面时仅对页面设置一次，然后在后续的回传中，控件将自动从 ViewState 中重新填充，减少了数据库的往返次数，从而不使用过多的服务器资源。在默认情况下，EnableViewState 的属性值通常为 true。

3. 其他属性

上面的两个属性是比较重要的属性，其他的属性也经常使用。

（1）MaxLength：在注册时可以限制用户输入的字符串长度。

（2）ReadOnly：如果将此属性设置为 true，那么文本框内的值是无法被修改的。

（3）TextMode：此属性可以设置文本框的模式，例如单行、多行或密码形式。如果不设置 TextMode 属性，那么文本框默认为单行。

（4）Columns：用于设置文本框的宽度。

（5）Rows：设置多行文本框可显示的行数。

（6）Wrap：可设置文本框是否换行。

3.4.2 文本框控件的使用

在默认情况下，文本框为单行类型，同时文本框模式也包括多行和密码，示例代码如下。

```
<asp:TextBox ID="TextBox1" runat="server"></asp:TextBox>
```

```
<br />
<br />
<asp:TextBox ID="TextBox2" runat="server" Height="101px" TextMode="MultiLine"
    Width="325px"></asp:TextBox>
<br />
<br />
<asp:TextBox ID="TextBox3" runat="server" TextMode="Password"></asp:TextBox>
```

上述代码演示了 3 种文本框的使用方法，运行后的结果如图 3-4 所示。

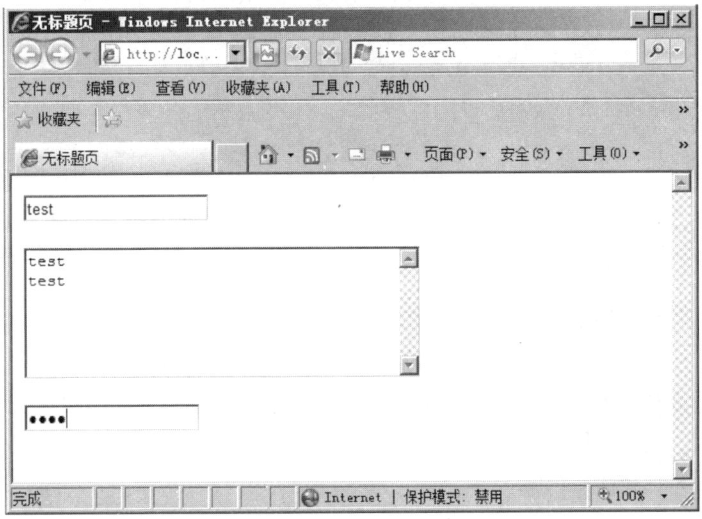

图 3-4 文本框的 3 种形式

文本框无论是在 Web 应用程序开发还是 Windows 应用程序开发中都是非常重要的。文本框在用户交互中能够起到非常重要的作用。在文本框的使用中，通常需要获取用户在文本框中输入的值或者检查文本框属性是否被改写。当获取用户的值时，必须通过一段代码来控制。文本框控件 HTML 页面示例代码如下。

```
<form id="form1" runat="server">
<div>
    <asp:Label ID="Label1" runat="server" Text="Label"></asp:Label>
    <br />
    <asp:TextBox ID="TextBox1" runat="server"></asp:TextBox>
    <br />
    <asp:Button ID="Button1" runat="server" onclick="Button1_Click" Text=
    "Button"/>
    <br />
</div>
</form>
```

上述代码声明了一个文本框控件和一个按钮控件，当用户单击按钮控件时，就需要实现标签控件的文本改变。为了实现相应的效果，可以通过编写.cs 文件代码进行逻辑处理，示例代码如下。

```
namespace _5_3                                            //页面命名空间
{
    public partial class _Default : System.Web.UI.Page
    {
        protected void Page_Load(object sender, EventArgs e)
                                                          //页面加载时触发
        {
        }
        protected void Button1_Click(object sender, EventArgs e)
                                                          //双击按钮时触发的事件
        {
            Label1.Text=TextBox1.Text;                    //标签控件的值等于文本框中控件的值
        }
    }
}
```

上述代码中,双击按钮就会触发一个按钮事件,这个事件就是将文本框内的值赋到标签内,运行结果如图 3-5 所示。

图 3-5 文本框控件的使用

同样,双击文本框控件,会触发 TextChange 事件。而运行时,当文本框控件中的字符变化后,并没有自动回传,是因为默认情况下,文本框的 AutoPostBack 属性被设置为 false。当 AutoPostBack 属性被设置为 true 时,文本框的属性变化,则会发生回传,示例代码如下。

```
protected void TextBox1_TextChanged(object sender, EventArgs e)   //文本框事件
{
    Label1.Text=TextBox1.Text;                                    //控件相互赋值
}
```

上述代码为 TextBox1 添加了 TextChanged 事件。在 TextChanged 事件中,并不是每一次文本框的内容发生变化都会重传到服务器,这一点和 WinForm 是不同的,因为这样会大大地降低页面的效率。只有当用户将文本框中的焦点移出导致 TextBox 失去焦点时,才会发生重传。

3.5 按钮控件(Button、LinkButton 和 ImageButton)

在 Web 应用程序和用户交互时,常常需要提交表单、获取表单信息等操作。在这期间,按钮控件是非常必要的。按钮控件能够触发事件,或者将网页中的信息回传给服务器。在

ASP.NET 中，包含三类按钮控件，分别为 Button、LinkButton 和 ImageButton。

3.5.1 按钮控件的通用属性

按钮控件用于事件的提交，按钮控件常用的一些通用属性如下。
(1) Causes Validation：按钮是否导致激发验证检查。
(2) CommandArgument：与此按钮关联的命令参数。
(3) CommandName：与此按钮关联的命令。
(4) ValidationGroup：指定单击按钮时调用页面上的哪些验证程序。如果未建立任何验证组，则会调用页面上的所有验证程序。

下面的语句声明了 3 种按钮，示例代码如下。

```
<asp:Button ID="Button1" runat="server" Text="Button" />    //普通的按钮
<br />
<asp:LinkButton ID="LinkButton1" runat="server">LinkButton</asp:LinkButton>
                                                            //Link 类型的按钮
<br />
<asp:ImageButton ID="ImageButton1" runat="server" />        //图像类型的按钮
```

对于 3 种按钮，它们起到的作用基本相同，主要是表现形式不同，如图 3-6 所示。

3.5.2 Click 单击事件

这 3 种按钮控件对应的事件通常是 Click 单击和 Command 命令事件。在 Click 单击事件中，通常用于编写用户单击按钮时所需要执行的事件，示例代码如下。

```
protected void Button1_Click(object sender, EventArgs e)
{
    Label1.Text="普通按钮被触发";                         //输出信息
}
protected void LinkButton1_Click(object sender, EventArgs e)
{
    Label1.Text="链接按钮被触发";                         //输出信息
}
protected void ImageButton1_Click(object sender, ImageClickEventArgs e)
{
    Label1.Text="图片按钮被触发";                         //输出信息
}
```

上述代码分别为 3 种按钮生成了事件，其代码都是将 Label1 的文本设置为相应的文本，运行结果如图 3-7 所示。

3.5.3 Command 命令事件

按钮控件中，Click 事件并不能传递参数，所以处理的事件相对简单。而 Command 事件

图 3-6 3 种按钮类型　　　　　图 3-7 按钮的 Click 事件

可以传递参数,负责传递参数的是按钮控件的 CommandArgument 和 CommandName 属性,如图 3-8 所示。

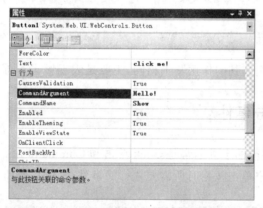

图 3-8 CommandArgument 和 CommandName 属性

将 CommandArgument 和 CommandName 属性分别设置为"Hello!"和"Show",单击  创建一个 Command 事件并在事件中编写相应代码,示例代码如下。

```
protected void Button1_Command(object sender, CommandEventArgs e)
{
    if(e.CommandName=="Show")      //如果 CommandName 属性的值为 Show,则运行下面代码
    {
        Label1.Text=e.CommandArgument.ToString();
                                   //将 CommandArgument 属性的值赋给 Label1
    }
}
```

注意:当按钮同时包含 Click 和 Command 事件时,通常情况下会执行 Command 事件。

Command 有一些 Click 不具备的好处,就是传递参数。可以分别设置按钮的 CommandArgument 和 CommandName 属性来执行相应的方法,这样一个按钮控件就能够实现不同的方法,使得多个按钮与一个处理代码关联或者一个按钮根据不同的值进行不同

的处理和响应。相比 Click 单击事件而言,Command 命令事件具有更高的可控性。

3.6 单选控件和单选组控件(RadioButton 和 RadioButtonList)

单选控件和单选组控件,顾名思义,就是在有限种选择中选出一个项目。在进行投票等应用开发并且只能在选项中选择单项时,单选控件和单选组控件都是最佳的选择。

3.6.1 单选控件(RadioButton)

单选控件可以为用户选择某一个选项,其常用属性如下。
(1) Checked:控件是否被选中。
(2) GroupName:单选控件所处的组名。
(3) TextAlign:文本标签相对于控件的对齐方式。
单选控件通常需要 Checked 属性来判断某个选项是否被选中,多个单选控件之间可能存在着某些联系,这些联系通过 GroupName 进行约束和联系,示例代码如下。

```
<asp:RadioButton ID="RadioButton1" runat="server" GroupName="choose"
    Text="Choose1" />
<asp:RadioButton ID="RadioButton2" runat="server" GroupName="choose"
    Text="Choose2" />
```

上述代码声明了两个单选控件,并将 GroupName 属性都设置为"choose"。单选控件中最常用的事件是 CheckedChanged,当控件的选中状态被改变时,则触发该事件,示例代码如下。

```
protected void RadioButton1_CheckedChanged(object sender, EventArgs e)
{
    Label1.Text="第一个被选中";
}
protected void RadioButton2_CheckedChanged(object sender, EventArgs e)
{
    Label1.Text="第二个被选中";
}
```

上述代码中,当选中状态被改变时,则触发相应的事件,运行结果如图 3-9 所示。
与 TextBox 文本框控件相同的是,单选控件不会自动进行页面回传,必须将 AutoPostBack 属性设置为 true 才能在焦点丢失时触发相应的 CheckedChanged 事件。

3.6.2 单选组控件(RadioButtonList)

与单选控件相同,单选组控件也是只能选择一个项目的控件,而与单选控件不同的是,单选组控件没有 GroupName 属性,但是却能够列出多个单选项目。另外,单选组控件所生成的代码也比单选控件实现得要少。单选组控件添加项如图 3-10 所示。
添加项目后,系统自动在.aspx 页面声明服务器控件代码,示例代码如下。

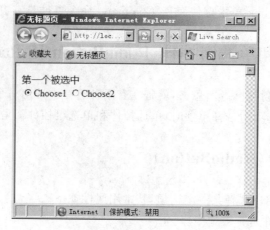

图 3-9　单选控件的使用

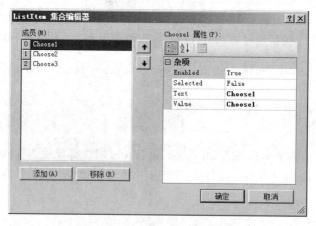

图 3-10　单选组控件添加项

```
<asp:RadioButtonList ID="RadioButtonList1" runat="server">
    <asp:ListItem>Choose1</asp:ListItem>
    <asp:ListItem>Choose2</asp:ListItem>
    <asp:ListItem>Choose3</asp:ListItem>
</asp:RadioButtonList>
```

上述代码使用单选组控件来实现单选功能,单选组控件还包括一些属性用于样式和重复的配置。单选组控件的常用属性如下。

(1) DataMember：在数据集用做数据源时做数据绑定。

(2) DataSource：向列表填入项时所使用的数据源。

(3) DataTextFiled：数据源中提供项文本的字段。

(4) DataTextFormat：应用于文本字段的格式。

(5) DataValueFiled：数据源中提供项值的字段。

(6) Items：列表中项的集合。

(7) RepeatColumn：用于布局项的列数。

(8) RepeatDirection：项的布局方向。

(9) RepeatLayout：是否在某个表或者流中重复。

同单选控件一样，双击单选组控件时系统会自动生成该事件的声明，同样可以在该事件中确定代码。当选择一项内容时，提示用户所选择的内容，示例代码如下。

```
protected void RadioButtonList1_SelectedIndexChanged(object sender, EventArgs e)
{
    Label1.Text=RadioButtonList1.SelectedItem.Textt;
                                    //文本标签段的值等于选择的控件的值
}
```

3.7 复选框控件和复选组控件（CheckBox 和 CheckBoxList）

当一个投票系统需要用户能够选择多个选择项时，单选框控件就不符合要求了，ASP.NET 还提供了复选框控件和复选组控件来满足多选的要求。复选框控件和复选组控件同单选框控件和单选组控件一样，都是通过 Checked 属性来判断是否被选择。

3.7.1 复选框控件（CheckBox）

同单选框控件一样，复选框也是通过 Checked 属性判断是否被选择，而不同的是，复选框控件没有 GroupName 属性，示例代码如下。

```
<asp:CheckBox ID="CheckBox1" runat="server" Text="Check1" AutoPostBack="true" />
<asp:CheckBox ID="CheckBox2" runat="server" Text="Check2"
    AutoPostBack="true"/>
```

上述代码中声明了两个复选框控件，且都没有支持的 GroupName 属性。当双击复选框控件时，系统会自动生成方法。当复选框控件的选中状态被改变后，会激发 CheckedChanged 事件，示例代码如下。

```
protected void CheckBox1_CheckedChanged(object sender, EventArgs e)
{
    Label1.Text="选框 1 被选中";                //当选框 1 被选中时
}
protected void CheckBox2_CheckedChanged(object sender, EventArgs e)
{
    Label1.Text="选框 2 被选中,并且字体变大";    //当选框 2 被选中时
    Label1.Font.Size=FontUnit.XXLarge;
}
```

上述代码分别为两个选框设置了 CheckedChanged 事件，当选择选框 1 时，则文本标签输出"选框 1 被选中"，如图 3-11 所示；当选择选框 2 时，则输出"选框 2 被选中,并且字体变大"，运行结果如图 3-12 所示。

用户可以在复选框控件中选择多个选项，所以就没有必要为复选框控件进行分组。而在单选框控件中，必须确保相同组名的控件只能选择一项来约束多个单选框中的选项。

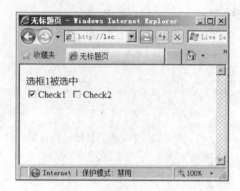 

图 3-11　Check 1 被选中　　　　图 3-12　Check 1 和 Check 2 被选中

3.7.2　复选组控件（CheckBoxList）

同单选组控件相同，为了方便复选控件的使用，.NET 服务器控件中同样包括了复选组控件。拖动一个复选组控件到页面，可以同单选组控件一样添加复选组列表。完成添加后，系统生成的代码如下。

```
<asp:CheckBoxList ID="CheckBoxList1" runat="server" AutoPostBack="True"
    onselectedindexchanged="CheckBoxList1_SelectedIndexChanged">
    <asp:ListItem Value="Choose1">Choose1</asp:ListItem>
    <asp:ListItem Value="Choose2">Choose2</asp:ListItem>
    <asp:ListItem Value="Choose3">Choose3</asp:ListItem>
</asp:CheckBoxList>
```

上述代码中，同样增加了 3 个项目供用户选择。复选组控件最常用的是 SelectedIndexChanged 事件，当控件中某项的选中状态被改变时，则会触发该事件。示例代码如下。

```
protected void CheckBoxList1_SelectedIndexChanged(object sender, EventArgs e)
{
    if(CheckBoxList1.Items[0].Selected)          //判断某项是否被选中
    {
        Label1.Font.Size=FontUnit.XXLarge;       //更改字体大小
    }
    if(CheckBoxList1.Items[1].Selected)          //判断是否被选中
    {
        Label1.Font.Size=FontUnit.XLarge;        //更改字体大小
    }
    if(CheckBoxList1.Items[2].Selected)
    {
        Label1.Font.Size=FontUnit.XSmall;
    }
}
```

上述代码中，CheckBoxList1.Items[0].Selected 用来判断某项是否被选中，其中 Item 数组是复选组控件中项目的集合，Items[0]是复选组中的第一个项目。上述代码用来修改字体的大小,当选择不同的选项时,字体的大小也不相同,运行结果如图 3-13 和图 3-14 所示。

图 3-13　选择大号字体

图 3-14　选择小号字体

注意：与单选组控件不同的是,复选组控件不能够直接获取某个选中项目的值,因为复选组控件返回的是第一个选择项的返回值,只能够通过 Item 集合来获取选择某个或多个选中的项目值。

3.8　列表控件(DropDownList、ListBox 和 BulletedList)

在 Web 开发中,经常需要使用列表控件,让用户的输入更加简单。例如在用户注册时,用户的所在地是有限的集合,而且用户不喜欢经常输入,这样就可以使用列表控件,同样列表控件还能够防止用户输入实际不存在的数据,如性别的选择等。

3.8.1　DropDownList 列表控件

列表控件能在一个控件中为用户提供多个选项,同时又能够避免用户输入错误的选项。例如,在用户注册时,就可以使用 DropDownList 列表控件来选择性别是男或者女,避免了用户输入其他的信息。因为性别除了男就是女,输入其他内容均说明这个信息是错误或者是无效的。下列语句声明了一个 DropDownList 列表控件,示例代码如下。

```
<asp:DropDownList ID="DropDownList1" runat="server">
    <asp:ListItem>1</asp:ListItem>
    <asp:ListItem>2</asp:ListItem>
    <asp:ListItem>3</asp:ListItem>
    <asp:ListItem>4</asp:ListItem>
    <asp:ListItem>5</asp:ListItem>
    <asp:ListItem>6</asp:ListItem>
    <asp:ListItem>7</asp:ListItem>
</asp:DropDownList>
```

上述代码创建了一个 DropDownList 列表控件,并手动增加了列表项,另外 DropDownList 列表控件还可以绑定数据源控件。DropDownList 列表控件最常用的事件是 SelectedIndexChanged,当 DropDownList 列表控件选择项发生变化时,则会触发该事件,示例代码如下。

```
protected void DropDownList1_SelectedIndexChanged1(object sender, EventArgs e)
{
    Label1.Text="你选择了第"+DropDownList1.Text+"项";
}
```

通过上述代码可以看出，当选择的项目发生变化时会触发 SelectedIndexChanged 事件，如图 3-15 所示，且当用户再次进行选择时，系统将会更改标签 1 中的文本，如图 3-16 所示。

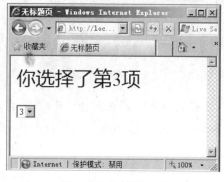
图 3-15　选择第 3 项

图 3-16　选择第 1 项

当用户选择相应的项目时，就会触发 SelectedIndexChanged 事件，开发人员可以通过捕捉相应的用户选中控件进行编程处理，这里就捕捉了用户选择的数字进行字体大小的更改。

3.8.2　ListBox 列表控件

相对于 DropDownList 控件而言，ListBox 控件可以指定用户是否允许多项选择。设置 SelectionMode 属性为 Single 时，表明只允许用户从列表框中选择一个项目，而当 SelectionMode 属性的值为 Multiple 时，用户可以按住 Ctrl 键或者使用 Shift 组合键从列表中选择多个数据项。创建一个 ListBox 列表控件后，开发人员能够在控件中添加所需的项目，添加完成后示例代码如下。

```
<asp:ListBox ID="ListBox1" runat="server" Width="137px" AutoPostBack="True">
    <asp:ListItem>1</asp:ListItem>
    <asp:ListItem>2</asp:ListItem>
    <asp:ListItem>3</asp:ListItem>
    <asp:ListItem>4</asp:ListItem>
    <asp:ListItem>5</asp:ListItem>
    <asp:ListItem>6</asp:ListItem>
</asp:ListBox>
```

从结构上看，ListBox 列表控件的 HTML 样式代码和 DropDownList 控件十分相似。同样，SelectedIndexChanged 也是 ListBox 列表控件中最常用的事件，双击 ListBox 列表控件，系统会自动生成相应的代码。开发人员可以为 ListBox 控件中的选项改变后的事件做编程处理，示例代码如下。

```
protected void ListBox1_SelectedIndexChanged(object sender, EventArgs e)
{
    Label1.Text="你选择了第"+ListBox1.Text+"项";
}
```

上述代码中,当 ListBox 控件选择项发生改变后,该事件就会被触发并修改相应 Label 标签中的文本,如图 3-17 所示。

上面的程序同样实现了 DropDownList 中程序的效果。不同的是,ListBox 控件还能实现让用户选择多个 ListBox 项,只需要设置 SelectionMode 属性为"Multiple"即可,如图 3-18 所示。

图 3-17 ListBox 单选

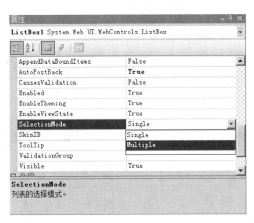

图 3-18 SelectionMode 属性

当设置了 SelectionMode 属性后,用户可以按住 Ctrl 键或者使用 Shift 组合键选择多项。同样,开发人员也可以编写处理选择多项时的事件,示例代码如下。

```
protected void ListBox1_SelectedIndexChanged1(object sender, EventArgs e)
{
    Label1.Text+=",你选择了第"+ListBox1.Text+"项";
}
```

上述代码使用了"＋＝"运算符,在触发 SelectedIndexChanged 事件后,应用程序将为 Label1 标签赋值,如图 3-19 所示。当用户每选一项的时候,就会触发该事件,如图 3-20 所示。

从运行结果可以看出,当单选时,选择项返回值和选择的项相同,而当选择多项的时候,返回值同第一项相同。所以,在选择多项时,也需要使用 Item 集合获取和遍历多个项目。

3.8.3 BulletedList 列表控件

BulletedList 与上述列表控件不同的是,BulleteList 控件可呈现项目符号或编号。若将 BulleteList 属性设置为呈现项目符号,则当 BulletedList 被呈现在页面时,列表前端会显示项目符号或者特殊符号,效果如图 3-21 所示。

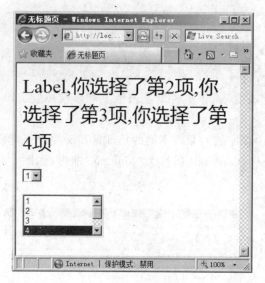
图 3-19 单选效果

图 3-20 多选效果

图 3-21 BulletedList 显示效果

BulletedList 可以通过设置 BulletStyle 属性来编辑列表前的符号样式，常用的 BulletStyle 项目符号编号样式如下。

（1）Circle：项目符号设置为○。

（2）CustomImage：项目符号为自定义图片。

（3）Disc：项目符号设置为●。

（4）LowerAlpha：项目符号为小写字母格式，如 a、b、c 等。

（5）LowerRoman：项目符号为小写罗马数字格式，如 i、ii 等。

（6）NotSet：表示不设置，此时将以 Disc 样式为默认样式。

（7）Numbered：项目符号为 1、2、3、4 等。

（8）Square：项目符号为黑方块■。

（9）UpperAlpha：项目符号为大写字母格式，如 A、B、C 等。

（10）UpperRoman：项目符号为大写罗马数字格式，如Ⅰ、Ⅱ、Ⅲ等。

同样，BulletedList 控件也同 DropDownList 控件以及 ListBox 控件一样，可以添加事件，代码如下。

```
protected void BulletedList1_Click(object sender, BulletedListEventArgs e)
{
    Label1.Text+=",你选择了第"+BulletedList1.Items[e.Index].ToString()+"项";
}
```

不同的是，DropDownList 和 ListBox 生成的事件是 SelectedIndexChanged，当其中的选择项被改变时，则触发该事件。而 BulletedList 控件生成的事件是 Click，用于在其中提供逻辑以执行特定的应用程序任务。

3.9 面板控件（Panel）

面板控件就好像是一些控件的容器，可以将一些控件包含在面板控件内，然后对面板控件进行操作来设置在其内的所有控件是显示还是隐藏，从而达到设计者的特殊目的。当创建一个面板控件时，系统会生成相应的 HTML 代码，示例代码如下。

```
<asp:Panel ID="Panel1" runat="server">
</asp:Panel>
```

面板控件的常用功能就是显示或隐藏一组控件，示例 HTML 代码如下。

```
<form id="form1" runat="server">
    <asp:Button ID="Button1" runat="server" Text="Show" />
    <asp:Panel ID="Panel1" runat="server" Visible="False">
      <asp:Label ID="Label1" runat="server" Text="Name:" style="font-size: xx-large"></asp:Label>
      <asp:TextBox ID="TextBox1" runat="server"></asp:TextBox>
      <br />
      This is a Panel!
    </asp:Panel>
</form>
```

上述代码创建了一个 Panel 控件，Panel 控件默认属性为隐藏，并在控件外创建了一个 Button 控件 Button1，当用户单击外部的按钮控件后将显示 Panel 控件，CS 代码如下。

```
protected void Button1_Click(object sender, EventArgs e)
{
    Panel1.Visible=true;                    //Panel 控件显示可见
}
```

当页面初次被载入时，Panel 控件以及 Panel 控件内部的服务器控件都为隐藏，如图 3-22 所示。当用户单击 Button1 时，Panel 控件可见性改为可见，则页面中的 Panel 控件以及 Panel 控件中的所有服务器控件均可见，如图 3-23 所示。

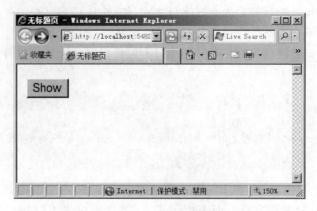

图 3-22　Panel 控件被隐藏

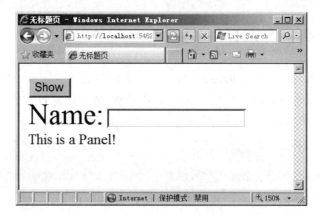

图 3-23　Panel 控件被显示

将 TextBox 控件和 Button 控件放到 Panel 控件中，可以将 Panel 控件的 DefaultButton 属性设置为面板中某个按钮的 ID 来定义一个默认的按钮。当用户在面板中输入完毕，可以直接按 Enter 键来传送表单。另外，当设置了 Panel 控件的高度和宽度时，如果其中内容的高度或宽度超过时，还将自动出现滚动条。

Panel 控件还包含一个 GroupText 属性，设置 Panel 控件的 GroupText 属性后，将会创建一个带标题的分组框，效果如图 3-24 所示。

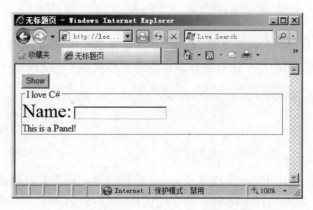

图 3-24　Panel 控件的 GroupText 属性

GroupText 属性能够进行 Panel 控件的样式呈现，通过编写 GroupText 属性能够更加清晰地让用户了解 Panel 控件中服务器控件的类别。例如，当有一组服务器用于填写用户的信息时，可以将 Panel 控件的 GroupText 属性编写为"用户信息"，让用户知道该区域是用于填写用户信息的。

3.10 占位控件（PlaceHolder）

通常在页面开发中，每个页面含有很多相同的元素，如导航栏、GIF 图片等。使用传统的 ASP 进行应用程序开发会使用 include 语句在各个页面包含其他页面的代码，这种方法虽然解决了相同元素的很多问题，但是代码不够美观，而且时常会出现问题。而在 ASP.NET 中使用 PlaceHolder 可以很好地解决这个问题，与面板控件 Panel 相同的是，占位控件 PlaceHolder 也是控件的容器，但是在 HTML 页面呈现中本身并不产生 HTML，创建一个 PlaceHolder 控件代码如下。

```
<asp:PlaceHolder ID="PlaceHolder1" runat="server"></asp:PlaceHolder>
```

在 CS 页面中，允许用户动态地在 PlaceHolder 上创建控件，CS 页面代码如下。

```
protected void Page_Load(object sender, EventArgs e)
{
    TextBox text=new TextBox();                    //创建一个 TextBox 对象
    text.Text="NEW";
    this.PlaceHolder1.Controls.Add(text);          //为占位控件动态增加一个控件
}
```

上述代码动态地创建了一个 TextBox 控件并显示在占位控件中，运行效果如图 3-25 所示。

图 3-25　PlaceHolder 控件的使用

开发人员不仅能够通过编程在 PlaceHolder 控件中添加控件，还可以在 PlaceHolder 控件中拖动相应的服务器控件进行控件呈现和分组。

3.11 日历控件（Calendar）

在传统的 Web 开发中，日历是最复杂也是最难实现的功能，但是 ASP.NET 提供了强大的日历控件来简化日历应用的开发。日历控件能够实现日历的翻页、选取以及数据的绑定,开发人员能够在博客、OA 等应用的开发中使用日历控件,从而减少日历应用的开发。

3.11.1 日历控件的样式

日历控件通常在博客、论坛等程序中使用,日历控件不只是显示了一个日历,还能使用户通过日历控件进行时间的选取。在 ASP.NET 中,日历控件还能够和数据库进行交互操作,实现复杂的数据绑定。开发人员将日历控件拖动到主窗口后,在主窗口的代码视图下会自动生成日历控件的 HTML 代码,示例代码如下。

```
<asp:Calendar ID="Calendar1" runat="server"></asp:Calendar>
```

ASP.NET 通过上述简单的代码就创建了一个强大的日历控件,其效果如图 3-26 所示。

图 3-26 日历控件

日历控件通常用于显示月历,日历控件允许用户选择日期和移动到下一页或上一页。通过设置日历控件的属性,可以更改日历控件的外观,常用的日历控件的属性如下。

(1) DayHeaderStyle:月历中显示一周中每一天的名称和部分的样式。

(2) DayStyle:所显示的月份中各天的样式。

(3) NextPrevStyle:标题栏左右两端的月导航所在部分的样式。

(4) OtherMonthDayStyle:上一个月和下一个月的样式。

(5) SelectedDayStyle:选定日期的样式。

(6) SelectorStyle:位于日历控件左侧,包含用于选择一周或整个月的连接的列样式。

(7) ShowDayHeader:显示或隐藏一周中的每一天的部分。

(8) ShowGridLines:显示或隐藏一个月中的每一天之间的网格线。

(9) ShowNextPrevMonth:显示或隐藏到下一个月或上一个月的导航控件。

(10) ShowTitle:显示或隐藏标题部分。

(11) TitleStyle:位于日历顶部,包含月份名称和月导航连接的标题栏样式。

(12) TodayDayStyle:当前日期的样式。

(13) WeekendDayStyle：周末日期的样式。

Visual Studio 还为开发人员提供了默认的日历样式从而能够选择自动套用格式进行样式控制，如图 3-27 所示。

图 3-27　使用系统样式

除了上述样式可以设置以外，ASP.NET 还为用户设计了若干样式，如果开发人员觉得样式设置非常困难，则可以使用系统默认的样式进行日历控件的样式呈现。

3.11.2　日历控件的事件

同所有的控件一样，日历控件也包含自身的事件，常用的日历控件事件如下。

(1) DayRender：当日期被显示时触发该事件。

(2) SelectionChanged：当用户选择日期时触发该事件。

(3) VisibleMonthChanged：当所显示的月份被更改时触发该事件。

在创建日历控件中每个日期单元格时，会触发 DayRender 事件。当用户选择日历中的日期时，会触发 SelectionChanged 事件，同样，当双击日历控件时，会自动生成该事件的代码块。当对当前月份进行切换的，会激发 VisibleMonthChanged 事件。开发人员可以通过一个标签来接收当前事件，当选择月历中的某一天，则此标签显示当前日期，示例代码如下。

```
protected void Calendar1_SelectionChanged(object sender, EventArgs e)
{
    Label1.Text="现在的时间是："+Calendar1.SelectedDate.Year.ToString()
    +"年" +Calendar1.SelectedDate.Month.ToString()+"月"
    +Calendar1.SelectedDate.Day.ToString()+"号"
    +Calendar1.SelectedDate.Hour.ToString()+"点";
}
```

在上述代码中，当用户选择了月历中的某一天时，则标签中的文本会变为当前的日期文本，如"现在的时间是××"之类。在进行逻辑编程的同时，也需要对日历控件的样式做稍许更改，日历控件的 HTML 代码如下。

```
<asp:Calendar ID="Calendar1" runat="server" BackColor="#FFFFCC"
    BorderColor="#FFCC66" BorderWidth="1px" DayNameFormat="Shortest"
    Font-Names="Verdana" Font-Size="8pt" ForeColor="#663399" Height="200px"
    onselectionchanged="Calendar1_SelectionChanged" ShowGridLines="True"
    Width="220px">
        <SelectedDayStyle BackColor="#CCCCFF" Font-Bold="True" />
        <SelectorStyle BackColor="#FFCC66" />
        <TodayDayStyle BackColor="#FFCC66" ForeColor="White" />
        <OtherMonthDayStyle ForeColor="#CC9966" />
        <NextPrevStyle Font-Size="9pt" ForeColor="#FFFFCC" />
        <DayHeaderStyle BackColor="#FFCC66" Font-Bold="True" Height="1px" />
        <TitleStyle BackColor="#990000" Font-Bold="True" Font-Size="9pt"
         ForeColor="#FFFFCC" />
</asp:Calendar>
```

上述代码中的日历控件选择的是 ASP.NET 的默认样式，如图 3-28 所示。当确定日历控件样式，并编写了相应的 SelectionChanged 事件代码后，就可以通过日历控件获取当前时间，或者对当前时间进行编程，如图 3-29 所示。

图 3-28　日历控件的默认样式　　　　　　　　图 3-29　选择一个日期

3.12　广告控件(AdRotator)

在 Web 应用开发中，广告总是必不可少的。ASP.NET 为开发人员提供的广告控件可在页面加载时提供一个或一组广告。广告控件可以从固定的数据源中读取（如 XML 或数据源控件），并从中自动读取出广告信息。每刷新一次页面，广告显示的内容也同样会被刷新。

广告控件必须放置在 Form 或 Panel 控件，以及模板内。广告控件需要包含图像地址的 XML 文件，并且该文件用来指定每个广告的导航链接。广告控件最常用的属性就是

AdvertisementFile，该属性用于配置相应的 XML 文件，所以必须首先按照标准格式创建一个 XML 文件，如图 3-30 所示。

图 3-30　创建一个 XML 文件

创建 XML 文件后，开发人员并不能按照自己的意愿进行 XML 文档的编写，而是需要按照广告控件要求的标准 XML 格式来编写代码，这样才能被广告控件正确解析并形成广告，示例代码如下。

```
<?xml version="1.0" encoding="utf-8" ?>
<Advertisements>
  [<Ad>
  <ImageUrl></ImageUrl>
  <NavigateUrl></NavigateUrl>
  [<OptionalImageUrl></OptionalImageUrl>] *
  [<OptionalNavigateUrl></OptionalNavigateUrl>] *
  <AlternateText></AlternateText>
  <Keyword></Keyword>
  <Impression></Impression>
  </Ad>] *
</Advertisements>
```

上述代码实现了一个标准广告控件的 XML 数据源格式，其中各标签的意义如下。

（1）ImageUrl：指定一个图片文件的相对路径或绝对路径，当没有 ImageKey 元素与 OptionalImageUrl 匹配时则显示该图片。

（2）NavigateUrl：当用户单击广告时，如果没有 NavigateUrlKey 元素与 OptionalNavigateUrl 元素匹配时，会将用户发送到该页面。

（3）OptionalImageUrl：指定一个图片文件的相对路径或绝对路径，对于 ImageKey 元素与 OptionalImageUrl 匹配时则显示该图片。

（4）OptionalNavigateUrl：当用户单击广告时，如果有 NavigateUrlKey 元素与 OptionalNavigateUrl 元素匹配时，会将用户发送到该页面。

（5）AlternateText：该元素用来替代 IMG 中的 ALT 元素。

（6）KeyWord：用来指定广告的类别。

(7) Impression：该元素是一个数值，指示轮换时间表中该广告相对于文件中的其他广告的权重。

当创建了一个 XML 数据源之后，就需要对广告控件的 AdvertisementFile 进行更改，如图 3-31 所示。

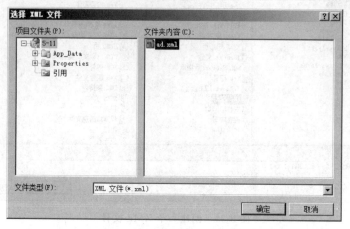

图 3-31　指定相应的数据源

配置好数据源之后，就需要在广告控件的数据源 XML 文件中加入自己的代码了，XML 广告文件示例代码如下所示。

```xml
<?xml version="1.0" encoding="utf-8" ?>
<Advertisements>
  <Ad>
    <ImageUrl>http://www.shangducms.com/images/cms.jpg</ImageUrl>
    <NavigateUrl>http://www.shangducms.com</NavigateUrl>
    <AlternateText>我的网站</AlternateText>
    <Keyword>software</Keyword>
    <Impression>100</Impression>
  </Ad>
  <Ad>
    <ImageUrl>http://www.shangducms.com/images/hello.jpg</ImageUrl>
    <NavigateUrl>http://www.shangducms.com</NavigateUrl>
    <AlternateText>我的网站</AlternateText>
    <Keyword>software</Keyword>
    <Impression>100</Impression>
  </Ad>
</Advertisements>
```

运行程序后，广告对应的图像会在每次页面加载时被呈现，如图 3-32 所示。每次刷新页面时，广告控件呈现的广告内容也会被刷新，如图 3-33 所示。

注意：广告控件本身并不提供点击统计，所以无法计算广告是否被用户点击或者统计用户最关心的广告。

图 3-32　一个广告被呈现　　　　图 3-33　刷新后更换广告内容

3.13　文件上传控件（FileUpload）

在网站开发中，如果需要加强用户与应用程序之间的交互，就需要上传文件。例如用户在论坛中上传文件分享信息或在博客中上传视频分享快乐等。上传文件在 ASP 中是一个复杂的问题，可能需要通过组件才能实现文件的上传。在 ASP.NET 中，开发环境默认提供了文件上传控件来简化文件上传的开发。当开发人员使用文件上传控件时，将会显示一个文本框，用户可以输入或通过"浏览"按钮来浏览和选择希望上传到服务器的文件。创建一个文件上传控件系统后生成的 HTML 代码如下。

```
<asp:FileUpload ID="FileUpload1" runat="server" />
```

文件上传控件可视化设置属性较少，大部分是通过代码控制完成的。当用户选择了一个文件并提交页面后，该文件作为请求的一部分上传，文件将被完整地缓存在服务器内存中。当文件完成上传，页面才开始运行，在代码运行的过程中，可以检查文件的特征，然后保存该文件。同时，上传控件在选择文件后，并不会立即执行操作，需要其他的控件来完成操作，如按钮控件（Button）。实现文件上传的 HTML 核心代码如下。

```
<body>
    <form id="form1" runat="server">
        <div>
            <asp:FileUpload ID="FileUpload1" runat="server" />
            <asp:Button ID="Button1" runat="server" Text="选择好了,开始上传" />
        </div>
    </form>
</body>
```

上述代码通过一个 Button 控件来操作文件上传控件，当用户单击按钮控件后就能够将上传控件中选中的文件上传到服务器空间中,示例代码如下。

```
protected void Button1_Click(object sender, EventArgs e)
{
    FileUpload1.PostedFile.SaveAs(Server.MapPath("upload/beta.jpg"));
                                                        //上传文件另存为
}
```

上述代码将一个文件上传到了 upload 文件夹内,并保存为 JPG 格式,如图 3-34 所示。打开服务器文件,可以看到文件已经上传了,如图 3-35 所示。

图 3-34 上传文件

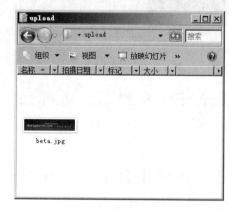
图 3-35 文件已经被上传

上述代码将文件保存在 upload 文件夹中,并保存为 JPG 格式。但是通常情况下,用户上传的并不全部都是 JPG 格式,也有可能是 doc 等其他格式的文件,而在这段代码中,并没有对其他格式进行处理就全部保存为 JPG 格式了。另外,没有对上传的文件进行过滤会存在着极大的安全风险,开发人员可以更改相应的文件上传的 CS 代码,以便限制用户上传的文件类型,示例代码如下。

```
protected void Button1_Click(object sender, EventArgs e)
{
    if(FileUpload1.HasFile)                             //如果存在文件
    {
        string fileExtension=System.IO.Path.GetExtension(FileUpload1.FileName);
                                                        //获取文件扩展名
        if(fileExtension != ".jpg")                     //如果扩展名不等于 JPG
        {
            Label1.Text="文件上传类型不正确,请上传 JPG 格式";
                                                        //提示用户重新上传
        }
        else
        {
            FileUpload1.PostedFile.SaveAs(Server.MapPath("upload/beta.jpg"));
                                                        //文件保存
            Label1.Text="文件上传成功";                   //提示用户成功
        }
    }
}
```

上述代码运行显示,如果用户上传的文件不是 JPG 格式,那么用户将被提示上传的文件类型有误并停止用户的文件上传,如图 3-36 所示;如果文件类型为 JPG 格式,用户就能够上传文件到服务器的相应目录中,运行上传控件进行文件上传后结果如图 3-37 所示。

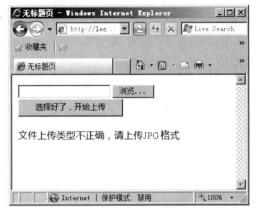

图 3-36　文件类型错误

图 3-37　文件类型正确

值得注意的是,在.NET 中,默认上传文件最大为 4MB,不能上传超过该限制的任何内容。当然,开发人员可以通过配置.NET 相应的配置文件来更改此限制,但是推荐不要更改此限制,否则可能造成潜在的安全威胁。

注意:如果需要更改默认上传文件大小的值,通常可以直接修改存放在 C:\WINDOWS\Microsoft.NET\FrameWork\V2.0.50727\CONFIG 的 ASP.NET 2.0 配置文件的 maxRequestLength 标签的值,或者可以通过 Web.config 来覆盖配置文件。

3.14　视图控件(MultiView 和 View)

视图控件很像 WinForm 开发中的 TabControl 控件,在网页开发中,可以使用 MultiView 控件作为一个或多个 View 控件的容器,让用户体验到更大的改善。在一个 MultiView 控件中,可以放置多个 View 控件(选项卡),当用户单击到关心的选项卡时,可以显示相应的内容,很像 Visual Studio 2008 中的设计、视图、拆分等类型的功能。

无论是 MultiView 还是 View,都不会在 HTML 页面中呈现任何标记。而且 MultiView 控件和 View 没有像其他控件那样多的属性,唯一需要指定的就是 ActiveViewIndex 属性,视图控件 HTML 代码如下。

```
<asp:MultiView ID="MultiView1" runat="server" ActiveViewIndex="0">
    <asp:View ID="View1" runat="server">
        abc<br />
            <asp:Button ID="Button1" runat="server" CommandArgument="View2"
                CommandName="SwitchViewByID" Text="下一个" />
    </asp:View>
    <asp:View ID="View2" runat="server">
        123<br />
        <asp:Button ID="Button2" runat="server" CommandArgument="View1"
            CommandName="SwitchViewByID" Text="上一个" />
```

```
        </asp:View>
    </asp:MultiView>
```

上述代码中,使用了 Button 来对视图控件进行选择,通过单击按钮,来选择替换到"下一个"按钮或"上一个"按钮,如图 3-38 所示。在用户注册中,这一步能够制作成 Web 向导,让用户更加方便地使用 Web 应用。当标签显示完毕后,会显示"上一个"按钮,如图 3-39 所示。

图 3-38　第一个标签

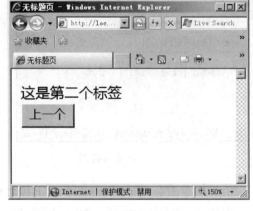
图 3-39　第二个标签

注意:在 HTML 代码中,并没有为每个按钮的事件编写代码,是因为按钮可通过 CommandArgument 和 CommandName 属性操作视图控件。

MultiView 和 View 控件能够实现 Panel 控件的任务,可以让用户选择其他条件。同时 MultiView 和 View 能够实现与 Wizard 控件相似的行为,并且可以自己编写实现细节。相比之下,当不需要使用 Wizard 提供的方法时,可以使用 MultiView 和 View 控件来代替,并且编写过程更加"可视化",如图 3-40 所示。

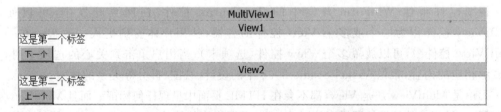
图 3-40　为每个 View 编写不同的应用

MultiView 和 View 控件也可以实现导航效果,通过编程指定 MultiView 的 ActiveViewIndex 属性显示相应的 View 控件。

注意:在 MultiView 控件中,第一个被放置的 View 控件的索引是 0 而不是 1,后面 View 控件的索引依次递增。

3.15　表控件(Table)

在 ASP.NET 中,也提供了表控件(Table)来提供可编程的表格服务器控件。表中的行可以通过 TableRow 创建,列通过 TableCell 来实现,当创建一个表控件时,系统生成代码如下。

```
<asp:Table ID="Table1" runat="server" Height="121px" Width="177px">
</asp:Table>
```

上述代码自动生成了一个表控件代码,但是没有生成表控件中的行和列,必须通过 TableRow 和 TableCell 来创建行和列,示例代码如下。

```
<asp:Table ID="Table1" runat="server" Height="121px" Width="177px">
<asp:TableRow>
 <asp:TableCell>1.1</asp:TableCell>
 <asp:TableCell>1.2</asp:TableCell>
 <asp:TableCell>1.3</asp:TableCell>
 <asp:TableCell>1.4</asp:TableCell>
</asp:TableRow>
<asp:TableRow>
 <asp:TableCell>2.1</asp:TableCell>
 <asp:TableCell>2.2</asp:TableCell>
 <asp:TableCell>2.3</asp:TableCell>
 <asp:TableCell>2.4</asp:TableCell>
</asp:TableRow>
</asp:Table>
```

上述代码创建了一个 2 行 4 列的表,如图 3-41 所示。

图 3-41 表控件

Table 控件支持一些控制整个表的外观的属性,例如字体、背景颜色等,如图 3-42 所示。TableRow 控件和 TableCell 控件也支持这些属性,可以用来指定个别的行或单元格的外观,运行后如图 3-43 所示。

表控件和静态表的区别在于,表控件能够动态地为表格创建行或列,实现一些特定的程序需求。Web 服务器控件中,Table 控件中的行是 TableRow 对象,列是 TableCell 对象。声明这两个对象并初始化,可以为表控件增加行或列,实现动态创建表的程序,HTML 核心代码如下。

图 3-42　Table 的属性设置　　　　　　　图 3-43　TableCell 控件的属性设置

```
<body style="font-style: italic">
    <form id="form1" runat="server">
    <div>
        <asp:Table ID="Table1" runat="server" Height="121px" Width="177px"
            BackColor="Silver">
        <asp:TableRow>
         <asp:TableCell>1.1</asp:TableCell>
         <asp:TableCell>1.2</asp:TableCell>
         <asp:TableCell>1.3</asp:TableCell>
         <asp:TableCell BackColor="White">1.4</asp:TableCell>
        </asp:TableRow>
        <asp:TableRow>
         <asp:TableCell>2.1</asp:TableCell>
         <asp:TableCell BackColor="White">2.2</asp:TableCell>
         <asp:TableCell>2.3</asp:TableCell>
         <asp:TableCell>2.4</asp:TableCell>
        </asp:TableRow>
        </asp:Table>
        <br />
        <asp:Button ID="Button1" runat="server" onclick="Button1_Click" Text="
        增加一行" />
        </div>
    </form>
</body>
```

上述代码中,创建了一个 2 行 4 列的表格,同时创建了一个 Button 控件来实现增加一行的效果,如图 3-44 所示,CS 核心代码如下。

```
namespace _5_14
{
    public partial class _Default : System.Web.UI.Page
    {
        public TableRow row=new TableRow();          //定义一个 TableRow 对象
        protected void Page_Load(object sender, EventArgs e)
        {
```

```
        }
    protected void Button1_Click(object sender, EventArgs e)
    {
        Table1.Rows.Add(row);              //创建一个新行
        for(int i=0; i<4; i++)             //遍历四次创建新列
        {
            TableCell cell=new TableCell();   //定义一个 TableCell 对象
            cell.Text="3."+i.ToString();      //编写 TableCell 对象的文本
            row.Cells.Add(cell);              //增加列
        }
    }
}
```

上述代码动态地创建了1行并在该行创建了4列。单击"增加一列"按钮,系统会在表格中创建新行,运行效果如图 3-45 所示。

图 3-44 原表格

图 3-45 动态创建行和列

在动态创建行和列时,也能够修改行和列的样式等属性,创建自定义样式的表格。通常,表不仅用来显示表格的信息,还是一种传统的布局网页的形式,创建网页表格有如下几种形式。

(1) HTML 格式的表格:如<table>标记显示的静态表格。

(2) HtmlTable 控件:通过添加 runat="server"属性将传统的<table>控件转换为服务器控件。

(3) Table 表格控件:本节中介绍的表格控件。

虽然创建表格有以上三种方法,但是推荐开发人员在不需要对表格做任何逻辑事务处理时,最好使用 HTML 格式的表格,因为这样可以极大地降低页面逻辑错误,增强性能。

3.16 向导控件(Wizard)

在 WinForm 开发中,安装程序会一步一步地提示用户如何安装,而且在应用程序配置中,也有向导提示用户,让应用程序安装和配置变得更加简单。与之相同的是,ASP.NET 也提供了向导控件,便于在搜集用户信息或提示用户填写相关表单时使用。

3.16.1 向导控件的样式

创建了一个向导控件后,系统会自动生成向导控件的 HTML 代码,示例代码如下。

```
<asp:Wizard ID="Wizard1" runat="server">
    <WizardSteps>
        <asp:WizardStep runat="server" title="Step 1">
        </asp:WizardStep>
        <asp:WizardStep runat="server" title="Step 2">
        </asp:WizardStep>
    </WizardSteps>
</asp:Wizard>
```

上述代码生成了 Wizard 控件,并在 Wizard 控件中自动生成了 WizardSteps 标签,这个标签规范了向导控件中的步骤,如图 3-46 和图 5-47 所示。

图 3-46　向导控件　　　　　　　　图 3-47　完成后的向导控件

在 ASP.NET 2.0 之前,并没有 Wizard 向导控件,必须创建自定义控件来实现 Wizard 向导控件的效果,如视图控件。而在 ASP.NET 2.0 之后,系统就包含了向导控件,同样该控件也保留到了 ASP.NET 3.5。向导控件能够根据步骤自动更换选项,当还没有执行到最后一步时,会出现"上一步"按钮或"下一步"按钮以便用户使用,当向导执行完毕时,则会显示完成按钮,极大地简化了开发人员的向导开发过程。

向导控件还支持自动显示标题和控件的当前步骤。标题使用 HeaderText 属性自定义,同时还可以配置 DisplayCancelButton 属性显示一个"取消"按钮,如图 3-48 所示。不仅如此,当需要向导控件支持向导步骤的添加时,只需配置 WizardSteps 属性即可,如图 3-49 所示。

第 3 章　Web 窗体的基本控件

图 3-48　显示"取消"按钮

图 3-49　配置步骤

Wizard 向导控件还支持一些模板，用户可以设置相应的属性来配置向导控件的模板，如通过编辑 StartNavigationTemplate 属性、FinishNavigationTemplate 属性、StepNavigationTemplate 属性以及 SideBarTemplate 属性来进行自定义控件的界面设定，这些属性的意义如下。

（1）StartNavigationTemplate：该属性为 Wizard 控件的 Start 步骤中的导航区域显示自定义内容。

（2）FinishNavigationTemplate：该属性为 Wizard 控件的 Finish 步骤中的导航区域指定自定义内容。

（3）StepNavigationTemplate：该属性为 Wizard 控件的 Step 步骤中的导航区域指定自定义内容。

（4）SideBarTemplate：该属性为 Wizard 控件的侧栏区域指定自定义内容。

以上属性都可以通过可视化功能来编辑或修改，如图 3-50 所示。

图 3-50　导航控件的模板支持

导航控件还能够自定义模板来实现更多的特定功能，同时还能够对导航控件的其他区域进行样式控制，如导航列表和导航按钮等。

3.16.2　导航控件的事件

双击一个导航控件时，会自动生成 FinishButtonClick 事件。该事件在用户完成导航控件时被触发，导航控件页面的 HTML 核心代码如下。

```
<body>
    <form id="form1" runat="server">
    <asp:Wizard ID="Wizard1" runat="server" ActiveStepIndex="2"
```

```
            DisplayCancelButton="True" onfinishbuttonclick="Wizard1_
            FinishButtonClick">
            <WizardSteps>
                <asp:WizardStep runat="server" title="Step 1">
                    执行的是第一步</asp:WizardStep>
                <asp:WizardStep runat="server" title="Step 2">
                    执行的是第二步</asp:WizardStep>
                <asp:WizardStep runat="server" Title="Step3">
                    感谢您的使用</asp:WizardStep>
            </WizardSteps>
        </asp:Wizard>
        <div>
            <asp:Label ID="Label1" runat="server" Text="Label"></asp:Label>
        </div>
    </form>
</body>
```

上述代码为向导控件进行了初始化，并提示用户正在执行的步骤，当用户执行完毕后，会提示"感谢您的使用"并在相应的文本标签控件中显示"向导控件执行完毕"。单击导航控件时，会触发 FinishButtonClick 事件，通过编写 FinishButtonClick 事件能够为导航控件进行编码控制，示例代码如下。

```
protected void Wizard1_FinishButtonClick(object sender,
WizardNavigationEventArgs e)
{
    Label1.Text="向导控件执行完毕";
}
```

在执行的过程中，标签文本会显示执行的步骤，如图 3-51 所示。当运行完毕时，Label 标签控件会显示"向导控件执行完毕"，同时向导控件中的文本也会呈现"感谢您的使用"字样，运行结果如图 3-52 所示。

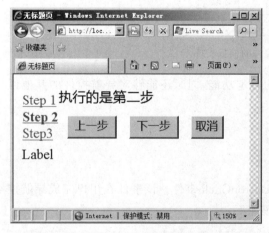
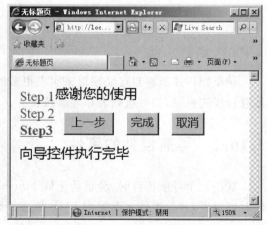

图 3-51　执行第二步　　　　　　　　图 3-52　用户单击完成后执行事件

向导控件不仅能够使用 FinishButtonClick 事件，也可以使用 PreviousButtonClick 和

FinishButtonClick 事件来自定义"上一步"按钮和"下一步"按钮的行为,还可以编写 CancelButtonClick 事件来定义单击"取消"按钮时需要执行的操作。

3.17 XML 控件

XML 控件可以读取 XML 文件并将其写入该控件所在的 ASP.NET 网页,还可以将 XSL 转换应用到 XML 中并将最终转换的内容输出呈现在该页中。创建一个 XML 控件时,系统会自动生成 HTML 代码,示例代码如下。

```
<asp:Xml ID="Xml1" runat="server"></asp:Xml>
```

上述代码实现了简单的 XML 控件,该控件还包括以下两个常用的属性。
(1) DocumentSource:应用转换的 XML 文件。
(2) TransformSource:用于转换 XML 数据的 XSL 文件。

开发人员可以通过 XML 控件的 DocumentSource 属性提供的 XML 文件的路径来进行加载,并将相应的代码呈现到控件上,示例代码如下。

```
<asp:Xml ID="Xml1" runat="server" DocumentSource="~/XMLFile1.xml"></asp:Xml>
```

上述代码为 XML 控件指定了 DocumentSource 属性,通过加载 XML 文档进行相应的代码呈现,运行后如图 3-53 所示。

图 3-53　加载 XML 文档

3.18 验证控件

ASP.NET 提供了强大的验证控件,可以验证服务器控件中用户的输入,并在验证失败的情况下显示一条自定义错误消息。验证控件直接在客户端执行,用户提交后执行相应的验证无须在服务器端进行验证操作,减少了服务器与客户端之间的通信。

3.18.1　表单验证控件(RequiredFieldValidator)

在实际应用中,如用户填写表单时,有一些项目是必填项,例如用户名和密码。在传统的 ASP 中,当用户填完表单后,页面需要被发送到服务器并判断表单中的某项 HTML 控件的值是否为空,如果为空,则返回错误信息。而在 ASP.NET 中,系统提供了 RequiredFieldValidator 控件进行验证。使用 RequiredFieldValidator 控件能够指定某个用户在特定的控件中必须提供相应的信息,如果未填写相应信息,RequiredFieldValidator 控件就会提示错误信息,RequiredFieldValidator 控件示例代码如下。

```
<body>
    <form id="form1" runat="server">
    <div>
        姓名:<asp:TextBox ID="TextBox1" runat="server"></asp:TextBox>
            <asp:RequiredFieldValidator ID="RequiredFieldValidator1" runat="server"
            ControlToValidate="TextBox1" ErrorMessage="必填字段不能为空">
            </asp:RequiredFieldValidator>
        <br />
        密码:<asp:TextBox ID="TextBox2" runat="server"></asp:TextBox>
        <br />
        <asp:Button ID="Button1" runat="server" Text="Button" />
        <br />
    </div>
    </form>
</body>
```

进行验证时,RequiredFieldValidator 控件必须绑定一个服务器控件,在上述代码中,RequiredFieldValidator 控件绑定的服务器控件为 TextBox1,当 TextBox1 中的值为空时,则会提示自定义错误信息"必填字段不能为空",如图 3-54 所示。当发生此错误时,用户会立即看到该错误提示而不会进行页面提交,只有用户填写完成并再次单击按钮控件时,页面才会向服务器提交。

图 3-54　RequiredFieldValidator 控件

3.18.2　比较验证控件(CompareValidator)

比较验证控件是对照特定的数据类型来验证用户的输入。因为当用户输入信息时,难免会输入错误信息,如需要了解用户的生日时,用户很可能输入了其他字符串。CompareValidator 控件能够比较控件中的值是否符合开发人员的需要。CompareValidator 控件的特有属性如下。

（1）ControlToCompare：以字符串形式输入的表达式，要与另一控件的值进行比较。

（2）Operator：要使用的比较。

（3）Type：要比较两个值的数据类型。

（4）ValueToCompare：以字符串形式输入的表达式。

当使用 CompareValidator 控件时，可以方便地判断用户输入是否正确，示例代码如下。

```
<body>
    <form id="form1" runat="server">
    <div>
        请输入生日：
        <asp:TextBox ID="TextBox1" runat="server"></asp:TextBox>
        <br />
        毕业日期：
        <asp:TextBox ID="TextBox2" runat="server"></asp:TextBox>
        <asp:CompareValidator ID="CompareValidator1" runat="server"
            ControlToCompare="TextBox2" ControlToValidate="TextBox1"
            CultureInvariantValues="True" ErrorMessage="输入格式错误!请改正!"
            Operator="GreaterThan"
            Type="Date">
        </asp:CompareValidator>
        <br />
        <asp:Button ID="Button1" runat="server" Text="Button" />
        <br />
    </div>
    </form>
</body>
```

上述代码用于判断 TextBox1 的输入格式是否正确，当输入格式错误时，会给出错误提示，如图 3-55 所示。

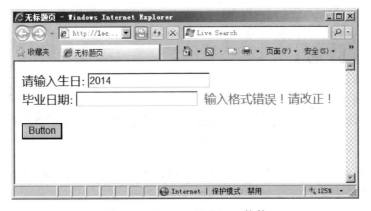

图 3-55　CompareValidator 控件

CompareValidator 控件不仅能够验证输入的格式是否正确，还可以验证两个控件之间的值是否相等，如果两个控件之间的值不相等，CompareValidator 控件同样会将自定义错误信息呈现在用户的客户端浏览器中。

3.18.3 范围验证控件(RangeValidator)

RangeValidator 控件可以检查用户的输入是否在指定的上限与下限之间。通常情况下用于检查数字、日期、货币等。RangeValidator 控件的常用属性如下。

(1) MinimumValue：指定有效范围的最小值。
(2) MaximumValue：指定有效范围的最大值。
(3) Type：指定比较值的数据类型。

通常情况下，为了控制用户输入的范围，可以使用该控件。当输入用户的生日时，今年是 2008 年，那么用户就不应该输入 2009 年，同样因为很少有人的寿命会超过 100，所以对输入的日期的下限也可以进行规定，示例代码如下。

```
<div>
    请输入生日:<asp:TextBox ID="TextBox1" runat="server"></asp:TextBox>
    <asp:RangeValidator ID="RangeValidator1" runat="server"
        ControlToValidate="TextBox1" ErrorMessage="超出规定范围,请重新填写"
        MaximumValue="2009/1/1" MinimumValue="1990/1/1" Type="Date">
    </asp:RangeValidator>
    <br />
    <asp:Button ID="Button1" runat="server" Text="Button" />
</div>
```

上述代码将 MinimumValue 属性值设置为 1990/1/1，将 MaximumValue 属性值设置为 2009/1/1，当用户的日期低于最小值或高于最大值时，则提示错误，如图 3-56 所示。

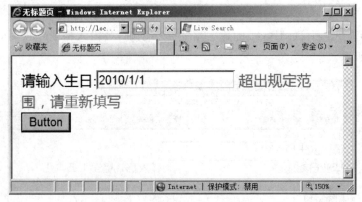

图 3-56 RangeValidator 控件

注意：RangeValidator 控件在进行值的范围设定时，不仅仅可以是一个整数值，同样还可以是时间、日期等值。

3.18.4 正则验证控件(RegularExpressionValidator)

在上述控件中，虽然能够实现一些验证，但其验证能力是有限的，例如在验证过程中，只能验证是否是数字、日期，或者只能验证一定范围内的数值。另外，虽然这些控件提供了一些验证功能，但却限制了开发人员进行自定义验证和错误信息的开发，为实现一个验证，很可能需要多个控件同时搭配使用。

RegularExpressionValidator 控件就解决了这个问题，其功能非常强大，用于确定输入的控件值是否与某个正则表达式所定义的模式相匹配，如电子邮件、电话号码以及序列号等。

RegularExpressionValidator 控件常用的属性是 ValidationExpression，用来指定用于验证的输入控件的正则表达式。客户端的正则表达式验证语法和服务端的正则表达式验证语法不同，因为在客户端使用的是 JavaSript 正则表达式语法，而在服务器端使用的是 Regex 类提供的正则表达式语法。使用正则表达式能够实现强大字符串的匹配并验证用户的输入格式是否正确，系统提供了一些常用的正则表达式，开发人员能够选择相应的选项进行规则筛选，如图 3-57 所示。

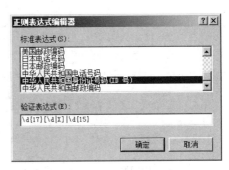

图 3-57　系统提供的正则表达式

选择了正则表达式后，系统自动生成的 HTML 代码如下。

```
<asp:RegularExpressionValidator ID="RegularExpressionValidator1"
    runat="server"
    ControlToValidate="TextBox1" ErrorMessage="正则不匹配,请重新输入!"
    ValidationExpression="\d{17}[\d|X]|\d{15}">
</asp:RegularExpressionValidator>
```

当用户单击按钮控件时，如果输入的信息与相应的正则表达式不匹配，则会提示错误信息，如图 3-58 所示。

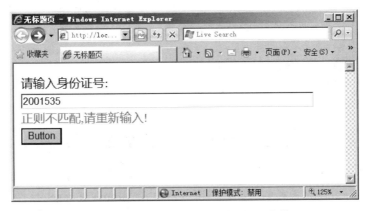

图 3-58　RegularExpressionValidator 控件

同样，开发人员也可以自定义正则表达式来规范用户的输入。使用正则表达式一方面能够加快验证速度并快速匹配字符串；另一方面能够减少复杂应用程序的功能开发和实现。

注意：在用户输入为空时，其他的验证控件都会通过验证。所以，在验证控件的使用中，通常需要同表单验证控件（RequiredFieldValidator）一起使用。

3.18.5 自定义逻辑验证控件(CustomValidator)

CustomValidator控件允许使用自定义的验证逻辑创建验证控件。例如,可以创建一个验证控件判断用户输入是否包含".",示例代码如下。

```
protected void CustomValidator1_ServerValidate(object source,
ServerValidateEventArgs args)
{
    args.IsValid=args.Value.ToString().Contains(".");      //设置验证程序,并返回布尔值
}
protected void Button1_Click(object sender, EventArgs e)   //用户自定义验证
{
    if(Page.IsValid)                                        //判断是否验证通过
    {
        Label1.Text="验证通过";                              //输出验证通过
    }
    else
    {
        Label1.Text="输入格式错误";                          //提交失败信息
    }
}
```

上述代码不仅使用了验证控件自身的验证,还使用了用户自定义验证,运行结果如图 3-59 所示。

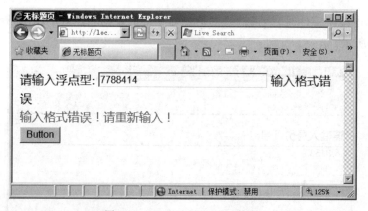

图 3-59 CustomValidator 控件

从 CustomValidator 控件的验证代码可以看出,CustomValidator 控件可以在服务器上执行验证检查。如果要创建服务器端的验证函数,则处理 CustomValidator 控件的 ServerValidate 事件。使用传入的 ServerValidateEventArgs 对象的 IsValid 字段来设置是否通过验证。

而 CustomValidator 控件同样也可以在客户端实现,该验证函数可用 VBScript 或 Jscript 来实现,而在 CustomValidator 控件中需要使用 ClientValidationFunction 属性指定与 CustomValidator 控件相关的客户端验证脚本的函数名称进行控件中值的验证。

3.18.6 验证组控件(ValidationSummary)

ValidationSummary 控件能够对同一页面的多个控件进行验证。同时，该控件通过 ErrorMessage 属性为页面上的每个验证控件显示错误信息。ValidationSummary 控件的常用属性如下。

(1) DisplayMode：摘要可显示为列表、项目符号列表或单个段落。
(2) HeaderText：为标题部分指定一个自定义标题。
(3) ShowMessageBox：是否在消息框中显示摘要。
(4) ShowSummary：控制是显示还是隐藏 ValidationSummary 控件。

验证控件能够显示页面的多个控件产生的错误，示例代码如下。

```
<body>
    <form id="form1" runat="server">
    <div>
        姓名：
        <asp:TextBox ID="TextBox1" runat="server"></asp:TextBox>
        <asp:RequiredFieldValidator ID="RequiredFieldValidator1" runat="server"
            ControlToValidate="TextBox1" ErrorMessage="姓名为必填项">
        </asp: RequiredFieldValidator>
        <br />
        身份证：
        <asp:TextBox ID="TextBox2" runat="server"></asp:TextBox>
        <asp:RegularExpressionValidator ID="RegularExpressionValidator1" runat
        ="server"
            ControlToValidate="TextBox1" ErrorMessage="身份证号码错误"
            ValidationExpression="\d{17}[\d|X]|\d{15}"></asp:
        RegularExpressionValidator>
        <br />
        <asp:Button ID="Button1" runat="server" Text="Button" />
        <asp:ValidationSummary ID="ValidationSummary1" runat="server" />
    </div>
    </form>
</body>
```

运行结果如图 3-60 所示。

图 3-60 ValidationSummary 控件

当发生多个错误时，ValidationSummary 控件能够捕获多个验证错误并呈现给用户，这样在一个表单需要多个验证时，就避免了需要使用多个验证控件进行绑定。

3.19 导航控件

在网站制作中，常常需要制作导航来让用户更加方便快捷地查阅到相关的信息和资讯，或直接跳转到相关版块。ASP.NET 提供了站点导航的一种简单方法，即使用站点导航控件如 SiteMapPath、TreeView、Menu 等。

导航控件包括 SiteMapPath、TreeView、Menu 三个控件，这三个控件都可以在页面中轻松建立导航。这三个导航控件的基本特征如下。

（1）SiteMapPath：检索用户当前页面并显示层次结构的控件，可以使用户导航回到层次结构中的其他页。SiteMap 控件专门与 SiteMapProvider 一起使用。

（2）TreeView：提供纵向用户界面以展开和折叠网页上的选定节点，还可为选定项提供复选框功能。另外，TreeView 控件支持数据绑定。

（3）Menu：在用户将鼠标指针悬停在某一项时，弹出附加子菜单的水平或垂直用户界面。

这三个导航控件都能够快速地建立导航，并且能够调整相应的属性为导航控件进行自定义。

SiteMapPath 控件能够使用户从当前页面导航回站点层次结构中较高的页，但是该控件并不允许用户从当前页面向前导航到层次结构中较低的其他页面。相比之下，使用 TreeView 或 Menu 控件，用户可以打开节点并直接选择需要跳转的特定页。这些控件不会像 SiteMapPath 控件一样直接读取站点地图。TreeView 和 Menu 控件不仅可以自定义选项，还可以绑定一个 SiteMapDataSource。TreeView 和 Menu 控件的基本样式，如图 3-61 和图 3-62 所示。

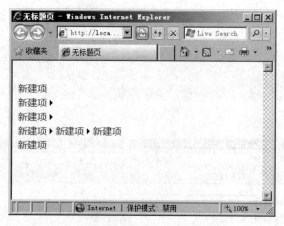

图 3-61 Menu 导航控件

TreeView 和 Menu 控件生成的代码并不相同，因此 TreeView 和 Menu 控件所实现的功能也不尽相同。TreeView 和 Menu 控件的代码分别如下。

第 3 章　Web 窗体的基本控件

图 3-62　TreeView 导航控件

```
<asp:Menu ID="Menu1" runat="server">
    <Items>
        <asp:MenuItem Text="新建项" Value="新建项"></asp:MenuItem>
        <asp:MenuItem Text="新建项" Value="新建项">
            <asp:MenuItem Text="新建项" Value="新建项"></asp:MenuItem>
        </asp:MenuItem>
        <asp:MenuItem Text="新建项" Value="新建项">
            <asp:MenuItem Text="新建项" Value="新建项"></asp:MenuItem>
        </asp:MenuItem>
        <asp:MenuItem Text="新建项" Value="新建项">
            <asp:MenuItem Text="新建项" Value="新建项">
                <asp:MenuItem Text="新建项" Value="新建项"></asp:MenuItem>
            </asp:MenuItem>
        </asp:MenuItem>
        <asp:MenuItem Text="新建项" Value="新建项"></asp:MenuItem>
    </Items>
</asp:Menu>
```

上述代码声明了一个 Menu 控件，并添加了若干节点。

```
<asp:TreeView ID="TreeView1" runat="server">
    <Nodes>
        <asp:TreeNode Text="新建节点" Value="新建节点"></asp:TreeNode>
        <asp:TreeNode Text="新建节点" Value="新建节点">
            <asp:TreeNode Text="新建节点" Value="新建节点"></asp:TreeNode>
        </asp:TreeNode>
        <asp:TreeNode Text="新建节点" Value="新建节点">
            <asp:TreeNode Text="新建节点" Value="新建节点"></asp:TreeNode>
        </asp:TreeNode>
        <asp:TreeNode Text="新建节点" Value="新建节点">
            <asp:TreeNode Text="新建节点" Value="新建节点"></asp:TreeNode>
        </asp:TreeNode>
        <asp:TreeNode Text="新建节点" Value="新建节点"></asp:TreeNode>
    </Nodes>
</asp:TreeView>
```

上述代码声明了一个 TreeView 控件,并添加了若干节点。

从上面的代码和运行后的实例图可以看出,TreeView 和 Menu 控件有一些区别,这些具体区别如下。

(1) Menu 展开时,是弹出形式,而 TreeView 控件则是就地展开。

(2) Menu 控件并不是按需下载,而 TreeView 控件是按需下载的。

(3) Menu 控件不包含复选框,而 TreeView 控件包含复选框。

(4) Menu 控件允许编辑模板,而 TreeView 控件不允许模板编辑。

(5) Menu 在布局上是水平和垂直,而 TreeView 只是垂直布局。

(6) Menu 可以选择样式,而 TreeView 不行。

开发人员在网站开发时,可以使用导航控件来快速建立导航,为浏览者提供方便,也为网站做出信息指导。在用户使用中,导航控件中的导航值通常是不能被用户所更改的,但是开发人员可以通过编程方式让用户也能够修改站点地图的节点。

3.20 其他控件

在 ASP.NET 中,除了以上常用的一些基本控件以外,还有一些其他基本控件,虽然在应用程序开发中并不经常使用,但是在特定的程序开发中,还是需要使用这些基本控件进行特殊的应用程序开发和逻辑处理的。

3.20.1 隐藏输入框控件(HiddenField)

HiddenField 控件是隐藏输入框控件,用来保存那些不需要显示在页面上且对安全性要求不高的数据。隐藏输入框控件作为<input type="hidden"/>元素呈现在 HTML 页面。由于 HiddenField 控件的值会呈现在客户端浏览器中,所以对于安全性较高的数据,并不推荐将它保存在隐藏输入框控件中。隐藏输入框控件的值通过 Value 属性保存,同时也可以通过代码来控制 Value 的值,利用隐藏输入框对页面的值进行传递,示例代码如下。

```
protected void Button1_Click(object sender, EventArgs e)
{
    Label1.Text=HiddenField1.Value;            //获取隐藏输入框控件的值
}
```

上述代码通过 Value 属性获取一个隐藏输入框的值,单击前如图 3-63 所示,单击后如图 3-64 所示。

HiddenField 是通过 HTTP 协议进行参数传递的,所以当打开新的窗体或者使用 method=get 都无法使用 HiddenField 控件。同时,隐藏输入框控件还能初始化或保存一些安全性不高的数据。双击隐藏输入框控件时,系统会自动生成 ValueChanged 事件代码段,当隐藏输入框控件内的值被改变时则触发该事件,示例代码如下。

```
protected void Button1_Click(object sender, EventArgs e)
{
    HiddenField1.Value="更改了值";            //更改隐藏输入框控件的值
}
```

```
protected void HiddenField1_ValueChanged(object sender, EventArgs e)
                                                      //更改将触发此事件
{
    Label1.Text="值被更改了,并被更改成\""+HiddenField1.Value+"\"";
}
```

图 3-63　HiddenField 的值被隐藏

图 3-64　HiddenField 的值被获取

上述代码创建了一个 ValueChanged 事件,并更改了隐藏输入框控件的值,单击 Change 按钮前如图 3-65 所示,单击 Change 按钮后触发按钮事件,运行结果如图 3-66 所示。

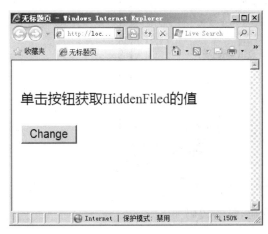

图 3-65　更改前

图 3-66　更改后

3.20.2　图片热点控件(ImageMap)

ImageMap 控件是一个可以在图片上定义热点(HotSpot)区域的服务器控件。用户可以通过点击这些热点区域进行回发(PostBack)操作或者定向(Navigate)到某个 URL 位址。该控件一般用于需要对某张图片的局部范围进行互动操作时。ImageMap 控件主要由两个部分组成,第一部分是图像;第二部分是作用点控件的集合。其主要属性有 HotSpotMode、

HotSpots 等。

1. HotSpotMode(热点模式)常用选项

(1) NotSet：未设置项。虽然名为未设置，但其实默认情况下会执行定向操作，定向到你指定的 URL 位址去。如果你未指定 URL 位址，那默认将定向到自己的 Web 应用程序根目录。

(2) Navigate：定向操作项。定向到指定的 URL 位址去。如果你未指定 URL 位址，那默认将定向到自己的 Web 应用程序根目录。

(3) PostBack：回发操作项。单击热点区域后，将执行后部的 Click 事件。

(4) Inactive：无任何操作，即此时形同一张没有热点区域的普通图片。

2. HotSpots(图片热点)常用属性

该属性对应着 System.Web.UI.WebControls.HotSpot 对象集合。HotSpot 类是一个抽象类，它之下有 CircleHotSpot（圆形热区）、RectangleHotSpot（方形热区）和 PolygonHotSpot（多边形热区）三个子类。实际应用中，可以使用上面三种类型来定制图片的热点区域。如果需要使用到自定义的热点区域类型时，该类型必须继承 HotSpot 抽象类。同时，ImageMap 最常用的事件有 Click，通常在 HotSpotMode 为 PostBack 时用到。当需要设置 HotSpots 属性时，可以可视化设置，如图 3-67 所示。

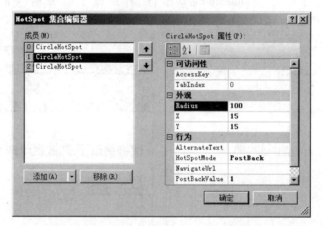

图 3-67　可视化设置 HotSpots 属性

可视化完毕后，系统会自动生成 HTML 代码，核心代码如下。

```
<asp:ImageMap ID="ImageMap1" runat="server" HotSpotMode="PostBack"
    ImageUrl="~/images/mobile.jpg" onclick="ImageMap1_Click">
    <asp:CircleHotSpot Radius ="15" X ="15" Y ="15" HotSpotMode =" PostBack"
    PostBackValue="0" />
    <asp:CircleHotSpot Radius ="100" X ="15" Y ="15" HotSpotMode =" PostBack"
    PostBackValue="1" />
    <asp:CircleHotSpot Radius ="300" X ="15" Y ="15" HotSpotMode =" PostBack"
    PostBackValue="2" />
</asp:ImageMap>
```

上述代码还添加了一个 Click 事件,该事件处理的核心代码如下。

```
protected void ImageMap1_Click(object sender, ImageMapEventArgs e)
{
    string str="";
    switch(e.PostBackValue)                    //获取传递过来的参数
    {
        case "0":
            str="你单击了 1 号位置,图片大小将变为 1 号"; break;
        case "1":
            str="你单击了 2 号位置,图片大小将变为 3 号"; break;
        case "2":
            str="你单击了 3 号位置,图片大小将变为 3 号"; break;
    }
    Label1.Text=str;
    ImageMap1.Height=120 * (Convert.ToInt32(e.PostBackValue)+1); //更改图片的大小
}
```

上述代码通过获取 ImageMap 中 CricleHotSpot 控件的 PostBackValue 值来获取传递的参数,如图 3-68 所示。当获取到传递的参数后,可以通过参数做相应的操作,如图 3-69 所示。

图 3-68 单击图片变大　　　　　　　　　图 3-69 单击图片变小

3.20.3　静态标签控件(Lieral)

通常情况下,Lieral 控件无须添加任何 HTML 元素即可将静态文本呈现在网页上。与 Label 不同的是,Label 控件在生成 HTML 代码时,会呈现 span 元素,而 Lieral 控件不会向文本中添加任何 HTML 代码。如果开发人员希望文本和控件直接呈现在页面中而不使用任何附加标记,推荐使用 Lieral 控件。

与 Label 不同的是,Lieral 控件有一个 Mode 属性,用来控制 Lieral 控件中的文本呈现形式。当 HTML 代码被输出到页面时,会以解释后的 HTML 形式输出。例如图片代码,在 HTML 中是以<img src="">的形式显示的,输出到 HTML 页面后,会被显示成一个图片。

Label 可以作为一段 HTML 代码的容器,输出时 Label 控件所呈现的效果是 HTML 被解释后的样式。而 Lieral 可以通过 Mode 属性来选择输出的是 HTML 样式还是 HTML 代码,核心代码如下。

```csharp
namespace _5_17
{
    public partial class Lieral : System.Web.UI.Page
    {
        protected void Page_Load(object sender, EventArgs e)
        {
            string str="<span style=\"color:red\">大家好</span>,
            您现在查看的是 HTML 样式。";                    //HTML 字符
            Literal1.Text=str+
            "<div style=\"border-top:1px dashed #ccc;background:gray\">
            单击按钮查看 HTML 代码</div>";
            Label1.Text=str;                                //赋值给 Label
        }
        protected void Button1_Click(object sender, EventArgs e)
        {
            Literal1.Mode=LiteralMode.Encode;               //转换显示的模式
        }
    }
}
```

上述代码将一个 HTML 形式的字符串分别赋值给 Literal 和 Label 控件,并通过转换查看赋值的源代码,运行结果如图 3-70 和图 3-71 所示。

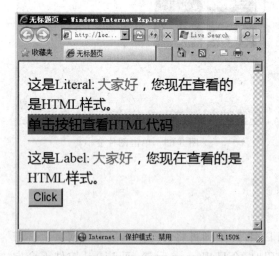
图 3-70 Literal 控件直接显示 HTML 样式

图 3-71 Literal 控件显示 HTML 代码

单击按钮后,更改了 Literal 的模式,Literal 中的 HTML 文本被直接显示。Literal 具有以下三种转换模式。

(1) Transform:添加到控件中的任何标记都将进行转换,以适应请求浏览器的协议。

（2）PassThrough：添加到控件中的任何标记都将按照原样输出在浏览器中。

（3）Encode：添加到控件中的任何标记都将使用 HtmlEncode 方法进行编码，该方法将把 HTML 编码转换为其文本表示形式。

注意：PassThrough 模式和 Transform 模式在通常情况下，呈现的效果并没有区别。

3.20.4 动态缓存更新控件（Substitution）

在 ASP.NET 中，缓存的使用能够极大地提高网站的性能，降低服务器的压力。而通常情况下，对 ASP.NET 整个页面的缓存是没有任何意义的，这样会经常给用户带来疑惑。Substitution 动态缓存更新控件允许用户在页面上创建一些区域，这些区域可以用动态的方式进行更新，然后集成到缓存页。

Substitution 动态缓存更新控件将动态内容插入缓存页中，并且不会呈现任何 HTML 标记。用户可以将控件绑定到页上或父用户控件上，自行创建静态方法，以返回要插入页面中的任何信息。同时，要使用 Substitution 控件，必须符合以下标准。

（1）此方法被定义为静态方法。

（2）此方法接受 HttpContext 类型的参数。

（3）此方法返回 String 类型的值。

在 ASP.NET 页面中，为了减少用户与页面交互中数据库的更新，可以对 ASP.NET 页面进行缓存，缓存代码可以使用页面参数@OutputCache，示例代码如下。

```
<%@ Page
Language=" C #" AutoEventWireup=" true" CodeBehind=" Substitution.aspx.cs"
Inherits="_5_17.Substitution" %>
<%@ OutputCache Duration="100" VaryByParam="none" %>   //增加一个页面缓存
<!DOCTYPE html
PUBLIC "-//W3C//DTD XHTML 1.0 Transitional//EN" "http://www.w3.org/TR/xhtml1/
DTD/xhtml1-transitional.dtd">
<html xmlns="http://www.w3.org/1999/xhtml" >
<head runat="server">
    <title>无标题页</title>
</head>
<body>
    <form id="form1" runat="server">
    <div>
        当前的时间为:<asp:Label ID="Label1" runat="server" Text="Label"></asp:Label>
        (有缓存)<br />
        当前的时间为:< asp: Substitution ID =" Substitution1" runat =" server"
        MethodName="GetTimeNow"/>
        (动态更新)</div>
    </form>
</body>
</html>
```

执行事件操作的 cs 页面核心代码如下。

```
protected void Page_Load(object sender, EventArgs e)
{
    Label1.Text=DateTime.Now.ToString();        //页面初始化时,当前时间赋值给
Label1标签
}
protected static string GetTimeNow(HttpContext con)   //注意事件的格式
{
    return DateTime.Now.ToString();             //Substitution控件执行的方法
}
```

上述代码对 ASP.NET 页面进行了缓存,当用户访问页面时,除了 Substitution 控件以外的区域都会被缓存,而使用了 Substitution 控件局部在刷新后会进行更新,运行结果如图 3-72 所示。

图 3-72 Substitution 动态更新

从运行结果可见,没有使用 Substitution 控件的区域,当页面再次被请求时,会直接在缓存中执行,而 Substitution 控件区域内的值并不会缓存。在每次刷新时,页面将进行 Substitution 控件的区域局部动态更新。

3.21 本章小结

本章讲解了 ASP.NET 中常用的控件,使用这些控件能够极大地提高开发人员的效率,对开发人员而言,能够直接拖动控件来完成应用。虽然控件是非常强大的,但是这些控件也同时制约了开发人员的学习,人们能够经常使用 ASP.NET 中的控件来创建强大的多功能网站,却不能深入地了解控件的原理,所以对这些控件的熟练掌握是了解控件原理的第一步。本章还介绍了控件的属性、简单控件、文本框控件、按钮控件、单选控件和单选组控件、复选框控件和复选组控件等。

这些控件为 ASP.NET 应用程序的开发提供了极大的便利,在 ASP.NET 控件中,不仅仅包括这些基本的服务器控件,还包括高级的数据源控件和数据绑定控件用于数据操作,

但是在了解 ASP.NET 高级控件之前,需要熟练地掌握基本控件的使用。

3.22 本章习题

1. 简述 Visual Studio 2008 中控件的常用属性有哪些。
2. 简要说明 ImageButton 控件与 Image 控件的异同。
3. 控件的 AutoPostBack 属性的功能是什么？如何进行设置？
4. 按钮控件的通用属性有哪些？
5. 试举例说明单选控件和单选组控件的使用方法。
6. 试简要说明使用文件上传控件时,文件名称与上传路径是如何指定的。
7. 在 ASP.NET 程序设计中,为什么要使用验证控件？
8. 如何设定用户必须输入控件？需要使用什么验证控件？如果要保证两次输入的密码一致,又需要什么验证控件？
9. 试编写一个简单的程序,验证用户输入的身份证、手机号码是否符合实际要求。

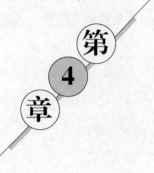

第 4 章 Web 窗体的高级控件

第 3 章讲解了 ASP.NET 中常用的基本控件,如标签控件、文本框控件等,本章将主要讲解 Web 窗体的高级控件,这些控件能够轻松实现更多在 ASP 开发中难以实现的效果。

4.1 场景导入

对于目前常用的网站系统而言,登录功能是必不可少的。用户访问该网站时,可以注册并登录,且登录后,用户还能够注销登录状态以保证用户资料的安全性。ASP.NET 就提供了一系列的登录控件方便登录功能的开发,其运行效果如图 4-1 所示。

图 4-1 登录界面运行效果

4.2 登录控件

对于目前常用的网站系统而言,登录功能是必不可少的,例如论坛、电子邮箱、在线购物等,可以让网站准确地验证用户身份。ASP.NET 中就提供了一系列的登录控件方便登录功能的开发。

4.2.1 登录控件(Login)

Login 控件是一个复合控件,它包含用户名、密码文本框以及一个询问用户是否希望在下一次访问该页面时记起其身份的复选框,当用户勾选此选项后,下一次用户访问此网站时,将自动进行身份验证。创建一个登录控件后,系统会自动生成相应的 HTML 代码,示例代码如下。

```
<asp:Login ID="Login1" runat="server">
</asp:Login>
```

上述代码创建了一个登录控件,如图 4-2 所示。开发人员可以通过属性设置来更改登录控件的样式等,如图 4-3 所示。

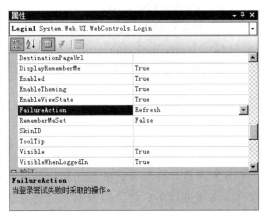

图 4-2　默认登录窗口　　　　　　　图 4-3　登录框属性的设置

开发人员能够使用登录控件执行用户登录操作,无需复杂的代码实现。登录控件常用的属性如下。

(1) Orientation:控件的一般布局。
(2) TextLayout:标签相对于文本框的布局。
(3) CreatUserIconUrl:用户创建用户链接的图标的 URL。
(4) CreatUserText:为"创建用户"链接显示的文本。
(5) CreatUserUrl:创建用户页的 URL。
(6) HelpPageIconUrl:用于帮助页链接的图标的 URL。
(7) HelpPageText:为帮助链接显示的文本。
(8) HelpPageUrl:帮助页的 URL。
(9) PasswordRecoveryIconUrl:用于密码回复链接的图标的 URL。
(10) PasswordRecoveryUrl:为密码回复链接显示的文本。
(11) PasswordRecoveryText:密码回复页的 URL。
(12) MembershipProvider:成员资格提供程序的名称。
(13) FailuteText:当登录尝试失败时显示的文本。
(14) InstructionText:为给出说明所显示的文本。
(15) LoginButtonImageUrl:为"登录"按钮显示的图像的 URL。
(16) LoginButtonText:为"登录"按钮显示的文本。
(17) LoginButtonType:"登录"按钮的类型。
(18) PasswordLableText:密码标识文本框内的文本。

（19）RememberMeText：为"记住我"复选框所显示的文本。
（20）TitleText：为标题显示的文本。
（21）UserName：用户名文本框内的初始值。
（22）UserNameLableText：标识用户名文本框的文本。
（23）DestinationPageUrl：用户成功登录时被定向到的URL。
（24）DisplayRememberMe：是否显示"记住我"复选框。
（25）Enabled：控件是否处于启动状态。
（26）RememberMeSet："记住我"复选框是否初始化被选中。
（27）VisibleWhenLoggedIn：控件在用户登录时是否保持可见。
（28）PasswordRequiredErrorMessage：密码为空时在验证摘要中显示的文本。
（29）UserNameRequiredErrorMessage：用户名为空时在验证摘要中显示的文本。
同样，登录控件还包括以下常用的事件。
（1）Authenticate：当用户使用登录控件登录到网站时，触发该事件。
（2）LoggedIn：对用户进行身份验证后触发该事件。
（3）LoggingIn：对用户进行身份验证前触发该事件。
（4）LoginError：对用户进行用户身份验证失败时触发该事件。
开发人员能够在页面中拖动相应的登录控件实现登录操作，使用登录控件进行登录操作可以直接进行用户信息的查询而无需复杂的登录实现。

4.2.2 登录名称控件（LoginName）

LoginName控件是用来显示已经成功登录的用户的控件。在Web应用程序开发中，开发人员常常需要在页面中通知相应的用户已经登录，如用户在商品网站上进行登录，登录成功后会在相应页面中提示"您已登录，您的用户名是×××"等，这样不仅能够提高界面的友好度，也能够方便开发人员在Web应用程序中对用户信息做收集整理。

开发人员能够方便地在应用程序中拖动LoginName控件用于呈现用户名。将控件拖动到页面后，系统生成的HTML代码如下。

```
<asp:LoginName ID="LoginName1" runat="server" />
```

上述代码实现了一个登录名称控件，开发人员能够将该控件放置在页面中的任何位置进行页面呈现，当用户登录后，该控件能够获取用户的相应信息并在控件中呈现用户名。登录控件页面效果如图4-4所示。

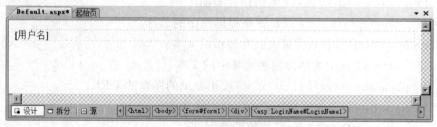

图4-4 登录名称控件

注意：LoginName 控件只能在＜body＞标记内的＜form＞标记中使用，该控件不能使用于＜title＞、＜style＞等标记中。

在 LoginName 控件中，最常用的属性为 FormatString 属性，该属性用于格式化输出用户名。在控件的 FormatString 属性中，"{0}"字符串用于显示用户名，开发人员能够配置相应的字符串进行输出，例如配置成"您好,{0},您已经登录!"，可以在相应的占位符中呈现相应的用户名，如图 4-5 所示。

图 4-5 格式化输出用户名

正如图 4-5 所示，当对 LoginName 进行格式化规定后，用户名将被格式化输出。例如，当用户 soundbbg 登录到 Web 应用后，该控件会呈现"您好,soundbbg,您已经登录!"的提示。开发人员只需要通过简单的配置就能够实现复杂的登录显示功能。

4.2.3 登录视图控件（LoginView）

在应用程序开发过程中，通常需要对不同身份和权限的用户进行不同登录样式的呈现，开发人员可以为用户配置内置对象以呈现不同的页面效果，但是在页面请求时，还需要对用户的身份进行验证。在 ASP.NET 2.0 之后的版本中，系统提供了 LoginView 控件用于不同用户权限之间的视图区分。

在开发一个应用程序时，开发人员希望应用程序能够实现以下功能：当用户在网站中没有登录时，用户看到的视图是没有登录时的视图，包括网站的风格、系统的提示信息等；而当用户登录后，用户看到的视图是登录后的视图，同样包括网站的风格、系统的提示信息等。LoginView 控件为开发人员提供了不同权限的用户可查看不同视图的功能，开发人员能够在页面中拖动 LoginView 控件以编辑不同的页面进行开发。

在页面中拖动一个 LoginView 控件，如图 4-6 所示。开发人员能够通过编辑不同的模板进行不同权限的页面编写，拖动 LoginView 控件后系统生成的 HTML 代码如下。

图 4-6 LoginView 控件

```
<asp:LoginView ID="LoginView1" runat="server">
</asp:LoginView>
```

上述代码为默认的 LoginView 控件的代码，开发人员需要通过编写相应的模板以便不同用户查看不同的页面，LoginView 控件中包括两个最常用的模板，这两个模板及其作用如下。

(1) AnonymousTemplate：匿名模板，当用户没有登录时，该模板会呈现在匿名用户面前。

(2) LoggedInTemplate：已登录模板，当用户登录成功后，该模板会呈现在已经登录的用户面前。

在 AnonymousTemplate 模板中，可通过获取 PageUser 属性中的 Name 属性进行判断，当 PageUser 属性的 Name 属性为空时，AnonymousTemplate 模板不会向通过身份验证的用户呈现相应的页面。开发人员可以通过编写 AnonymousTemplate 和 LoggedInTemplate 模板进行不同用户的样式呈现，示例代码如下。

```
<body>
    <form id="form1" runat="server">
    <div>
        <asp:LoginView ID="LoginView1" runat="server">
            <LoggedInTemplate>
                这是一个登录用户可以访问的页面
            </LoggedInTemplate>
            <AnonymousTemplate>
                这是一个匿名用户可以访问的页面
            </AnonymousTemplate>
        </asp:LoginView>
    </div>
    </form>
</body>
```

上述代码为不同登录状态的用户配置了不同的模板，即不同登录状态的用户访问页面时所看到的页面样式是不同的。在 LoginView 控件中，还能够为不同权限或身份的用户配置不同的模板。开发人员能够为不同的用户分配不同的角色，当用户被分配了不同的角色后，可以通过相应的角色访问相应的模板，例如普通用户可以访问普通用户模板，VIP 用户可以访问 VIP 模板，而管理员可以访问管理员模板。

在 LoginView 控件中，单击 RoleGroup 集合，可以添加相应 LoginView 控件的 RoleGroup 集合，如图 4-7 所示。

这里添加了两个 RoleGroup 集合，分别包含 admin 和 VIP 两种用户类别，当用户为 admin 或 VIP 时，可以通过相应的权限绑定进行不同模板的访问，创建后示例代码如下。

```
<asp:LoginView ID="LoginView1" runat="server">
    <RoleGroups>
        <asp:RoleGroup Roles="admin">
            <ContentTemplate>
                这是一个管理员用户可以访问的页面
```

```
            </ContentTemplate>
        </asp:RoleGroup>
        <asp:RoleGroup Roles="vip">
            <ContentTemplate>
                这是一个VIP用户可以访问的页面
            </ContentTemplate>
        </asp:RoleGroup>
    </RoleGroups>
    <LoggedInTemplate>
        这是一个登录用户可以访问的页面
    </LoggedInTemplate>
    <AnonymousTemplate>
        这是一个匿名用户可以访问的页面
    </AnonymousTemplate>
</asp:LoginView>
```

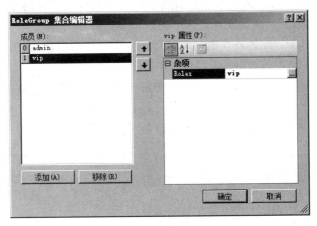

图 4-7 添加 RoleGroup 集合

当有不同身份的用户访问该控件时，控件能够通过用户身份进行不同模板的呈现，这样就方便了开发人员对不同身份或权限的用户进行网站应用程序与模板的访问限制了。

注意：当一个用户拥有的身份或权限不在列表的权限中时，该用户会默认访问 LoggedInTemplate 模板，并且无论是 LoggedInTemplate 还是 RoleGroup 模板，都不会对匿名用户呈现。

4.2.4 登录状态控件（LoginStatus）

LoginStatus 控件用于显示用户验证时的状态，包括"登录"和"注销"两种状态，具体是由相应的 Page 对象的 Request 属性中的 IsAuthenticated 属性进行决定的。开发人员能够直接将 LoginStatus 控件拖放在页面中，从而让用户通过相应的状态进行登录或注销操作，LoginStatus 控件默认的 HTML 代码如下。

```
<asp:LoginStatus ID="LoginStatus1" runat="server" />
```

上述代码呈现了一个 LoginStatus 控件，默认是以文本形式呈现的，如图 4-8 所示。

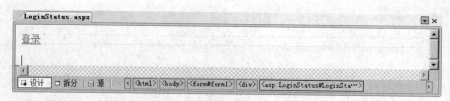

图 4-8　LoginStatus 控件呈现形式

当用户没有在网站上进行登录操作时，该控件会呈现登录字样给用户以便用户进行登录操作，而用户登录后，LoginStatus 控件会为用户提供注销字样以便用户进行注销操作。开发人员还能够为 LoginStatus 控件指定以图片形式进行登录或注销，LoginStatus 控件常用的属性如下。

（1）LoginImageUrl：设置或获取用于登录链接的图像 URL。
（2）LoginText：设置或获取用于登录链接的文本。
（3）LogoutAction：设置或获取一个值用于用户从网站注销时执行的操作。
（4）LogoutImageUrl：设置或获取一个值用于登出图片的显示。
（5）LogoutPageUrl：设置或获取一个值用于登出链接的图像 URL。
（6）LougoutText：设置或获取一个值用于登出链接的文本。
（7）TagKey：获取 LoginStatus 控件的 HtmlTextWriterTag 的值。

开发人员可以配置 LoginImageUrl 以及 LogoutImageUrl 属性进行登录、登出的图片显示，使用图片进行登录、登出操作能够提高用户体验，示例代码如下。

```
<body>
    <form id="form1" runat="server">
    <div>
        <asp:LoginStatus ID="LoginStatus1" runat="server" LoginImageUrl="~/login.jpg"
            LogoutImageUrl="~/logout.jpg" />
    </div>
    </form>
</body>
```

上述代码指定了当用户没有登录时，相应的登录操作以图片的形式呈现在页面中，同样当用户登录后，注销操作也会以图片的形式呈现在页面中，如图 4-9 所示。

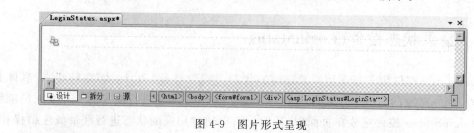

图 4-9　图片形式呈现

LoginStatus 控件还包括两个常用事件，这两个事件分别为 LoggingOut 和 LoggedOut。当用户单击"注销"按钮时会触发 LoggedOut 事件，开发人员能够在 LoggedOut 事件中编写相应的事件以清除用户的身份信息，这些信息包括 Session、Cookie 等。开发人员还能够在

LoggedOut 事件中规定在用户离开网站时所必须执行的操作。

4.2.5 密码恢复控件(PasswordRecovery)

当用户进行 Web 应用程序访问时,有些情况下会丢失用户密码,这样就需要通过 Web 应用程序恢复自己的密码。在应用程序开发中,为了提高系统的安全性和用户信息的私密性,开发人员常常需要编写诸多代码来保存用户的信息并进行用户请求的检测。ASP.NET 提供了密码恢复控件,以便开发人员能够轻松地让用户自行进行密码恢复。

开发人员拖动一个 PasswordRecovery 控件到页面中,如图 4-10 所示,系统将在主窗口中创建一个 PasswordRecovery 控件所必须的声明,示例代码如下。

```
<asp:PasswordRecovery ID="PasswordRecovery1" runat="server">
</asp:PasswordRecovery>
```

图 4-10　默认的 PasswordRecovery 控件

开发人员能够使用 PasswordRecovery 控件进行相应的配置,包括自动套用格式、视图配置、转换成模板以及网站管理等。单击 PasswordRecovery 控件的属性可进行相应配置,如选择自动套用格式。可单击"自动套用格式"按钮进行格式的选取,如图 4-11 所示。

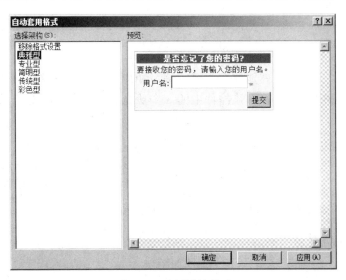

图 4-11　选择默认格式

开发人员可以选择自动套用格式进行模板的编写,以提高用户体验,还能够自行编写模板进行PasswordRecovery控件的样式控制,选择相应的样式后,系统会自行生成样式控制代码,示例代码如下。

```
<asp:PasswordRecovery ID="PasswordRecovery1" runat="server" BackColor="#F7F7DE"
    BorderColor="#CCCC99" BorderStyle="Solid" BorderWidth="1px"
    Font-Names="Verdana" Font-Size="10pt">
    <TitleTextStyle BackColor="#6B696B" Font-Bold="True" ForeColor="#FFFFFF" />
</asp:PasswordRecovery>
```

在PasswordRecovery控件中,除了能够自动套用和开发PasswordRecovery控件的格式外,还能够为PasswordRecovery控件相应的功能进行样式控制。PasswordRecovery控件包括3个基本功能,分别为用户名、密码提示问题和成功模板。

在用户使用PasswordRecovery控件进行密码恢复时,首先需要输入用户名进行匹配,如果用户名匹配后,PasswordRecovery控件会要求用户填写问题答案,答案正确时,PasswordRecovery控件将为用户显示成功模板。

开发人员还能够分别为3个功能进行模板创建。在默认情况下,开发人员不能进行模板的编辑,可以打开PasswordRecovery控件中的"管理"菜单,然后选择"转换为模板"命令进行相应的模板转换,如图4-12所示。

图4-12 转换为模板

转换为模板后,开发人员就能够在模板中编写相应的文档或样式控制来提高用户体验的友好度。在编写相应的模板后,该控件中的3个功能会分别被生成模板,示例代码如下。

```
<QuestionTemplate>
    <table border="0" cellpadding="1" cellspacing="0" style="border-collapse:
    collapse;">
        <tr>
            <td>
                <table border="0" cellpadding="0">
                <tr>
                    <td align="center" colspan="2" style="color: White; background-
                    color: #6B696B; font-weight: bold;">
                        标识确认</td>
                </tr>
                <tr>
```

```html
            <td align="center" colspan="2">要接收您的密码,请回答下列问题。只有当填
            写了相应的问题后,您的用户密码才能够被恢复</td>
        </tr>
        <tr>
            <td align="right">用户名:</td>
            <td>
            <asp:Literal ID="UserName" runat="server"></asp:Literal>
            </td>
        </tr>
        <tr>
            <td align="right">问题:</td>
            <td>
            <asp:Literal ID="Question" runat="server"></asp:Literal>
            </td>
        </tr>
        <tr>
            <td align="right">
            <asp:Label ID="AnswerLabel" runat="server" AssociatedControlID="
            Answer">答案:</asp:Label>
            </td>
            <td>
            <asp:TextBox ID="Answer" runat="server"></asp:TextBox>
            <asp:RequiredFieldValidator ID="AnswerRequired" runat="server"
            ControlToValidate="Answer" ErrorMessage="需要答案。"
            ToolTip="需要答案。" ValidationGroup="PasswordRecovery1"> * </asp:
            RequiredFieldValidator>
            </td>
        </tr>
        <tr>
            <td align="center" colspan="2" style="color: Red;">
            <asp:Literal ID="FailureText" runat="server" EnableViewState="
            False"></asp:Literal>
            </td>
        </tr>
        <tr>
            <td align="right" colspan="2">
            <asp:Button id="SubmitButton" runat="server" commandname="Submit"
            text="提交" validationgroup="PasswordRecovery1" />
            </td>
        </tr>
            </table>
            </td>
        </tr>
    </table>
</QuestionTemplate>
```

上述代码实现了提问模板中的模板信息和样式,当用户进入提问功能时会呈现该模板。当用户输入用户名时,系统会查找相应的用户信息并跳转到提问页面。如果用户能正确回答自己提出的问题,PasswordRecovery 控件会将密码发送到相应的邮箱中,而如果用户回

答出错，PasswordRecovery 控件将保留密码，以提高系统的安全性。

4.2.6 密码更改控件（ChangePassword）

在应用程序开发中，开发人员需要编写密码更改控件，让用户能够快速地进行密码更改。在应用程序的使用中，用户更改密码的可能性有很多，例如，用户进行登录后发现自己的用户信息可能被其他人改动过，就有可能怀疑密码泄露的问题，这样用户就会需要更改密码；或者用户注册时使用的是系统自动生成的密码，也同样需要在密码更改控件中修改生成的密码以便用户记忆。

在 ASP.NET 中提供了密码更改控件以便开发人员能够轻易地完成密码更改功能。拖放一个密码更改控件到页面后，系统会自动生成相应的 HTML 代码，示例代码如下。

```
<asp:ChangePassword ID="ChangePassword1" runat="server">
</asp:ChangePassword>
```

ChangePassword 控件包括密码、新密码和确认新密码等项目，如图 4-13 所示。

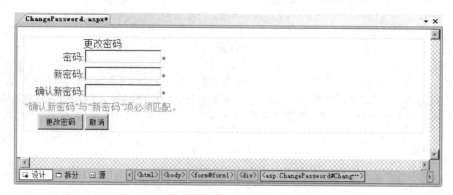

图 4-13 ChangePassword 控件

当用户需要更改密码时，必须先填写旧密码进行密码验证，如果用户填写的旧密码是正确的，则系统会将新密码替换旧密码以便用户下次登录时使用新密码。如果用户填写的旧密码不正确，则系统会认为可能是一个非法用户，将不允许更改密码。ChangePassword 控件同样允许开发人员自动套用格式或者通过编写模板进行 ChangePassword 控件的样式布局，如图 4-14 所示。

开发人员不仅能够自动套用格式来呈现更改密码控件，还能够单击右侧的功能导航进行模板的转换，转换成模板后开发人员就能够进行模板的自定义了。ChangePassword 控件可以在 Web.config 中的 membership 配置节中进行成员资格配置，所以 ChangePassword 控件能够实现不同场景的不同功能，这些功能如下。

（1）用户登录情况：开发人员能够使用 ChangePassword 控件允许用户在不登录的情况下进行密码的更改。

（2）更改用户密码：开发人员能够使用 ChangePassword 控件让一个登录用户进行另一个用户的密码更改。

在 ChangePassword 控件中，开发人员可以通过配置 ChangePassword 控件的相应属性

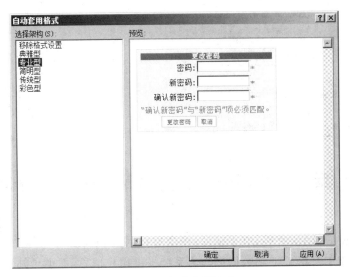

图 4-14 自动套用格式

进行样式或者功能的设置,这样能够保证在一定的安全范围内进行用户信息操作。ChangePassword 控件常用的属性如下。

(1) CancelButtonImageUrl:配置取消按钮控件的图片文本,该属性可以为按钮控件指定一个图片按钮进行呈现。

(2) CancelButtonStyle:配置取消按钮控件的样式和外观的属性集。

(3) ChangePasswordButtonType:配置更改密码控件的类型。

(4) ChangePasswordFailureText:配置更改密码失败时所呈现的错误信息。

(5) ConfirmNewPassword:获取用户输入的重复密码的值。

(6) ConfirmPasswordCompareErrorMessage:当用户输入密码和验证密码出现错误时提示的错误消息。

(7) ConfimPasswordRequiredErrorMessage:当用户没有输入"确认新密码"时在控件中提示的错误消息。

(8) ContinueButtonImageUrl:为继续按钮配置一个图片文本,该属性可以为按钮控件指定一个图片按钮进行呈现。

(9) ContinueButtonStyle:为继续按钮配置样式或属性集。

开发人员能够配置相应的 ChangePassword 控件的属性进行不同的 ChangePassword 控件的样式呈现,以及功能实现。在 ChangePassword 控件中,有许多属性都是以按钮或表格的样式呈现的,这里就不再一一列举。

4.2.7 生成用户控件(CreateUserWizard)

CreateUserWizard 控件为 MembershipProvider 对象提供了用户界面,使用该控件能够方便开发人员在页面中生成相应的用户,同时当用户访问该应用程序时,能够使用 CreateUserWizard 控件的相应功能进行注册,如图 4-15 所示。

如图 4-15 所示,CreateUserWizard 控件默认包括多个文本框控件以便用户的输入,这

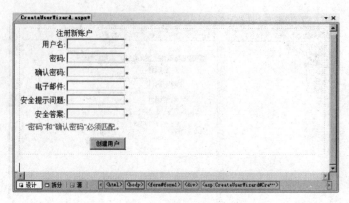

图 4-15 CreateUserWizard 控件

里包括用户名、密码、确认密码、电子邮件、安全提示问题和问题答案等项目。其中用户名、密码、确认密码用于身份验证和数据插入为系统提供用户信息,而电子邮件和安全答案用于当用户忘记密码或更改密码时确保系统身份认证安全性的措施。

开发人员能够将 CreateUserWizard 控件拖放在主窗口中进行页面呈现,实现用户注册功能。当开发人员拖动 CreateUserWizard 在主窗口中时,系统会自动生成 HTML 代码,示例代码如下。

```
<asp:CreateUserWizard ID="CreateUserWizard1" runat="server">
    <WizardSteps>
        <asp:CreateUserWizardStep runat="server" />
        <asp:CompleteWizardStep runat="server" />
    </WizardSteps>
</asp:CreateUserWizard>
```

上述代码创建了一个 CreateUserWizard 控件以实现用户注册功能。开发人员还能够为 CreateUserWizard 控件中相应的模板进行样式控制,例如当用户注册完毕后,跳转到一个提示页面"账户注册完毕,请登录"等,这样就能提高用户体验。单击"自定义完成步骤"按钮或在窗口快捷菜单中选择"完成"命令就能够完成模板的编写,如图 4-16 所示。

图 4-16 完成模板的编写

开发人员能够在完成步骤中编辑模板以便进行更多的提示和更好的用户体验,编辑完成模板后,系统会自动更改相应的代码,示例代码如下。

```
<asp:CreateUserWizard ID="CreateUserWizard1" runat="server" ActiveStepIndex="1">
    <WizardSteps>
        <asp:CreateUserWizardStep runat="server" />
        <asp:CompleteWizardStep runat="server">
        <ContentTemplate>
            <table border="0">
                <tr>
                    <td align="center">恭喜您!注册完毕!</td>
                </tr>
                <tr>
                    <td>已成功创建了您的账户,请登录。</td>
                </tr>
                <tr>
                    <td align="right">
                    <asp:Button ID="ContinueButton" runat="server"
                        CausesValidation="False"
                        CommandName="Continue" Text="继续"
                        ValidationGroup="CreateUserWizard1" />
                    </td>
                </tr>
            </table>
        </ContentTemplate>
        </asp:CompleteWizardStep>
    </WizardSteps>
</asp:CreateUserWizard>
```

上述代码创建了一个完成注册的模板,此外还可以编写自定义创建用户模板以便更加方便地创建用户。CreateUserWizard 控件还包括一些其他模板,能够方便开发人员呈现更好的页面,这些模板及其说明如下。

(1) HeadTemplate:获取或设置标题区的模板内容。

(2) SideBarTemplate:获取或设置侧边栏的模板内容。

(3) StartNavigationTemplate:获取或设置起始步骤中导航区域的模板内容。

(4) StepNavigationTemplate:获取或设置不同步骤中导航区域的模板内容。

(5) FinishNavigationTemplate:获取或设置结束步骤中导航区域的模板内容。

(6) ContentTemplate:获取或设置在创建用户模板和完成模板中的模板内容。

开发人员还能够通过 HeadTemplate、SideBarTemplate 等模板进行高级的 CreateUserWizard 控件的页面呈现和样式控制,这样不仅能够提高用户体验和友好度,还能够清晰地让用户按照步骤执行操作,降低错误的出现率。

4.3 网站管理工具

在使用高级用户控件时,开发人员需要使用网站管理工具进行相应的控件配置和网站管理,网站管理工具可进行安全、应用程序和提供程序等方面的配置。开发人员能够在管理工具中设置用户访问权限、进行应用程序配置等高级网站管理。

4.3.1 启动管理工具

在 ASP.NET 应用程序开发中,通常都是手动进行 Web.config 配置文件的更改。而在 ASP.NET 应用程序中,系统提供了网站管理工具用于系统的用户、用户权限以及系统配置的管理,开发人员能够很容易地进行 ASP.NET 应用程序的管理。

在应用程序中,特别是需要使用用户及网站管理的用户控件中,在侧边的快捷操作栏中都会包括一个"网站管理"选项,单击"网站管理"选项能够启动网站管理工具以便进行相应的网站管理,如果没有使用相应的控件进行 ASP.NET 网站管理,可以在导航菜单栏中右击当前项目,在下拉菜单中选择"ASP.NET 配置"命令进行网站管理,如图 4-17 所示。

当开发人员选择"ASP.NET 配置"命令后,Visual Studio 2008 会创建一个虚拟服务器用于管理工具的执行。在管理工具中,开发人员能够进行安全、应用程序和提供应用程序等高级 ASP.NET 应用程序配置,如图 4-18 所示。

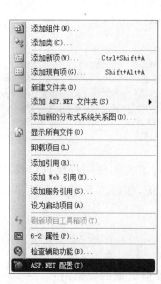

图 4-17　选择 ASP.NET 配置

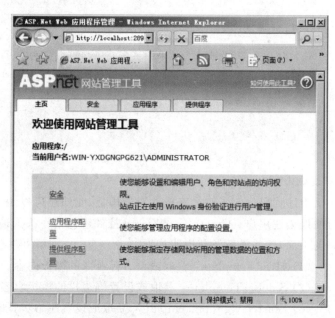

图 4-18　启动网站管理工具

注意:在使用 ASP.NET 管理工具进行网站管理时,推荐关闭 Web.config 文件或停止使用该文件,因为管理工具可能会在配置和运行中更改该文件。

4.3.2 用户管理

开发人员能够在"安全"选项卡中进行相应应用程序的安全管理。安全管理包括用户管理、用户角色管理以及用户的访问规则管理,如图 4-19 所示。

网站管理工具中的用户管理功能仅对表单验证有效。如果当前验证方式是基于 Windows 默认的身份验证时,则会在用户栏中提示"当前身份验证类型为 Windows,因此禁用了此工具中的用户管理"。开发人员可以选择配置不同的身份验证类型,如图 4-20 所示。

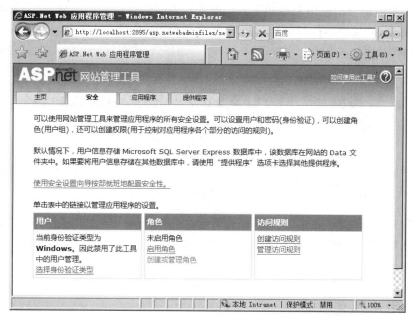

图 4-19 用户管理

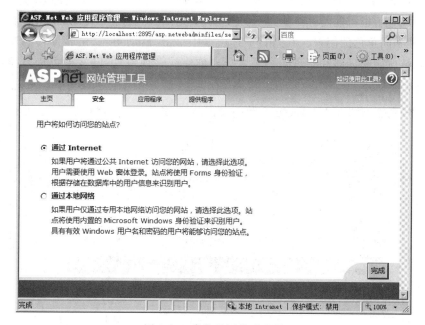

图 4-20 身份验证类型配置

在身份验证类型配置中,允许开发人员进行用户访问配置,共包括两个用户访问配置。

(1) 通过 Internet:如果用户将通过公共 Internet 访问该网站时,可以选择此选项。用户需要使用 Web 窗体登录,站点将使用 Forms 进行身份验证,即根据存储在数据库中的用户信息来识别用户。

(2) 通过本地网络:如果用户仅通过本地专用网络访问该网站时,可以选择此选项,站点将使用内置的 Microsoft Windows 身份验证来识别用户。

开发人员能够根据应用程序的不同功能进行不同用户访问的配置,通常情况下可以选择"通过 Internet"选项进行用户的访问配置,单击"完成"按钮后,系统会呈现相应的用户管理信息,如图 4-21 所示。

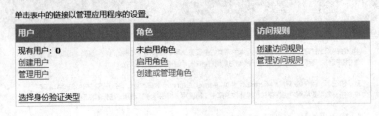

图 4-21 用户管理

当配置用户访问为"通过 Internet"选项时,在用户管理中会生成相应的统计功能,开发人员能够在"用户"选项卡中选择"创建用户"链接或"管理用户"链接,并在相应的选项卡中显示用户的统计。

4.3.3 用户角色

在 ASP.NET 应用程序开发中,需要对不同的用户进行用户角色的管理,例如该用户可能是一个学生,也可能是一个管理员。使用 ASP.NET 管理工具能够快速地创建用户角色以便管理不同角色的用户。在"角色"选项卡中单击"启动角色"链接即可启动角色,启动后,开发人员就能够创建和管理角色了,单击"创建或管理角色"链接即可进行角色管理,如图 4-22 所示。

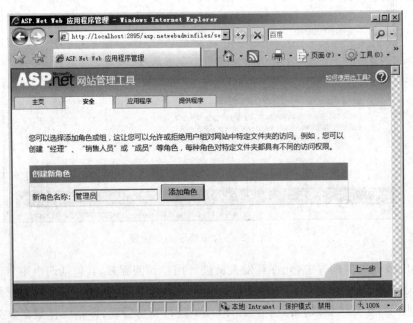

图 4-22 创建新角色

单击"添加角色"按钮就能够在 ASP.NET 应用程序中创建相应的角色,如图 4-23 所示,创建的角色可以在用户注册和用户登录时进行选择和管理。创建完成后,开发人员能够选择相应的用户角色进行管理，如图 4-24 所示。

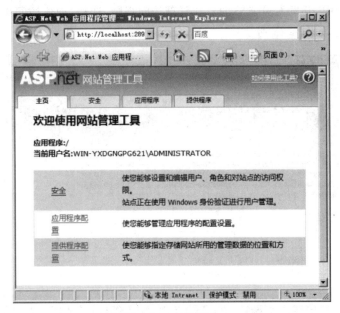

图 4-23　创建角色

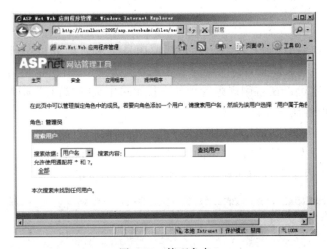

图 4-24　管理角色

开发人员不仅能为相应角色的用户进行信息修改和删除，还能够进行用户的搜索。ASP.NET 网站管理工具支持开发人员使用通配符进行用户搜索和筛选，这样可以提高用户筛选效率，以便在大量用户前提下进行相应的用户角色管理。

4.3.4　访问规则管理

在 ASP.NET 管理工具中，开发人员能够为用户进行访问规则的管理，这在应用程序开发中是非常必要的。在 ASP.NET 应用程序开发中，通常是不允许普通用户进入后台管理页面的，但对于管理员而言，可以进入后台进行相应的管理，这是非常重要的。

在应用程序开发中，将管理员和用户分开开发是非常不明智的，这样开发会造成应用程序维护困难。在 ASP.NET 管理工具中，可以为相应的用户角色配置相应的访问权限。在"访问规则"选项卡中，开发人员能够创建和管理访问规则，选择"创建访问规则"链接可以进行访问规则的创建，如图 4-25 所示。

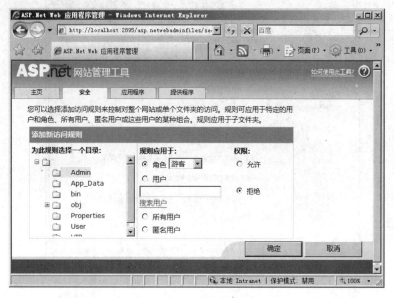

图 4-25 创建访问规则

开发人员能够在访问规则管理器中选择相应的目录来创建访问规则，如图 4-25 所示。首先在左侧选择 Admin 文件夹，由于该文件是一个机密文件夹，所以游客用户是不能够进行访问的，开发人员就可以在右侧规则管理的下拉菜单中选择"游客"选项，并在权限中选择"拒绝"选项来禁止游客用户访问该文件夹。

开发人员还能够为其他目录如 VIP、User 等进行访问权限的添加，如图 4-26 所示。在添加完访问规则后，开发人员能够在"访问规则"选项卡中选择"管理访问规则"链接，并在左侧选择相应的文件夹目录进行访问规则的管理，如图 4-27 所示。

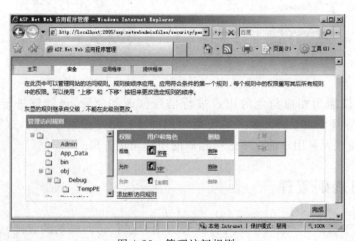

图 4-26 管理访问规则

当开发人员选择不同的文件夹时，其访问规则也不同，可在访问规则管理面板中删除相应的规则以修改角色的访问权限。

第 4 章 Web 窗体的高级控件

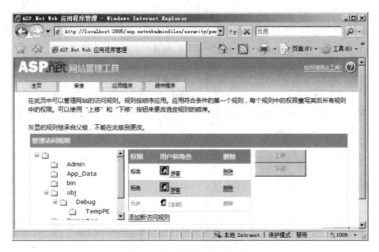

图 4-27 选择访问规则

4.3.5 应用程序配置

在 Web.config 文件中,开发人员可以手动进行应用程序管理和配置,而在 ASP.NET 中,可以使用管理工具进行应用程序配置,如图 4-28 所示。

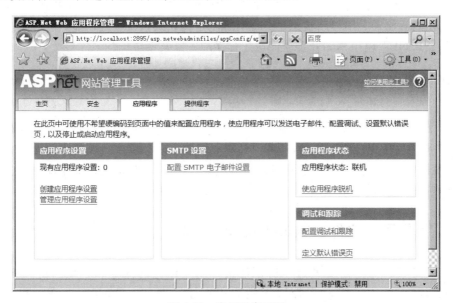

图 4-28 应用程序配置

使用应用程序配置能够创建和管理应用程序设置。创建应用程序设置会保存在 Web.config 文件的 appSettings 配置节中,示例代码如下。

```
<appSettings>
    <add key="sql" value="0" />
</appSettings>
```

appSettings 配置节中的信息能够在应用程序中通过编程获取，这样就提高了应用程序的灵活性。除了能够配置 appSettings 配置节中的应用程序设置外，开发人员还能够通过应用程序管理面板进行 SMTP 邮件配置，如图 4-29 和图 4-30 所示。

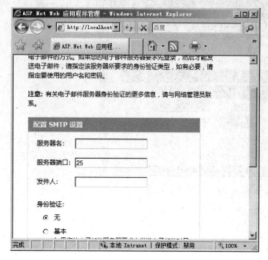
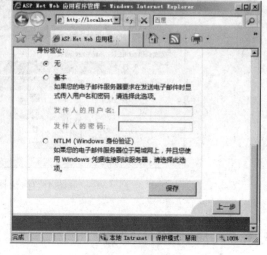

图 4-29　配置端口　　　　　　　　　　　图 4-30　配置邮件

配置邮件后，登录等高级控件就能够通过该配置进行邮件发送，当用户进行密码更改和密码索取时，相应的控件能够通过邮件配置进行密码和信息的发送。在 ASP.NET 应用程序配置中，还能够配置应用程序状态、调试和跟踪、定义默认错误页等功能，极大地方便了开发人员在 ASP.NET 应用程序开发中的应用程序配置以及系统调配。

4.4　使用登录控件

使用登录控件前，需要进行相应的应用程序配置，因为登录等高级控件的使用都是基于 ASP.NET 应用程序配置而存在的，这些控件不能够独立运行。在实现相应的操作时，这些控件还需要使用默认的方法和配置信息进行方法操作，登录控件的使用非常简单，这里挑选两个重要的控件进行讲解。

4.4.1　生成用户控件（CreateUserWizard）

在用户访问网站时，需要通过注册才能进行用户信息的保存和获取。在 ASP.NET 中，可以使用 CreateUserWizard 控件来实现用户注册功能。CreateUserWizard 控件的 HTML 代码如下。

```
<body>
    <form id="form1" runat="server">
    <div>
        <asp:CreateUserWizard ID="CreateUserWizard1" runat="server"
            BackColor="#F7F6F3" BorderColor="#E6E2D8"
            BorderStyle="Solid" BorderWidth="1px"
            Font-Names="Verdana" Font-Size="0.8em">
```

```
            <SideBarStyle BackColor="#5D7B9D" BorderWidth="0px"
                Font-Size="0.9em" VerticalAlign="Top" />
            <SideBarButtonStyle BorderWidth="0px" Font-Names="Verdana"
                ForeColor="White" />
            <ContinueButtonStyle BackColor="#FFFBFF" BorderColor="#CCCCCC"
                BorderStyle="Solid" BorderWidth="1px" Font-Names="Verdana"
                ForeColor="#284775" />
            <NavigationButtonStyle BackColor="#FFFBFF" BorderColor="#CCCCCC"
                BorderStyle="Solid" BorderWidth="1px" Font-Names="Verdana"
                ForeColor="#284775" />
            <HeaderStyle BackColor="#5D7B9D" BorderStyle="Solid" Font-Bold="True"
                Font-Size="0.9em" ForeColor="White" HorizontalAlign="Center" />
            <CreateUserButtonStyle BackColor="#FFFBFF" BorderColor="#CCCCCC"
                BorderStyle="Solid" BorderWidth="1px" Font-Names="Verdana"
                ForeColor="#284775" />
            <TitleTextStyle BackColor="#5D7B9D" Font-Bold="True" ForeColor="White" />
            <StepStyle BorderWidth="0px" />
            <WizardSteps>
                <asp:CreateUserWizardStep runat="server" />
                <asp:CompleteWizardStep runat="server">
                    <ContentTemplate>
                        <table border="0">
                        <tr>
                            <td align="center" colspan="2">恭喜您!注册完毕!</td>
                        </tr>
                        <tr>
                            <td>已成功创建了您的账户,请登录。</td>
                        </tr>
                        <tr>
                            <td align="right" colspan="2">
                            <asp:Button ID=" ContinueButton " runat=" server "
                            CausesValidation="False"
                            CommandName="Continue" Text="继续" ValidationGroup="
                            CreateUserWizard1" />
                            </td>
                        </tr>
                        </table>
                    </ContentTemplate>
                </asp:CompleteWizardStep>
            </WizardSteps>
        </asp:CreateUserWizard>
    </div>
    </form>
</body>
```

上述代码在页面中呈现了 CreateUserWizard 控件并进行了样式控制。当用户注册时,可以单击该控件并进行注册操作,运行前后如图 4-31 和图 4-32 所示。

注意:创建用户时,可能会遇到"密码最短长度为7,其中必须包含以下非字母数字字符1"的错误,说明密码强度不够,密码中必须包含"~!@#$%^&*()_+"等字符串中的一个。如果希望用户输入弱密码,修改 minRequiredNonalphanumericCharacters 的值为 0 即可。

图 4-31 创建用户　　　　　　　　图 4-32 创建成功

当开发人员再次进入 ASP.NET 网站管理工具中时,将发现这两个用户已经被统计并且可以为相应的用户进行管理操作,如图 4-33 所示。

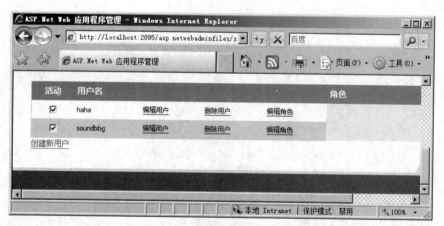

图 4-33 管理工具对用户的管理

在管理工具中,管理员可以对用户进行编辑、删除和角色管理,以便对注册用户进行更加深入的权限划分和信息编辑。

4.4.2 密码更改控件(ChangePassword)

当用户忘记密码后,可以使用密码控件进行密码的获取。在使用密码控件获取密码时,首先需要输入用户名进行用户身份验证,如图 4-34 所示。验证完成后系统会将相应用户名匹配的问题呈现在用户界面中,用户正确回答相应的问题后即可获取密码,如图 4-35 所示。

用户必须在标识确认前输入用户名,然后才能够跳转到标识确认模板进行问题回答,当用户回答正确后,系统将会发送一份邮件到用户的邮箱中,提示用户已经找回了相应的密码。

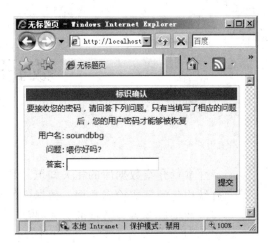

图 4-34　输入用户名　　　　　图 4-35　标识确认

注意：在更改密码控件中，必须在 ASP.NET 管理工具中配置 SMTP 邮件发送的相应项，才能将邮件发送到用户页面，否则系统不会发送邮件。

4.5　本章小结

本章讲解了 ASP.NET 应用程序开发中的高级控件，虽然 ASP.NET 高级控件能够极大地简化开发人员的应用程序开发工作，并能通过 ASP.NET 管理工具进行高级控件的配置以便开发人员对复杂应用的开发，但是 ASP.NET 高级控件同样包括一定的局限性，就是不够自主化。在后面的实例章节中还将讲解如何手动创建一个登录、注册模块，以及如何在项目中使用模块。本章还包括以下内容。

（1）启动管理工具：讲解了如何快速地启动管理工具。
（2）访问规则管理：讲解了如何对用户的角色进行访问规则的管理。
（3）应用程序配置：讲解了如何进行应用程序的配置。

另外，本章还详细讲解了登录控件，值得注意的是，必须在 ASP.NET 管理工具中开启相应的用户访问权限才能够让登录控件运行良好。在最后一节中，还演示了登录控件的使用和运行方法。

4.6　本章习题

1. 开发人员能够使用登录控件执行用户登录操作而不需要复杂的代码实现，登录控件常用的属性有哪些？
2. 在默认情况下，网站用 Login.aspx 作为登录页，简述如何修改此默认值。
3. 在 LoginView 控件中，简述 RoleGroup 集合编辑器的设置内容。
4. 登录状态控件（LoginStatus）用于显示用户验证时的状态，该控件常用的属性有哪些？
5. ChangePassword 控件能够实现不同场景的不同功能，主要功能有哪些？
6. 简述如何使用网站管理工具进行用户管理。
7. 在 Web.config 文件中，开发人员如何手动进行应用程序管理和配置。

第5章 数据库基础

本章介绍数据库的相关知识。数据库通过结构化的方式存储数据,并允许通过结构化的方式检索数据。数据库的最大好处是能够在运行时被访问,这就给表现的数据以及表现数据的方式提供了很大的灵活性,使读者能够创建高度动态的 Web 站点。本章主要介绍数据库的入门知识,了解什么是数据库,有哪些可用的数据库以及数据库的相关操作。

5.1 场景导入

创建只包含一个数据库文件和一个事务日志文件的"教务系统"数据库,如图 5-1 所示。该数据库的主数据文件初始值 5MB,最大值 500MB,以 2MB 的增量增加;事务日志文件初始值 5MB,最大值 100MB,以 2%的增量增加。

图 5-1 教务系统数据库创建结果

5.2 使用 Access 2010 管理数据库

5.2.1 创建 Access 数据库

启动 Access 2010,打开"文件"菜单,选择"新建"命令,如图 5-2 所示。

图 5-2 创建 Access 2010 数据库

改变数据库存放路径并修改数据库名称后,单击"创建"按钮,可创建一个新数据库,数据库的名称显示为"硅湖",进入创建表主界面,如图 5-3 所示。

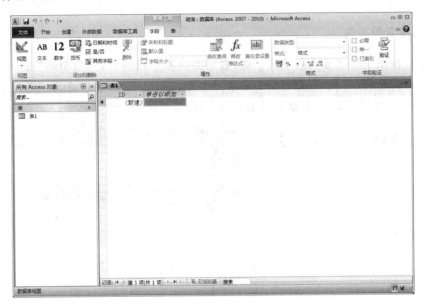

图 5-3　创建表主界面

说明:Access 2010 的数据库扩展名为.accdb,而 Access 2003 版本以下的扩展名为.mdb。

5.2.2　创建 Access 数据表

右击左侧的"表1",在弹出的快捷菜单中选择"设计视图"命令,并在弹出的"另存为"对话框中输入表名,如图 5-4 所示,就建立了表。

图 5-4　新建表界面

5.2.3 表的设计

1. 创建表的结构

在设计视图中依次输入各字段名称、数据类型及字段属性,然后单击"保存"按钮,即创建了数据表的结构。一般应在每个表中指定主键,如 ID 字段,主键应为一条记录的唯一代表,即所有记录中该字段不能重复且不能空值,操作界面如图 5-5 所示。

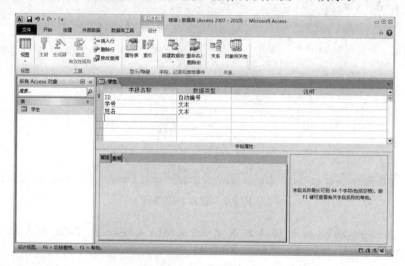

图 5-5 创建表结构

2. 输入数据

保存表结构后,单击"视图"按钮,在下拉菜单中选择"数据表视图"命令,然后就可以把数据依次输入数据表中。输入完毕后关闭窗口,将数据保存到数据库文件中。数据表视图界面如图 5-6 所示。

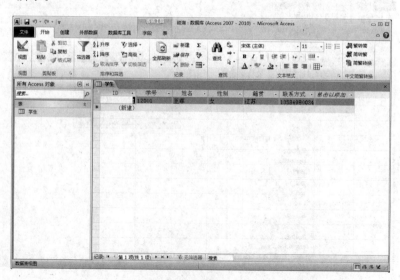

图 5-6 数据表视图

思考：如何将 Access 2010 的数据库转换为 Access 2003 的数据库？

5.3 使用 SQL Server 2005 管理数据库

5.3.1 SQL Server 2005 简介

Microsoft SQL Server 2005 是微软公司的一个大型关系数据库系统，它与 Windows 操作系统相结合，在复杂环境下为办公应用提供了一个安全、可扩展、易管理、高性能的客户/服务器数据平台。

1. SQL Server 简介

SQL Server 是一个关系数据库管理系统，最初是由 Microsoft、Sybase 和 Ashton-Tate 三家公司共同开发的，于 1988 年推出了第一个 OS/2 版本。在 Windows NT 推出后，1992 年，Microsoft 与 Sybase 在 SQL Server 的开发上就分道扬镳了，Microsoft 将 SQL Server 移植到 Windows NT 系统上，成了这个项目的主导者，本书所介绍的就是 Microsoft SQL Server，其后简称 SQL Server。1994 年以后，Microsoft 专注于开发、推广 SQL Server 的 Windows NT 版本。

1998 年，推出了 SQL Server 7.0 版本，完全修正了核心数据库引擎和管理结构，同时与 Windows NT、IIS 等完美集成。

2000 年，推出了 SQL Server 2000，该版本继承了 SQL Server 7.0 版本的优点，同时又增加了许多更先进的功能，具有使用方便、可伸缩性好、与相关软件集成程度高等优点。

2005 年，SQL Server 2005 闪亮登场，微软公司对架构等方面做了重大改革，使之更适应各种规模的数据处理与应用开发，尤其使 Web 下的关系数据库的网络化应用特性得以发挥和彰显。

之后，微软公司又陆续推出 Microsoft SQL Server 2008、Microsoft SQL Server 2012，本书介绍 Microsoft SQL Server 2005。

2. SQL Server 2005 的体系结构

（1）SQL Server 客户/服务器体系结构

SQL Server 使用客户/服务器体系结构（见图 5-7），把工作负载划分成在客户机上运行的应用程序和在服务器上执行的任务（存储、操纵和管理数据）两部分。用户通过客户机应用程序来访问数据库服务器上的数据，服务器对来访的用户做安全身份验证，验证通过后处理请求，并将处理的结果返回客户机应用程序。

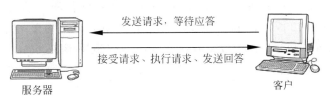

图 5-7 C/S 体系结构

① 客户机上的应用程序：负责提供用户操作界面，发送请求，应用程序通常可以运行于一台或多台客户机上，也可以运行于 SQL Server 服务器上。

② SQL Server 服务器：管理数据库和客户机请求之间可用资源的分配，数据处理，回传结果。

（2）SQL Server 2005 的平台构架

SQL Server 2005 包含了非常丰富的系统特性，通过提供一个更安全、可靠、高效和智能的数据管理平台，来满足众多客户对业务的实时统计、分析、监控预测等多种复杂的管理需求，如图 5-8 所示，以此增强企业组织中用户的管理能力，从而大幅提升信息系统管理与开发的效率并降低风险和成本。

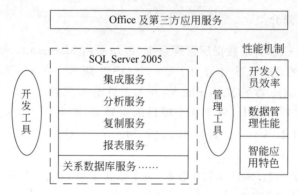

图 5-8　SQL server 2005 平台构架图

① 集成服务是 SQL Server 2005 中全新的组件，引入了新的可扩展体系结构，提供了构建企业级数据整合应用程序所需的功能和性能。

② 分析服务可支持对业务数据的快速分析，以及为商业智能应用程序提供联机分析处理和数据挖掘功能，可通过多种语言向用户提供数据。

③ 复制服务包括事务复制、合并复制、快照复制，使用复制可以将数据通过局域网、广域网或 Internet 分发到不同的位置。

④ 报表服务是基于服务器的报表平台，提供来自关系和多维数据源的综合数据报表，可创建、管理和发布传统的、可打印的报表，以及交互的、基于 Web 的报表。

3. SQL Server 2005 版本简介

（1）SQL Server 2005 版本介绍

① SQL Server 2005 企业版（Enterprise Edition），有 32 位和 64 位之分。

② SQL Server 2005 开发版（Developer Edition），有 32 位和 64 位之分。

③ SQL Server 2005 标准版（Standard Edition），有 32 位和 64 位之分。

④ SQL Server 2005 工作组版（Workgroup Edition），仅适用于 32 位。

⑤ SQL Server 2005 精简版（Express Edition），仅适用于 32 位。

各版本的具体功能、应用范围及用途如表 5-1 所示。

表 5-1　SQL Server 2005 各版本的具体功能、应用范围及用途

版　本	功　　能	用　　途
企业版	支持超大型企业联机事务处理、高度复杂的数据分析、数据仓库系统、规模性网站、全面商业智能应用、并行操作能力等	超大型企业级应用 DBMS
开发版	开发人员可以在其上生成任何类型的应用程序,包括企业版的所有功能,但有许可限制,只能用于开发和测试系统,而不能用做生产服务器	独立软件供应商、系统集成商
标准版	支持电子商务、数据仓库和业务流程解决方案所需的基本功能,是个完善的数据管理和分析平台	中小型企业数据管理和应用开发
工作组版	是理想的数据管理解决方案,可用于部门或分支运行机构,具有功能强大、易于管理的特点,且可轻松地升级至标准版或企业版,是理想的入门级数据库	主要用于大小和用户数量上没有限制的小型企业或组织
精简版	是个免费从网上下载、易用且便于管理的数据库,且与 Microsoft Visual Studio 2005 集成在一起	低端服务器用户、创建 Web 应用程序的非专业开发人员

5.3.2　安装 SQL Server 2005

SQL Server 2005 有 32 位和 64 位两种版本,这两种版本的安装方法相同,主要是通过安装向导进行安装的。下面以 SQL Server 2005(32 位)企业版(Enterprise Edition)为例,详细介绍其安装步骤。

1. 安装前准备

检测计算机软硬件是否满足安装要求,尤其是 IIS 的安装。IIS 的安装过程:依次单击"我的电脑"→"控制面板"→"添加或删除程序"→"添加或删除组件"→"Windows 组件",然后选中"信息服务(IIS)"复选框,再单击"下一步"按钮等待安装完成即可。

2. SQL Server 2005 的安装

(1) 将 SQL Server 2005 安装盘放入光驱,安装引导程序会自动运行,如图 5-9 所示,单击"服务器组件、工具、联机丛书和示例"。

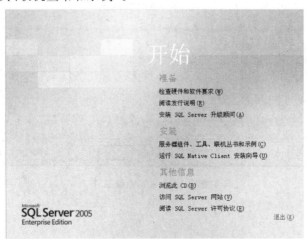

图 5-9　SQL server 2005 安装向导启动界面

（2）弹出"最终用户许可协议"对话框，如图 5-10 所示，选中"我接受许可条款和协议"复选框，单击"下一步"按钮。

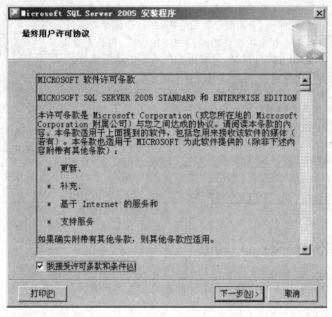

图 5-10　用户许可协议

（3）单击"安装"按钮，进入必备组件安装，如图 5-11 所示。安装完成后，单击"下一步"按钮。

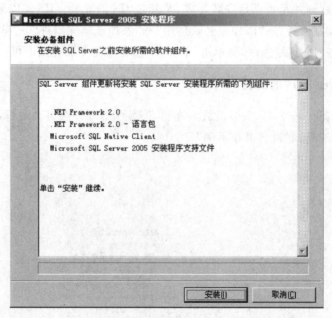

图 5-11　安装必备组件

(4) 进入安装向导欢迎界面,如图 5-12 所示,单击"下一步"按钮;系统会检查相关配置,如图 5-13 所示,检查完成后若无问题,单击"下一步"按钮。

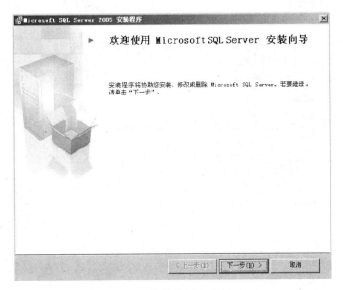

图 5-12　安装向导欢迎界面

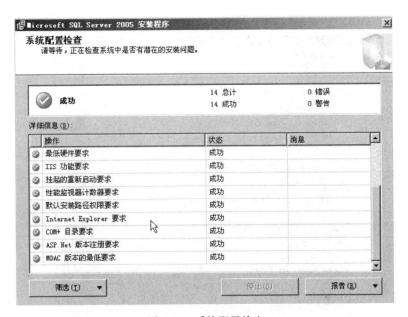

图 5-13　系统配置检查

(5) 信息注册界面如图 5-14 所示,输入完毕单击"下一步"按钮。

(6) 选择要安装的组件,一般选中 SQL Server Database Services、Integration Services、"工作站组件、联机丛书和开发工具",如图 5-15 所示,单击"高级"按钮设置数据文件的存储路径,设置完毕,单击"下一步"按钮。

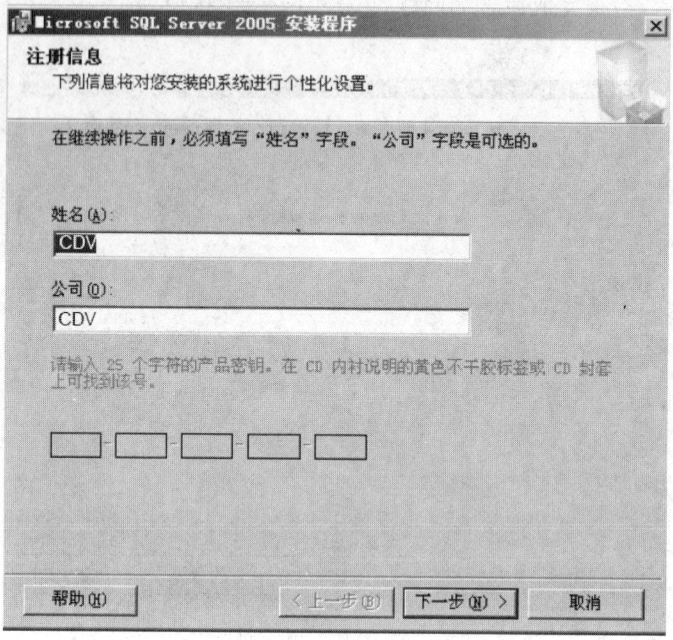

图 5-14 注册信息

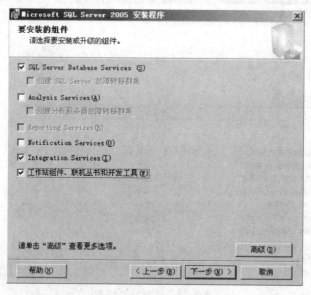

图 5-15 选择安装组件

（7）安装向导提示是否安装默认实例或命名实例，如图 5-16 所示，第一次安装一般选择"默认实例"选项，读者也可以根据需要选择"命名实例"选项，然后单击"下一步"按钮。

（8）设置服务账户，如果网络是建在一个域里，则选择使用域用户账户，如图 5-17 所示，然后单击"下一步"按钮。

图 5-16 选择实例名

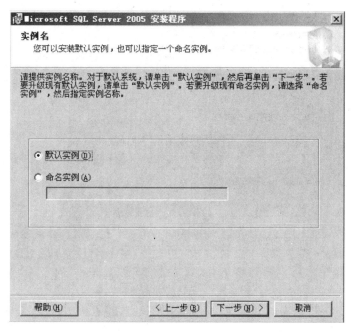

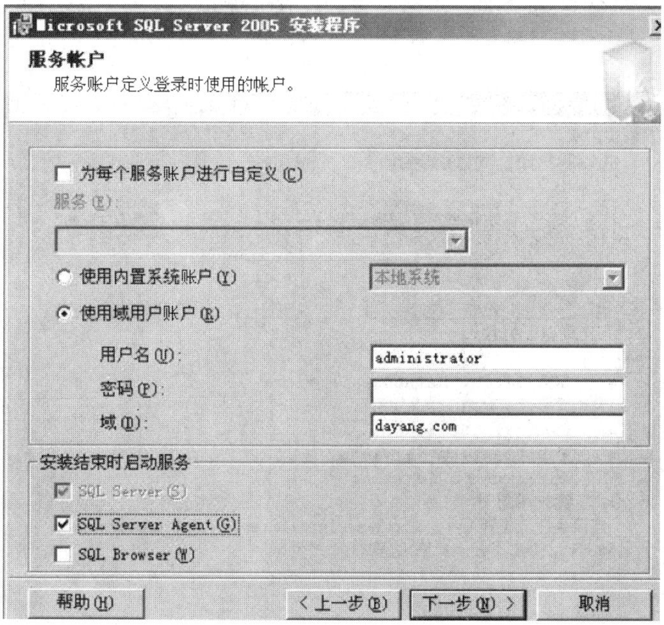

图 5-17 服务账户设置

(9) 设置身份验证模式,可选择"混合验证模式"选项,为 sa 设置一个登录密码,如图 5-18 所示。若此数据库仅用户自己使用,建议选择"Windows 身份验证模式"选项。单击"下一步"按钮。

(10) 依次进入"排序规则设置""报表服务器安装选项""错误和使用情况报告设置"等步骤,且均保持默认设置,然后单击"下一步"按钮。

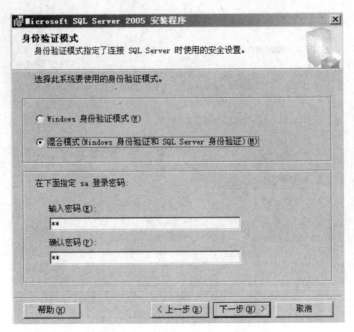

图 5-18　身份验证模式

(11) 系统进入准备安装界面，如图 5-19 所示。单击"安装"按钮，其安装进度显示如图 5-20 所示。

图 5-19　准备安装

(12) 所有组件安装完成后，单击"下一步"按钮，弹出完成 SQL Server2005 安装界面，如图 5-21 所示，单击"完成"按钮。

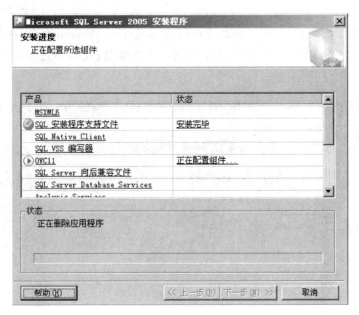

图 5-20 安装进度

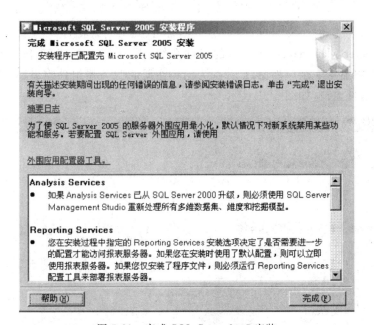

图 5-21 完成 SQL Server2005 安装

3．SQL Server 2005 管理工具

（1）SQL Server Management Studio

SQL Server Management Studio（SSMS，SQL Server 管理平台）包括 SQL Server 企业管理器、查询分析器和服务管理器，是一个集成的环境，用于访问、配置和管理所有的 SQL Server 组件。它为数据库管理人员提供了集成的实用工具，使用户能够通过便捷、易用的图形化工具和丰富的脚本来完成任务。

① SQL Server Management Studio 的启动：单击"开始"按钮，在"程序"菜单中，依次选择 Microsoft SQL Server 2005→SQL Server Management Studio 命令，在弹出的窗口中，选定"服务类型""服务器名称""身份验证"后单击"连接"按钮即可连接登录到服务器，如图 5-22 所示。

图 5-22　SQL Server Management Studio 启动示意图

② SQL Server Management Studio 的组件介绍：默认情况下，SQL Server Management Studio 启动后，将显示 3 个组件窗口，分别为已经注册的服务器组件窗口、对象资源管理组件窗口和文档组件窗口，如图 5-23 所示。

图 5-23　SQL Server Management Studio 窗口

③ SQL Server Management Studio 的关闭：单击主窗口右上角的"关闭"按钮。

(2) SQL Server 2005 查询编辑器

SQL Server 管理平台是一个集成开发环境，其中查询编辑器是一个用于编写 T-SQL 语句的组件。单击工具栏中的"新建查询"按钮，在右侧文档组件窗口打开查询编辑器窗口，在其中输入 SQL 语句，分析、执行，其结果显示在结构窗口中，如图 5-24 所示。

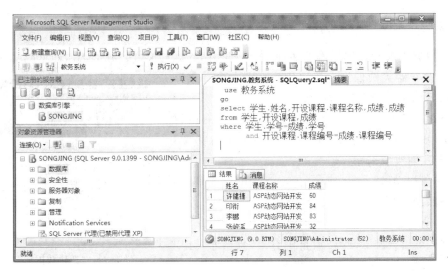

图 5-24　SQL Server 2005 查询编辑器

5.3.3　教务系统数据库的创建

数据库是存储数据的仓库，即 SQL Server 中存放的数据和数据对象（如表、视图、存储过程等）。创建数据库是数据库逻辑结构的物理实现过程，是数据库管理系统中十分关键的环节，本节将详细介绍 SQL Server 2005 数据库的存储结构和创建方法。

1. 数据库的存储结构

数据库是以文件的形式存储在磁盘上的。一个数据库至少应包括一个数据库文件和一个事务日志文件。数据库的存储结构如图 5-25 所示。

（1）数据库文件

数据库文件是存放数据库数据和数据库对象的文件。一个数据库可以有一个或多个数据库文件，而一个数据库文件只能属于一个数据库。当数据库有多个数据库文件时，有一个被定义为主数据库文

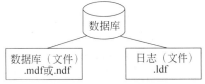

图 5-25　数据库的存储结构

件，扩展名为 .mdf（默认第一个文件为主数据库文件），用来存储数据库的启动信息和部分或全部数据。其他数据库文件被称为次数据库文件，扩展名为 .ndf，用于存储主数据文件没存储的其他数据。当出现多个数据文件时，也可以对文件进行分组，便于进行数据的管理和分配磁盘空间。需要注意的是，一个数据库只能有一个主数据库文件或主文件组。

（2）事务日志文件

事务日志文件是存储数据库事务日志信息的文件，用来进行数据库恢复和记录数据库的操作情况，只要对数据库执行 INSERT、ALTER、DELETE、UPDATE 等操作都会记录在该文件内。每个数据库至少有一个事务日志文件，其扩展名为 .ldf。

2. 教务系统数据库的创建

创建数据库要确定数据库的名称、大小和存储数据的文件。在 SQL Server 2005 中，一个数据库服务器实例理论上可以创建 32767 个数据库，数据库的名称必须遵循标识符命名规则。

在 SQL Server 2005 中创建数据库的方法有两种：使用 SQL Server Management Studio 管理平台和使用 T-SQL 语言创建数据库。

（1）使用 SQL Server Management Studio 管理平台创建教务系统数据库

① 启动 SQL Server 2005 管理平台。

② 在"对象资源管理器"窗格中右击"数据库"选项，在弹出的快捷菜单中选择"新建数据库"命令，如图 5-26 所示。

图 5-26　"新建数据库"菜单

③ 弹出"新建数据库"窗口，输入"数据库名称""逻辑名称""初始大小""自动增长""路径"等信息，如图 5-27 所示。

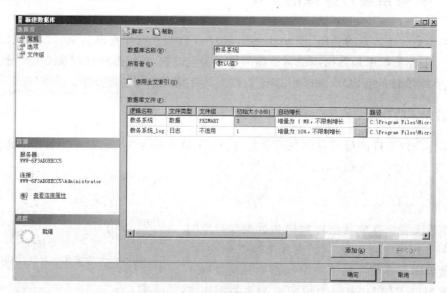

图 5-27　"新建数据库"窗口

④ 单击"确定"按钮，即可完成教务系统数据库的创建。

（2）使用 T-SQL 语言创建教务系统数据库

使用 T-SQL 语言创建数据库语法格式如下。

```
CREATE DATABASE 数据库名称
            ON  [PRIMARY]
                <filespec>[,...n]
      LOG ON
                <filespec>[,...n]
```

其中：

```
<filespec>=(name=逻辑名称,
            filename=物理名称(含存储路径),
            size=初始大小,
            maxsize=最大值,
            filegrowth=增量
           )
```

说明：PRIMARY 用来指定主文件或主文件组，可省略；省略后，默认第一个文件为主文件或文件组。

【例 5-1】 创建只包含一个数据库文件和一个事务日志文件的教务系统数据库。

该数据库名称为"教务系统"；主数据库文件逻辑名称为"教务系统_data"，物理文件名称为"教务系统.mdf"，主数据文件初始值 5MB，最大值 500MB，以 2MB 的增量增加；事务日志文件逻辑名称为"教务系统_log"，物理文件名称为"教务系统.ldf"，日志文件初始值 5MB，最大值 100MB，以 2%的增量增加。

具体操作步骤如下。

① 启动 SQL Server Management Studio 管理平台，新建查询。

② 在 SQL 脚本编辑区，输入如下代码。

```
CREATE DATABASE 教务系统
    ON PRIMARY(NAME=教务系统_data,
        FILENAME="C:\Program Files\Microsoft SQL Server\MSSQL.1\MSSQL\Data\教务系统.mdf",
        SIZE=5MB,
        MAXSIZE=500MB,
        FILEGROWTH=2MB
    )
LOG ON(NAME=教务系统_log,
        FILENAME="C:\Program Files\Microsoft SQL Server\MSSQL.1\MSSQL\Data\教务系统.ldf",
        SIZE=5MB,
        MAXSIZE=100MB,
        FILEGROWTH=2%
)
```

③ 依次单击工具栏中的"分析"和"执行"按钮，即可完成"教务系统"数据库的创建。

5.3.4 表的创建

数据库创建完成后，就可以在数据库中创建表了。在 SQL Server 2005 中，所有的数据都存放在数据表中，表是组织数据库的基本元素，可以说，没有表也就无所谓数据库了。表是相关联的行、列组合，行表示一条记录，列表示记录中的一个字段。在创建表之前，首先需指明数据表中列的名称、数据类型、宽度等属性。

在 SQL Server 2005 中创建数据表的方法有两种：使用 SQL Server Management Studio 管理平台创建和使用 T-SQL 语言创建。

1. 使用 SQL Server Management Studio 管理平台创建"教师"表

【例 5-2】 使用 SQL Server Management Studio 管理平台在教务系统据库中创建"教师"表。表的结构如下。

```
教师(工号 char(10),姓名 varchar(8),性别 char(2),出生日期 smalldatetime,院系编号 char(8),职称 varchar(10),联系方式 varchar(16),家庭住址 varchar(40))
```

具体操作步骤如下。
(1) 启动 SQL Server Management Studio 管理平台。
(2) 在对象资源管理器窗口中选择要新建表的数据库,右击"表"选项,在弹出的快捷菜单中选择"新建表"命令,在出现的表设计器窗口中,依次输入列名、数据类型、长度、是否为空等。
(3) 单击工具栏中的"存盘"按钮,在弹出的对话框中输入表的名称,单击"确定"按钮。

2. 使用 T-SQL 语言创建表

使用 T-SQL 语言创建表语法格式如下。

```
CREATE TABLE 表名
    ( 列名 1   数据类型及长度[约束条件],
      列名 2   数据类型及长度[约束条件],
      列名 3   数据类型及长度[约束条件],
      [...n]
    )
```

说明:"表名"是为新创建的表指定的名字;[...n]是指允许创建多个字段,即一个表有多列数据。

【例 5-3】 用 T-SQL 语言在教务系统据库中创建"学生"表。表的结构如下。

```
学生(学号 char(10)主键,姓名 varchar(8)不许空,性别 char(2)默认值"男",出生日期 smalldatetime,班级编号 char(8)外键,成绩 int 取值范围[0,100],家庭住址 varchar(40))
```

具体操作步骤如下。
(1) 启动 SQL Server Management Studio 管理平台,新建查询。
(2) 在 SQL 脚本编辑区,输入如下代码。

```
USE 教务系统
GO
CREATE TABLE 学生
    ( 学号 char(10)PRIMARY KEY,
      姓名 varchar(8)NOT NULL,
      性别 char(2)DEFAULT '男',
      出生日期 smalldatetime,
      班级编号 char(8)   FOREIGN KEY REFERENCES 班级(班级编号),
      成绩 int check(成绩>=0 AND 成绩<=100),
      家庭住址 varchar(40)
    )
```

(3) 依次单击工具栏中的"分析"和"执行"按钮,即可完成学生数据表的创建。

5.3.5 数据库的备份与还原

备份数据库是指对数据库或事务日志做复制,当系统、磁盘或数据库文件损坏时,可以使用备份进行数据恢复,防止数据丢失,提高数据的安全性。

1. 备份类型

备份数据库不仅是简单的复制,而且要有适合的备份策略才能达到不丢数据或尽量少丢数据的目的。在 SQL Server 2005 中有 3 种备份方法:完整数据库备份、差异数据库备份和事务日志备份,3 种方法联合使用可以获得更好的备份效果。

(1) 完整数据库备份

指对数据库内所有内容的完整备份,包括备份所有的数据及数据库对象。由于是对数据库的完整备份,因此该备份类型不仅速度慢,而且占用的磁盘空间大。在对数据库进行完整备份时,所有未完成的事务或发生在备份过程中的事务都将被忽略,所以在进行完整备份时通常安排在晚间或系统空闲时,以提高数据备份的速度和完整性。

(2) 差异数据库备份

差异数据库备份指只备份最后一次数据库完整数据备份以后被更改的数据,即将最近一次数据库完整数据备份之后发生的数据变化备份起来。差异数据备份实际上是一种增量数据库备份,与完整数据库备份相比数据量较小,备份与恢复所用的时间较短。需要说明的是,在还原差异数据库备份时,必须要先还原其之前的完整数据备份。一般建议每周开始时做一次完整数据库备份,每天做一次差异数据库备份。

(3) 事务日志备份

事务日志备份也称"日志备份",是指备份自上次事务日志备份之后对数据库执行的所有事务的一系列记录,即事务日志文件的信息。使用该备份可将数据库恢复到特定的即时点或恢复到故障点。由于事务日志备份仅对数据库事务日志进行备份,所以需要的磁盘空间和备份时间都比数据库备份少得多,因此人们在备份时经常采用。建议每天进行一次差异数据库备份而每隔一个或几个小时就做一次事务日志备份,以减少丢失数据的危险、提高备份的效率。

2. 备份设备

备份设备是 SQL Server 中存储数据库数据备份和事务日志备份的载体,即备份文件的存储设备,如磁盘或磁带媒体等。使用 SQL Server 可以决定如何在备份设备上创建备份,可以选择覆盖过时的备份,也可以将新的备份追加到备份媒体上。

(1) 使用 SQL Server Management Studio 管理平台管理备份设备

① 启动 SQL Server Management Studio 管理平台。

② 在"对象资源管理器"窗格中,选择"服务器"选项,展开"服务器对象"节点。右击"备份设备",在弹出的快捷菜单中选择"新建备份设备"命令,弹出"备份设备"对话框,如图 5-28 所示。

③ 在"设备名称"文本框中输入"教务系统_备份设备",单击文件浏览窗口设置文件路

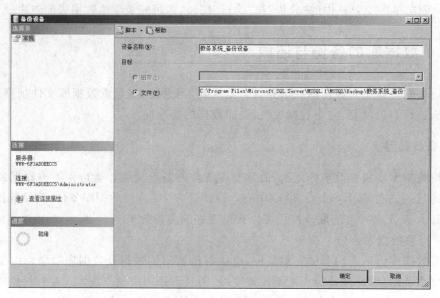

图 5-28 "备份设备"对话框

径,单击"确定"按钮即完成备份设备的创建。

④ 展开"设备备份"节点,右击已创建的设备,在弹出的快捷菜单中选择"删除"命令即可删除备份设备。

(2) 使用 Transact-SQL 语言管理备份设备

使用 T-SQL 语句创建设备备份的语法格式如下。

```
SP_ADDUMPDEVICE 'device_type','logical','physical_name'
```

说明:SP_ADDUMPDEVICE 为系统存储过程,添加备份设备;device_type 为备份设备类型,如 disk(磁盘)、tape(磁带);physical_name 为备份设备的物理名称(包含完整路径);logical 为备份设备的逻辑名。

【例 5-4】 创建一个名为 jwxt 的磁盘备份设备。

具体操作步骤如下。

① 启动 SQL Server Management Studio 管理平台,新建查询。

② 在 SQL 脚本编辑区,输入如下代码。

```
USE 教务系统
GO
EXEC SP_ADDUMPDEVICE 'disk','jwxt', 'C:\Program Files\Microsoft SQL Server\
MSSQL.1\MSSQL\Backup\jwxt.bak'
```

③ 依次单击工具栏中的"分析"和"执行"按钮,就完成了 jwxt 磁盘备份设备的创建。

此外,使用 T-SQL 语句删除备份设备的语法格式如下。

```
SP_DROPDEVICE 备份设备名称
```

例如:

```
USE 教务系统
EXEC SP_DROPDEVICE 'jwxt'                          /*删除备份设备jwxt*/
```

3. 备份数据库

SQL Server 2005 中有 3 种备份方法：完整数据库备份、差异数据库备份和事务日志备份。本小节以完整数据备份为例进行讲解，读者可细心查阅相关资料学习掌握其他两种备份方法。

（1）使用 SQL Server Management Studio 管理平台备份教务系统数据库

① 启动 SQL Server Management Studio 管理平台。

② 在"对象资源管理器"窗格中，选择"服务器"选项，展开"数据库"节点。右击要备份的数据库，在弹出的快捷菜单中选择"任务"→"备份"命令，弹出"备份数据库"对话框，如图 5-29 所示。

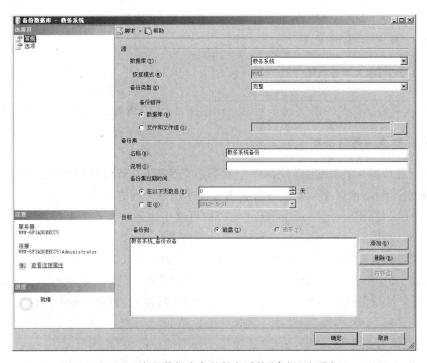

图 5-29　完整数据库备份教务系统"常规"选项卡

③ 选择"常规"选项卡，在"数据库"列表框中，选择"教务系统"数据库，在"备份类型"中选择"完整"，在"备份集"中输入"教务系统备份"，然后单击"添加"按钮，设置磁盘的备份目标，可以是目标文件或备份设备，如图 5-30 所示。

④ 根据备份的相关要求，完成上面设置后，单击"确定"按钮，即可完成教务系统数据库的完整数据备份。

（2）使用 Transact-SQL 语言备份教务系统数据库

使用 T-SQL 语句完整数据库备份的语法格式如下。

```
BACKUP DATABASE 数据库名称　TO 备份设备名称　[WITH　NAME='备份名称']
```

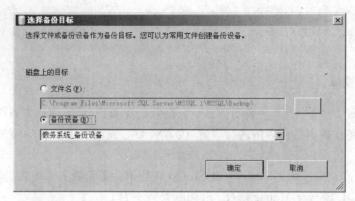

图 5-30 "选择备份目标"对话框

【例 5-5】 利用备份设备 jwxt 对数据库"教务系统"进行完整数据库备份。
具体操作步骤如下。

① 启动 SQL Server Management Studio 管理平台,新建查询。

② 在 SQL 脚本编辑区,输入如下代码。

```
BACKUP DATABASE 教务系统 TO jwxt WITH NAME='jwxt_bak'
```

③ 依次单击工具栏中的"分析"和"执行"按钮,即可完成教务系统完整数据库的备份。

4. 还原数据库教务系统

定期完成数据库备份后,当数据库中数据遭受破坏时,就可以使用数据库备份来恢复(还原)数据库了,下面以完整数据备份实现数据库还原为例进行讲解。

(1) 使用 SQL Server Management Studio 管理平台还原教务系统数据库

① 启动 SQL Server Management Studio 管理平台。

② 在"对象资源管理器"窗格中,选择"服务器"选项,右击"数据库"节点,在弹出的快捷菜单中选择"还原数据库"命令,弹出"还原数据库"对话框,如图 5-31 所示。

③ 选择"常规"选项卡,在"目标数据库"列表框中,输入"教务系统"数据库,在"还原的源"中单击"浏览"按钮选择"源设备",选择备份设备"教务系统_备份设备",然后单击"确定"按钮返回"还原数据库"对话框,选中"选择用于还原的备份集"复选框。

④ 完成上面的设置后,单击"确定"按钮,即可完成教务系统数据库的还原。

(2) 使用 Transact-SQL 语言还原教务系统数据库

完整数据库备份还原数据库的 T-SQL 语句的语法格式如下。

```
RESTORE DATABASE  数据库名称 FROM 备份设备名称  [WITH RECOVERY]
```

说明:RECOVERY 指还原操作时回滚任何未提交的事务。

【例 5-6】 利用备份设备 jwxt 中完整数据库备份 jwxt_bak 来还原数据库"教务系统"。
具体操作步骤如下。

① 启动 SQL Server Management Studio 管理平台,新建查询。

② 在 SQL 脚本编辑区,输入如下代码。

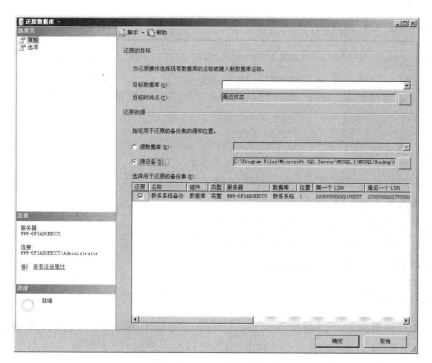

图 5-31　还原备份数据库

```
RESTORE DATABASE 教务系统 FROM jwxt WITH RECOVERY
```

③ 依次单击工具栏中的"分析"和"执行"按钮，即可完成教务系统数据库的还原。

5.4　SQL 语言基础

SQL(Structure Query Language,结构化查询语言)是目前使用最广泛的关系型数据库操作语言。SQL 语言可用于对关系型数据库中的数据查询、操作、定义和控制等操作。任何应用程序向数据库系统发出请求并获得响应，最终都必须体现为 SQL 语句指令，用户使用 SQL 可以完成所有的数据库管理工作。

5.4.1　SQL 简介

1. SQL 语言及发展

SQL 语言是 20 世纪 70 年代由 IBM 公司开发出来的，1976 年开始在商品化关系数据库系统中应用。1986 年，ANSI(美国国家标准局)确认 SQL 为关系数据库语言的美国标准，称为 SQL-86。1987 年，被 ISO 采纳为国际标准，称为 SQL-86。1989 年，ANSI 发布了 SQL-89 标准，后来被 ISO 采纳为国际标准。1992 年，ANSI/ISO 发布了 SQL-92 标准。1999 年，ANSI/ISO 发布了 SQL-99 标准。2003 年，ANSI/ISO 共同推出了 SQL 2003 标准，本书以 SQL-92 为标准进行详细讲解。

2. Transact-SQL 简介

Transact-SQL 是 Microsoft 开发的一种 SQL 语言,简称 T-SQL 语言。它不仅包含了 SQL-86 和 SQL-92 的大多数功能,而且还对 SQL 进行了一系列的扩展,增加了许多新特性,增强了可编程性和灵活性。既可以单独执行,直接操作数据库;也可以嵌入其他语言中执行。

3. SQL 语言的组成

SQL 作为关系数据库语言,其主要功能如下。
① 数据查询:SELECT。
② 数据定义:CREATE、DROP、ALTER。
③ 数据操纵:INSERT、UPDATE、DELETE。
④ 数据控制:GRANT、REVOKE、DENY。

4. SQL 语言的特点

SQL 是一种面向集合的数据库语言,主要特点类似于英语语言,直观、简单易学,SQL 语言只是提出要"干什么","怎么做"则由 DBMS 解决。SQL 语言既可以独立使用,也可以嵌入另外一种语言中使用,具有自含性和宿主性两种特性。

5.4.2 SQL Server 数据库数据检索

数据库存在的意义在于将数据合理地组织在一起,更容易让人们获取。所谓查询就是针对数据库中的数据按照指定的条件和特定的组合进行检索,以获取需要的数据,这是关系数据库极其重要的功能。在数据应用系统中,查询是通过 select 语句来实现的。

1. SELECT 语句的语法结构

在 SQL Server 2005 中,SELECT 语句是使用最频繁的语句之一,其基本语法格式如下。

```
SELECT   [ALL|DISTINCT] column_list
      [INTO new_table_name]
   FROM table_list
   [WHERE search_condition]
   [GROUP BY group_by_list]
   [ORDER BY order_list [ASC | DESC] ]
```

说明:
(1) SELECT 关键字用来从数据库中检索数据。
(2) ALL 指定结果中可以保留重复行,为默认设置,DISTINCT 指定结果中不包含重复行。
(3) column_list 描述查询结果的列(多列用逗号隔开),若使用 * 表示返回原表的所有列。
(4) INTO 指定查询结果存放到一个新表中,new_table_name 表示新表名称。

(5) FROM table_list 用于指定产生检索结果集的数据表或视图。

(6) WHERE search_condition 用于指定检索的条件,只有满足条件的行才能出现在结果集中。

(7) GROUP BY 根据 group_by_list 指定的列进行分组。

(8) ORDER BY 根据 order_list 指定的列进行排序,ASC 为升序,DESC 为降序。

2. 最基本的 SELECT 语句

最基本的 SELECT 语句的语法格式如下:

```
SELECT * |column_list FROM table_name
```

其功能是从指定的表中查询所有信息或指定列的信息。

【例 5-7】 从学生表中分别查询学生的所有信息及学号、姓名信息。

具体操作步骤如下。

(1) 启动 SQL Server Management Studio 管理平台,新建查询。

(2) 在 SQL 脚本编辑区,输入如下代码。

```
USE  教务系统
GO
SELECT * FROM 学生
SELECT 学号,姓名 FROM 学生
```

(3) 依次单击工具栏中的"分析"和"执行"按钮,即可得到查询结果。

3. 使用 WHERE 子句的查询

WHERE 子句的语法格式如下:

```
SELECT column_list FROM table_name WHERE search_condition
```

其功能是从指定的表中查询符合条件的信息。

(1) 基于比较运算符的 WHERE 子句

使用基于比较条件的 WHERE 子句进行查询时,系统会逐行对表中数据进行比较,检查它们是否满足条件。若满足条件,则取出该行;若不满足条件,则不取该行。当 WHERE 子语的条件为字符型数据时,需要使用单引号将字符串括起来,而且要注意区分单引号内字符串的大小写。

【例 5-8】 从成绩表中查询成绩不及格(成绩<60)的学生信息。

具体操作步骤如下。

① 启动 SQL Server Management Studio 管理平台,新建查询。

② 在 SQL 脚本编辑区,输入如下代码。

```
USE  教务系统
GO
SELECT * FROM 成绩 WHERE 成绩<60
```

③ 依次单击工具栏中的"分析"和"执行"按钮,即可得到检索结果。

(2) 基于多个检索条件的查询

在使用 WHERE 子句中,可以使用逻辑运算符将多个条件连接起来,构成一个复杂的条件进行查询,主要有 3 种逻辑运算符:AND、OR、NOT。

【例 5-9】 从成绩表中查询成绩为优秀(90<=成绩<=100)的学生信息。

具体操作步骤如下。

① 启动 SQL Server Management Studio 管理平台,新建查询。

② 在 SQL 脚本编辑区,输入如下代码。

```
USE  教务系统
GO
SELECT * FROM 成绩 WHERE 成绩>=90 AND 成绩<=100
```

③ 依次单击工具栏中的"分析"和"执行"按钮,即可得到查询结果。

(3) 基于空值判断的 WHERE 子句

空值判断包括 NULL(空)和 NOT NULL(非空),空值通常表示未知、不可用或者以后添加数据,它不同于零或者空格,在创建表时,系统允许用户根据需要设置"允许空"。

【例 5-10】 从教师表中查询家庭住址为空的教师信息。

具体操作步骤如下。

① 启动 SQL Server Management Studio 管理平台,新建查询。

② 在 SQL 脚本编辑区,输入如下代码。

```
USE 教务系统
GO
SELECT * FROM 教师 WHERE 家庭住址 IS NULL
```

③ 依次单击工具栏中的"分析"和"执行"按钮,即可得到查询结果。

4. 使用 ORDER BY 子句对结果进行排序

前面介绍的数据检索所查询出来的数据都是没有进行排序的,这不利于对数据结果的查看。通过 ORDER BY 子句可以对查询的结果进行排序,可以指定升序(ASC),也可以指定降序(DESC)。

ORDER BY 子句的语法格式如下。

```
SELECT column_list FROM table_name [WHERE search_condition] ORDER BY column_name
[ASE|DESC]
```

【例 5-11】 从成绩表中查询课程编号为 370095 的成绩信息,查询结果(成绩)降序显示。

具体操作步骤如下。

(1) 启动 SQL Server Management Studio 管理平台,新建查询。

(2) 在 SQL 脚本编辑区,输入如下程序代码。

```
USE 教务系统
GO
SELECT * FROM 成绩  WHERE 课程编号='370095'   ORDER BY 成绩 DESC
```

(3) 依次单击工具栏中的"分析"和"执行"按钮,即可得到查询结果。

5.4.3 SQL Server 数据库数据管理

创建表的目的是存储数据,而表建立成功后,最需要做是进行数据管理,主要包括向表里添加数据、更新数据、删除无用数据等,管理表中的数据有两种方法:使用 SQL Server Management Studio 管理平台和 Transact-SQL 语言。

1. 使用 SQL Server Management Studio 管理平台进行数据管理

操作步骤如下。
(1) 启动 SQL Server Management Studio 管理平台。
(2) 在"对象资源管理器"窗格中选择"数据库"选项,右击需进行数据管理的表,在弹出的快捷菜单中选择"打开表"命令,进入表中数据管理窗口。
① 选中单元格,可对此单元格的数据进行修改。
② 如要删除一行数据,选定行后右击,在系统弹出的快捷菜单中选择"删除"命令。
③ 如添加数据,选择表格尾部空行,输入数据即可。注意,所有修改操作的内容都要满足原表格的约束条件。
(3) 修改完成后,单击"保存"按钮。

2. 使用 T-SQL 语言进行数据管理

(1) 插入数据(INSERT INTO 语句)
INSERT INTO 语句的语法格式如下。

```
INSERT [INTO] table_name    [column_list]
           VALUES(values_list)
```

【例 5-12】 向学生表中插入两行数据,具体数据如下。
① 学号:100000206;姓名:范冰冰;性别:女;出生日期:1992-3-6;班级编号:jw1001;联系方式:13584982976;家庭住址:江苏南京。
② 学号:100000306;姓名:小沈阳;性别:男;出生日期:1982-4-7;班级编号:jy1001;联系方式:13984983478;家庭住址:江苏无锡。

具体操作步骤如下。
① 启动 SQL Server Management Studio 管理平台,新建查询。
② 在 SQL 脚本编辑区,输入如下代码。

```
USE 教务系统
GO
INSERT INTO 学生(学号,姓名,性别,出生日期,班级编号,联系方式,家庭住址)
       VALUES(100000206, '范冰冰', '女', '1992-3-6', 'jw1001', 13584982976, '江苏南京')
INSERT INTO 学生(学号,姓名,性别,出生日期,班级编号,联系方式,家庭住址)
       VALUES(100000306, '小沈阳', '男', '1982-4-7', 'jy1001', 13984983478, '江苏无锡')
```

③ 依次单击工具栏中的"分析"和"执行"按钮,即可完成向学生表中添加两行数据。

(2) 更新数据(UPDATE 语句)

UPDATE 语句的语法格式如下。

```
UPDATE  table_name
SET   column_list=expression    [WHERE  search_conditions ]
```

【例 5-13】 将教师表中工号为 gh070005 的教师,职位由"讲师"改为"副教授"。

具体操作步骤如下。

① 启动 SQL Server Management Studio 管理平台,新建查询。

② 在 SQL 脚本编辑区,输入如下代码。

```
USE   教务系统
GO
UPDATE  教师
SET   职称='副教授'  WHERE   工号='gh070005'
```

③ 依次单击工具栏中的"分析"和"执行"按钮,即可完成教师表中数据的更新。

(3) 删除数据(DELETE 语句)

DELETE 语句的语法格式如下。

```
delete [from]  table_name   where  search_conditions
```

【例 5-14】 将教师表中工号为 gh050085 的教师信息删除。

具体操作步骤如下。

(1) 启动 SQL Server Management Studio 管理平台,新建查询。

(2) 在 SQL 脚本编辑区,输入如下代码。

```
USE   教务系统
GO
DELETE  FROM  教师  WHERE  工号='gh050085'
```

(3) 依次单击工具栏中的"分析"和"执行"按钮,即可完成教师表中数据的删除。

5.5 SQL Server 数据库系统优化

5.5.1 创建视图显示学生信息

1. 视图的基本概念

视图是一个虚拟表,它是通过 SELECT 语句,从一个或多个基本表甚至其他视图中导出,使用户能查看数据库相关信息的一张"虚表"。实际上数据的物理存放位置仍然是数据库的表,这些表称作视图的基表。

视图可以使用户集中于他们感兴趣的数据上,而不考虑那些不必要的数据。这样,由于用户只能看到视图中显示的数据,而看不到基本表里的其他数据,因此也在一定程度上保证了数据的安全性。

2. 视图的特点

(1) 视图是根据条件用 SELECT 语句导出的一张虚表,其实质是一个 SQL 查询,但视图可以像真实的表一样操作。

(2) 视图不同于基本表,不占物理存储空间,存储的只是视图的定义(无数据)。

(3) 当执行视图时,数据库首先找到该视图的定义,把视图的操作转换成对基本表的等价操作。既保留了视图的方便性,又保留了基本表的完整性。

3. 创建视图

创建视图的方法有两种,一种是使用 Transact-SQL 语句来创建视图,另一种是通过 SQL Server Management Studio 来创建视图。

4. 视图的应用

(1) 显示来自基表的部分行数据(水平视图)。
(2) 显示来自基表的部分列数据(投影视图)。
(3) 将由两个以上的基表或者视图连接组成的复杂查询创建为视图(联合视图)。
(4) 将对基表的统计、汇总创建为视图(包含集合函数的视图)。
(5) 由视图产生的视图。

5. 通过 Transact-SQL 语句来创建视图

创建视图的基本语法格式如下。

```
CREATE  VIEW  view_name
  [WITH  ENCRYPTION]                /* WITH ENCRYPTION 表示对视图的定义进行加密 */
AS
  select_statement
```

【例 5-15】 使用 Transact-SQL 语句在"教务系统"数据库中创建视图"V_学生信息"。该视图只显示班级编号为 JY1001 的学生信息。

具体操作步骤如下。

① 启动 SQL Server Management Studio 管理平台,新建查询。

② 在 SQL 脚本编辑区,输入如下代码。

```
USE   教务系统
GO
CREATE  VIEW  V_学生信息
AS
    SELECT  *
    FROM  学生
    WHERE  班级编号='jy1001'
```

③ 依次单击工具栏中的"分析"和"执行"按钮,即可完成操作。

6. 通过 SQL Server Management Studio 来创建视图

【例 5-16】 使用 SQL Server Management Studio 在"教务系统"数据库中创建视图"V_

课程学分"。该视图只显示课程名称和学分两列。

具体操作步骤如下。

① 在"对象资源管理器"窗格中选择"视图"节点,右击选择"新建视图"命令,如图 5-32 所示。

② 在弹出的"添加表"对话框(见图 5-33)中,选择"开设课程"表,单击"添加"按钮,然后关闭该对话框,此时关系图窗格中会出现添加的"开设课程"表。

图 5-32 新建视图

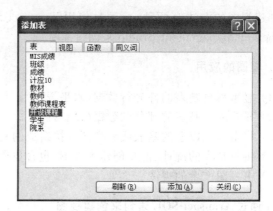

图 5-33 添加基本表

③ 在关系图窗格中选择"课程名称"和"学分"两个复选框,此时在条件窗格中会自动列出要显示的两个列。同时,在 SQL 窗格中会自动编写 SQL 查询语句。

④ 执行该语句以后,在结果窗格中会显示查询的结果,如图 5-34 所示。

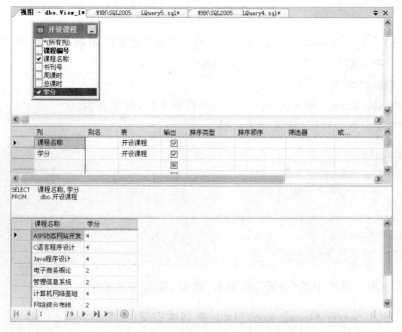

图 5-34 关系图、条件、SQL 以及结果窗格

⑤ 将新建的视图保存为"V_课程信息",刷新对象资源管理器中的"视图"节点,可发现"dbo.V_课程信息"视图已经创建成功,如图5-35所示。

⑥ 在该视图上右击,选择"打开视图"命令,则右侧结果窗格中会显示视图的返回结果。

5.5.2 创建存储过程显示指定学生的课程和成绩

1. 存储过程的定义

存储过程是一系列预先编辑好的、能实现特定数据操作功能的 SQL 代码集。用户可以像使用函数一样重复调用这些存储过程,实现它所定义的操作。

存储过程是一种把重复的任务操作封装起来的方法,支持用户提供参数,可以返回、修改值,允许多个用户使用相同的代码,完成相同的数据操作。

2. 存储过程的分类

图 5-35 视图保存成功

(1) 系统存储过程:它是安装 SQL Server 时由系统创建的存储过程,前缀为 SP_。

(2) 扩展存储过程:它是对动态链接库(DLL)函数的调用,其前缀为 xp_。它允许用户使用 DLL 访问 SQL Server,用户可以使用编程语言(诸如 C 或 C++ 等)创建自己的扩展过程。

(3) 用户定义的存储过程:由用户为完成某一特定功能而编写的存储过程。

3. 存储过程的优点

(1) 提供处理复杂任务的能力:存储过程提供了许多标准 SQL 语言所没有的高级特性,它能够使用非常复杂的 SQL 语句处理复杂任务。

(2) 增强代码的重用性和共享性:每一个存储过程都是一个模块,可以在系统中重复地调用,也可以被多个有访问权限的用户访问,提高开发的质量和效率。

(3) 减少网络数据流量:用户调用存储过程时,只触发执行存储过程的命令和返回运行结果在服务器和客户端在网络中的传输。而数据库中处理的大量数据不需要传输。

(4) 加快系统运行的速度:第一次执行存储过程会在缓冲区中创建查询树,第二次执行时就不用进行编译了,从而加速系统运行的速度。

(5) 加强系统安全性:SQL Server 可以不授予用户某些表、视图等的访问权限,但授予用户执行存储过程的权限,从而保证了表中数据的安全。

4. 创建存储过程

创建视图的方法有两种:一种是使用 T-SQL 语句来创建存储过程,另一种是通过 SQL

Server Management Studio 来创建存储过程。

（1）通过 Transact-SQL 语句来创建存储过程

创建存储过程的基本语法格式如下。

```
CREATE   PROCEDURE   [OWNER.]procedure_name
    [({@parameter data_type} [VARYING] [=DEFAULT] [OUTPUT])][ ,...n ]
AS
    sql_statement [...n]
```

说明：@parameter 为存储过程的输入或输出参数，必须以符号@开始；data_type 表示参数的数据类型；DEFAULT 为参数缺省值；OUTPUT 表示输出参数。

【例 5-17】 在教务系统数据库中创建一个带输入参数的存储过程"P_学生成绩"，并在执行该存储过程时，输入指定的学生姓名"王璐"，显示王璐的所学课程和成绩。

具体操作步骤如下。

① 启动 SQL Server Management Studio 管理平台，新建查询。

② 在 SQL 脚本编辑区，输入如下代码。

```
USE 教务系统
GO
CREATE PROC P_学生成绩
   @studentname   varchar(8)                              /*输入参数*/
AS
SELECT a.姓名,b.课程名称,c.成绩
FROM 学生 a,开设课程 b,成绩 c
WHERE    a.学号=c.学号   AND
         b.课程编号=c.课程编号    AND
         a.姓名=@studentname
```

③ 执行以上脚本程序，就成功地在教务系统数据库中创建了存储过程"P_学生成绩"。

④ 执行存储过程。

```
USE 教务系统
GO
EXEC   P_学生成绩   '王璐'
```

执行该存储过程，可以查询指定学生"王璐"的课程和成绩；存储过程"P_学生成绩"将一直存储在教务系统数据库中，并可以被不限次数地执行。

（2）通过 SQL Server Management Studio 来创建存储过程

【例 5-18】 使用 SQL Server Management Studio 新建存储过程。

具体操作步骤如下。

① 在"对象资源管理器"窗格中选择"教务系统"数据库。

② 选择"可编程"选项，再选择"存储过程"选项，可以见到名为"P_学生成绩"的存储过程。

③ 右击"P_学生成绩"存储过程，在弹出的下拉菜单中选择"新建存储过程"命令，按提示完成设置，即可新建存储过程。

5.5.3 创建触发器自动更新学生人数

1. 触发器的概念和作用

触发器(Trigger)是一种特殊类型的存储过程,一般的存储过程可通过存储过程名称被直接调用,而触发器主要是通过事件进行触发而被执行。

触发器在对表或视图执行 UPDATE、INSERT 或 DELETE 语句时自动触发执行,以防止对数据进行不正确、未授权或不一致的修改。触发器主要用于保护表中的数据,实现数据的完整性,尤其是参照完整性,就像外键一样。触发器也可以用于 SQL Server 约束、默认值和规则的完整性检查,还可以完成难以用普通约束实现的复杂功能。

2. 触发器的分类

对表中数据的操作有 3 种基本类型:数据插入、修改、删除,因此,触发器也有 3 种类型:insert、update、delete。

当向触发器表中插入数据时,如果该触发器表有 insert 类型的触发器,insert 触发器就被触发执行。同样的道理,update 触发器会被数据更新事件触发、delete 触发器会被数据删除事件触发。

3. 触发器的工作原理

根据对触发器表操作类型的不同,SQL Server 为执行的触发器创建一个或两个专用的临时表:inserted 表或者 deleted 表。注意,inserted 表和 deleted 表的结构总是与被该触发器作用的表的结构相同,由系统来维护,不允许用户直接对它们进行修改。触发器工作完成后,与该触发器相关的这两个表也会被删除。

(1) insert 触发器的工作原理

当一个记录插入表中时,insert 触发器自动触发执行,创建一个 inserted 表,将新的记录增加到该触发器表和 inserted 表中。然后,触发器可以检查 inserted 表,以确定该触发器里的操作是否应该执行和如何执行。

(2) delete 触发器的工作原理

当从表中删除一条记录时,delete 触发器自动触发执行,创建一个 deleted 表,用于保存已经从表中删除的记录。应该注意,当被删除的记录放在 deleted 表中时,该记录就不会存在于数据库的表中了。因此,deleted 表和数据库表之间没有共同的记录。

(3) update 触发器的工作原理

进行数据更新相当于删除一条旧记录(delete)并插入一条新记录(insert)。当在某一个触发器表上面修改一条记录时,update 触发器自动触发执行,同时创建一个 deleted 表和一个 inserted 表,表中原来的记录移动到 deleted 表中,修改过的记录插入 inserted 表中。触发器可以检查 inserted 表、deleted 表以及被修改的表,以确定是否修改了数据行和应该如何执行触发器的操作。

4. 创建触发器

创建触发器的基本语法格式如下。

```
CREATE TRIGGER  trigger_name
ON  table_name  FOR {[INSERT] [,] [UPDATE] [,] [DELETE]}
AS
    sql_statement
```

【例 5-19】 当某个班级增加一名学生，即向"学生"表中插入一行数据时，需要更改该学生所在班级的记录，以增加该班级的学生人数。因此，要求为"学生"表建立 insert 触发器 "TR_学生人数_Insert"，以实现自动更新"班级"表中的"学生人数"。

具体操作步骤如下。

① 启动 SQL Server Management Studio 管理平台，新建查询。

② 在 SQL 脚本编辑区，输入如下代码。

```
USE 教务系统
GO
/*如果存在同名的触发器，则删除之*/
IF EXISTS(SELECT  name  FROM  sysobjects
          WHERE  type='tr'  AND  name='tr_学生人数_insert')
DROP TRIGGER  TR_学生人数_Insert
GO
CREATE TRIGGER  TR_学生人数_Insert  ON  学生  FOR  INSERT
  AS
  DECLARE  @NumOfStudent  tinyint
  SELECT @NumOfStudent=学生人数
  FROM 班级
  WHERE 班级编号=(SELECT  班级编号  FROM  inserted )
/* inserted 表中只有新增学生的数据 */
/* @NumOfStudent 为新增学生所在班级的人数 */
IF (@NumOfStudent>0)
BEGIN
  UPDATE  班级  SET 学生人数=学生人数+1
  WHERE 班级编号=(SELECT  班级编号  FROM  inserted)
END
ELSE                /*如果原来班级表中该班学生数为0，则现在重新计算*/
BEGIN
  UPDATE  班级  SET 学生人数=(SELECT  count(s.学号)
    FROM 学生 s, inserted i
    WHERE s.班级编号=i.班级编号)
/*重新计算新增学生所在班级的学生个数*/
    WHERE 班级编号=(SELECT  班级编号  FROM  inserted)
END
```

③ 依次单击工具栏中的"分析"和"执行"按钮，就成功地在教务系统数据库的"学生"表上创建了触发器"TR_学生人数_Insert"。

5.6 本章小结

数据库是用于存储结构化数据，以便高效访问和修改数据的软件系统。数据库中的数据通过表的方式实现结构化，表通过列来描述，列有名称和类型；除列外，数据库中还包含行,表的各行构成了表的数据。本章主要内容总结如下。

(1) 使用 Access 2010 管理数据库:创建 Access 数据库、创建 Access 数据表、表的设计。

(2) 使用 SQL Server 2005 管理数据库:安装 SQL Server 2005、创建数据库、创建数据表、数据备份与还原。

(3) SQL 语言基础:SQL 简介、SQL Server 数据库数据检索、SQL Server 数据库数据更新。

(4) SQL Server 数据库系统优化:创建视图、创建存储过程、创建触发器。

5.7 本章习题

1. SQL Server 2005 是基于哪种模型的数据库系统?
2. 试独立完成 SQL Server 2005 开发版的安装与配置。
3. 分别使用 SQL Server Management Studio 管理平台和 T-SQL 语句创建一个数据库。
4. 修改表中数据的 SQL 语句分别是什么(如何添加、更新、删除)?
5. 什么是数据库备份? 在 SQL Server 2005 中备份分为哪几种类型?
6. 什么是视图? 视图主要在什么情况下应用?
7. 什么是存储过程? 使用存储过程有什么好处?
8. 为教务系统数据库的"教师"表建立添加和删除触发器,实现"院系"表中教师人数的自动更新。注意:正在任课的教师数据不能删除。

第6章 Web 窗体的数据控件

在学习了数据库的相关知识后，从本章开始学习 ASP.NET 中的数据处理。简单地说，在 ASP.NET 中数据处理包括数据源控件和数据控件，数据源控件可以使用不同类型的数据源，数据控件可以通过 DataSourceID 属性与一个数据源控件进行关联。ASP.NET 中提供了很多数据控件，用于 Web 页中数据处理，如分页、编辑、删除等，开发人员只需简单配置一些属性，就能够在编写少量代码或无需代码的情况下，快速、正确地完成任务。本章将详细介绍各控件的基本用法和特点，并通过一系列实例详细介绍如何使用这些控件对数据进行更新、删除等操作。

6.1 场景导入

利用 ASP.NET 中的数据源控件、数据控件浏览数据库"硅湖.mdb"中"院校联谊"表中的数据，并应用数据控件模板实现对表中数据的更新和删除。实验结果如图 6-1 所示。

图 6-1 硅湖职业技术学院联谊院校网站结果

6.2 数据源控件

6.2.1 数据源控件简介

ASP.NET 包含大量的 Web 控件，在前几章已经介绍了不少控件，本章将介绍用于访问数据库的控件。这类控件被称为数据控件，位于 Visual Studio 2008 平台工具箱中的"数据"选项卡中，如图 6-2 所示。

数据控件包括数据源控件和数据（绑定）控件两类。"数据源控件"（DataSource Control）以×××DataSource 形式命名。在数据源控件中隐含了大量常用的数据库操作基层代码，使数据源控件配合数据绑定控件（如 GridView、Datalist 等），可以方便地实现对数据库的常规操作，而且不需要编写任何代码，在程序运行时，数据控件是不会被显示到屏幕上的，但它却能在后台完成许多重要的工作。

数据源控件的类型主要有以下几种。

图 6-2 数据控件

1. AccessDataSource

AccessDataSource 数据源控件专门为连接 Microsoft Access 数据库而设计，只能连接以.mdb 为后缀的 Access 数据库，并且只能访问放置在 App_Data 文件夹下的 Access 数据库。

2. SqlDataSource

SqlDataSource 数据源控件专门为连接 Microsoft SQL Server 数据库而设计，但其可以连接任意 ADO.NET 数据提供程序的数据源，使用它可以建立与 Access、Oracle、ODBC、OLEDB 等数据库的连接。

3. ObjectDataSource

当应用系统较复杂，需要使用三层分布式架构时，可以将中间层的逻辑功能封装到这个空间中，以便在应用程序中共享，通过 ObjectDataSource 控件可以连接和处理数据库、数据集、DataReader 或其他任意对象。

4. XmlDataSource

XML 文件通常用来描述层次型数据，XmlDataSource 数据源控件可以将一个 XML 文件绑定到一个用于显示层次结构的 TreeView 控件上，使用户方便、明了地访问 XML 文件中的数据。

5. LinqDataSource

LinqDataSource 支持通过标记文本在 ASP.NET 网页中使用语言集成查询（LINQ），

便于从数据对象中检索和修改数据。

6. SiteMapDataSource

SiteMapDataSource 提供了一个数据源控件,Web 服务器及其控件可使用该控件绑定到分层的站点地图数据。

说明:

(1) 本章重点介绍 AccessDataSource、SqlDataSource 两种数据源控件。

(2) 一般情况下,把 Access 数据库放置在 App_Data 文件夹下,该文件夹中存放的文件无法直接通过 URL 访问,较好地保障了存放有敏感数据的数据库文件的安全性。

(3) 如果连接 SQL Server 数据库,需要用 SqlDateSource 控件设置数据源。

(4) Access 2003 数据库扩展名为 *.mdb,使用 AccessDataSource1 数据源控件进行连接,Access 2007 和 Access 2010 数据库的扩展名为 *.accdb,不能利用 AccessDataSource1 数据源控件进行连接,只能用 SqlDateSource 数据源控件进行连接。

6.2.2 AccessDataSource 数据源控件

AccessDataSource 数据源控件连接 Access 数据库的详细步骤如下。

1. 添加 AccessDataSource 数据源控件

新建 Web 窗体,双击工具箱中"数据"选项卡中的 AccessDataSource 控件图标,将 AccessDataSource 数据源控件添加到 Web 窗体上,数据源控件在程序运行时即客户端浏览页面时是不可见的,所以可放置在页面的任何位置。

2. 配置数据源

(1) 单击 AccessDataSource 任务栏中的"配置数据源"链接,在弹出的"配置数据源"对话框中选择"教务系统.mdb"数据库,如图 6-3 所示。

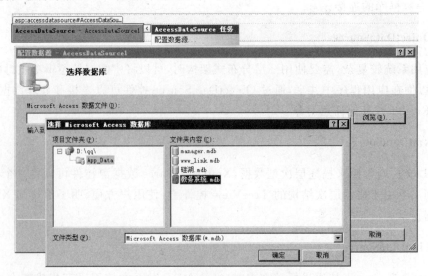

图 6-3 配置数据库-选择数据库

（2）单击"确定"按钮，进入"配置数据源"第二步"配置 Select 语句"，设置"希望如何从数据库中检索数据"中的具体选项，本例选择"指定来自表或视图的列"选项，在"名称"中选择"学生"，在"列"中选中"＊"，即选定学生表中所有列，如图 6-4 所示。

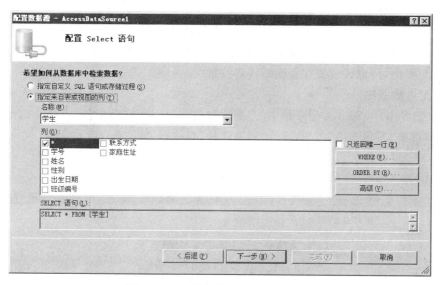

图 6-4　配置数据库-配置 Select 语句

（3）单击"下一步"按钮，打开"测试查询"对话框，单击"测试查询"按钮，查看查询的结果，如图 6-5 所示，单击"完成"按钮，即实现了 AccessDataSource 数据源控件连接 Access 数据。

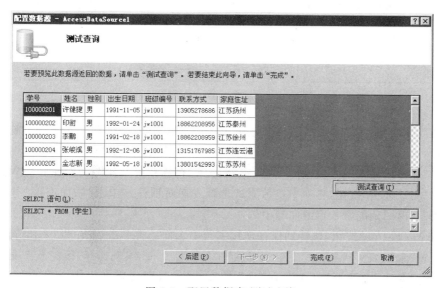

图 6-5　配置数据库-测试查询

6.2.3　SqlDataSource 数据源控件

SqlDataSource 数据源控件可以建立与 Access、Oracle、ODBC、OLEDB 等数据库的

连接。

1. SqlDataSource 控件连接 SQL Server 数据库

（1）添加 SqlDataSource 数据源控件

新建 Web 窗体，双击工具箱中"数据"选项卡中的 SqlDataSource 控件图标，将 SqlDataSource 数据源控件添加到 Web 窗体上，数据源控件在程序运行时即客户端浏览页面时是不可见的，所以可放置在页面的任何位置。

（2）配置数据源

① 单击 SqlDataSource 任务栏中的"配置数据源"链接，在弹出的"选择您的数据连接"对话框中，单击"新建连接"按钮，打开"添加连接"对话框，如图 6-6 所示。

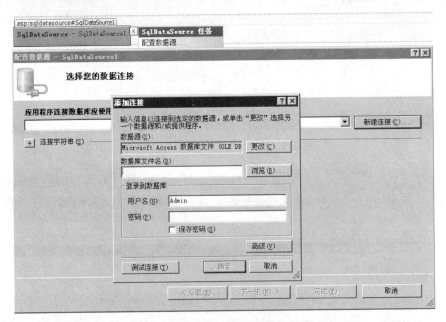

图 6-6　配置数据库-选择数据连接

② 在"添加连接"对话框中，单击"更改"按钮，选择 Microsoft SQL Server。输入服务器名，本例为 S35U4EGXCE09KNW。选择登录验证模式，本例选择"使用 Windows 身份验证"选项。选择或输入一个数据库名称，本例选择"教务系统"，如图 6-7 所示。单击对话框左下角的"测试连接"按钮，将弹出提示测试是否成功对话框。单击"添加连接"对话框中的"确定"按钮，返回到配置数据源向导中。

③ 单击"下一步"按钮，跳转到保存连接字符串页面。再单击"下一步"按钮，配置 Select 语句。设置"希望如何从数据库中检索数据"中的具体选项，本例选择"指定来自表或视图的列"选项，在"名称"中选择"学生"，在"列"中选中"＊"，即选定学生表中所有列，如图 6-8 所示。

④ 单击"下一步"按钮，打开"测试查询"对话框，单击"测试查询"按钮，查看查询的结果，如图 6-9 所示。单击"完成"按钮，即实现了 SqlDataSource 数据源控件连接 Microsoft SQL Server 数据库。

第 6 章 Web 窗体的数据控件

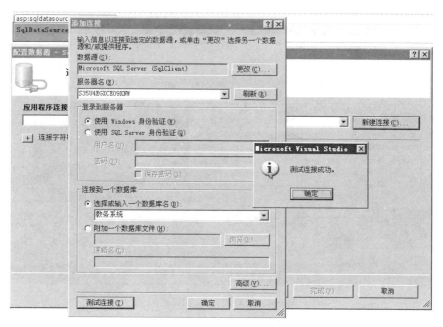

图 6-7 配置数据库-添加连接

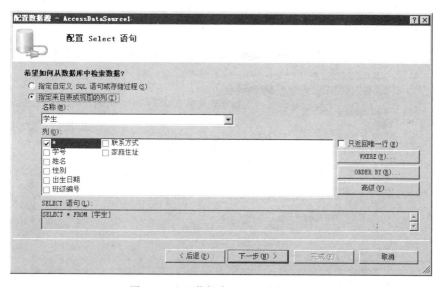

图 6-8 配置数据库-配置 Select 语句

2. SqlDataSource 控件连接 Access 数据库

（1）添加 SqlDataSource 数据源控件

操作过程与 SqlDataSourse 控件连接 SQL Server 数据库步骤相同。

（2）配置数据源

① 单击 SqlDataSource 任务栏中的"配置数据源"链接，在弹出的"选择您的数据连接"对话框中，单击"新建连接"按钮，打开"添加连接"对话框。

② 更改数据源，选择"Microsoft Access 数据库文件"。选择数据库文件名，单击"浏览"按钮，打开"选择"对话框，选择 App_Data 文件夹中的"教务系统.mdb"（此处可看到

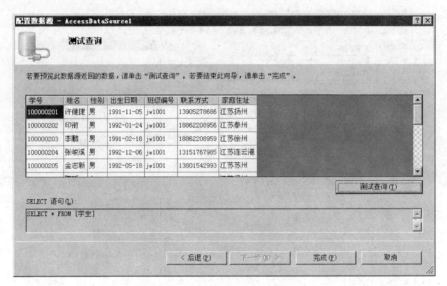

图 6-9　配置数据库-测试查询

.accdb 的数据库文件）。添加好数据库文件后，单击对话框左下角的"测试连接"按钮，将弹出提示测试是否成功的对话框，如图 6-10 所示。单击"添加连接"对话框中的"确定"按钮，返回到配置数据源向导中。

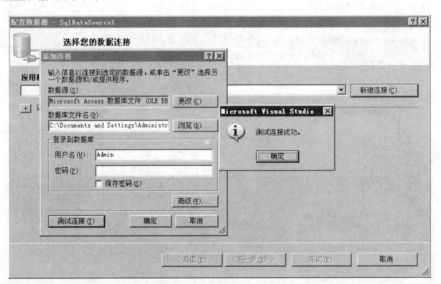

图 6-10　配置数据库-添加连接

③ 单击"下一步"按钮，跳转到保存连接字符串页面，再单击"下一步"按钮，配置 Select 语句。设置"希望如何从数据库中检索数据"中的具体选项，本例选择"指定来自表或视图的列"选项，在"名称"中选择"学生"，在"列"中勾选"*"，即选定学生表中所有列。

④ 单击"下一步"按钮，打开"测试查询"对话框，单击"测试查询"按钮，查看查询的结果，单击"完成"按钮，即实现了 SqlDataSource 数据源控件连接 Access 数据库。

3. 筛选 SqlDataSource 控件的数据（配置 Select 语句）

在实际应用中，查询数据库中的数据并不需要表中的所有数据，只需要它的一个子集。要筛选 SqlDataSource 控件的数据，首先回到"配置 Select 语句"界面，如图 6-8 所示。单击界面右边的 WHERE 按钮，将弹出"添加 WHERE 子句"对话框，如图 6-11 所示。

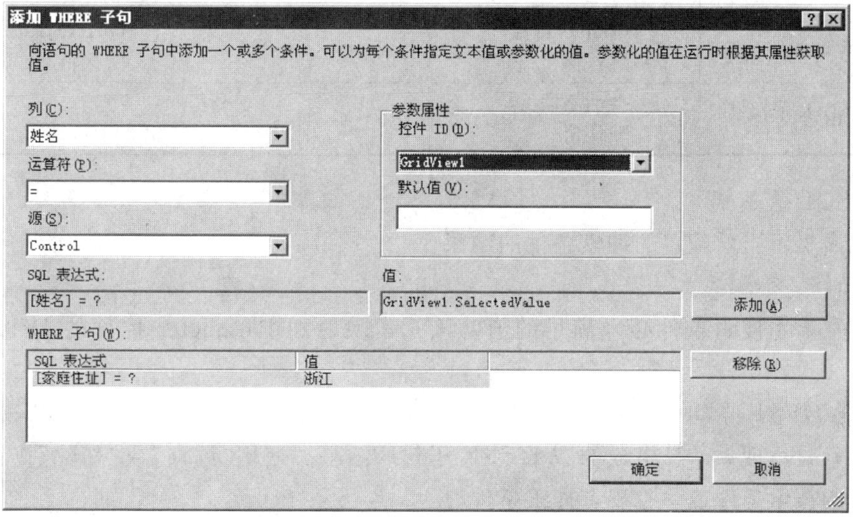

图 6-11 "添加 WHERE 子句"对话框

使用"添加 WHERE 子句"对话框可以指定限制返回的行的搜索条件，进一步定义了 SQL 数据源的 SELECT 语句。可以向 WHERE 子句添加一个或多个搜索条件，对于每个搜索条件，都可以指定一个文本值或参数化值。参数化值允许绑定到应用程序变量、用户标识和选择以及其他数据。

(1) 列

此元素指定要在 WHERE 子句搜索条件中使用的数据列。从下拉列表中选择的值将成为搜索条件左侧的内容。

(2) 运算符

此元素指定要在 WHERE 子句搜索条件中使用的运算符。可选择的运算符取决于数据列定义。对于定义为整数的数据列，可选择等于(=)、小于(<)、大于(>)、小于等于(<=)、大于等于(>=)或不等于(<>)。对于允许 NULL 值的数据列，还可选择 IS NULL 和 IS NOT NULL。对于定义为字符数据类型的数据列，可选择 LIKE 或 NOT LIKE。

(3) 源

此元素指定要在 WHERE 子句搜索条件中使用的源。选择的源将成为搜索条件右侧的内容。可选择"无""控件"、Cookie、"窗体""配置文件"、QueryString 或"会话"。选择"无"表示将在搜索条件中使用文本值。在这种情况下，"参数属性"元素将只显示一个"值"字段。选择任何其他"源"值表示将在搜索条件中使用参数化值。在这种情况下，"参数属性"元素将显示两个字段。"参数属性"元素中显示的内容取决于所选择的"源"，其对应关系如表 6-1 所示。

表 6-1 "源"与对应的参数属性

源	参 数 属 性	源	参 数 属 性
无	值	Form(窗体)	窗体字段 默认值
Control(控件)	控件 ID 默认值	Profile(配置文件)	配置文件名称 默认值
Cookie	Cookie 名称 默认值	QueryString	QueryString 字段 默认值
Session(会话)	会话字段 默认值		

(4) SQL 表达式

此元素显示当前配置的搜索条件的结果。

(5) 值

此元素显示搜索条件必须满足的值。该元素映射到 Parameter 控件的 DefaultValue 属性。

(6) WHERE 子句

此元素显示搜索条件组成的 WHERE 子句的结果。使用"添加"或"移除"按钮可以分别添加新的搜索条件或移除现有搜索条件。

(7) 添加

单击"添加"按钮可向 WHERE 子句添加已配置的搜索条件。仅当完全指定搜索条件,才会启用"添加"按钮。

(8) 移除

单击"移除"按钮可移除 WHERE 子句元素中选择的搜索条件。仅当 WHERE 子句至少包含一个搜索条件时,才会启用"移除"按钮。

【例 6-1】 利用 SqlDataSource 数据源控件,筛选"教学系统.mdb"数据库里"学生"表中女生的信息。

具体操作步骤如下。

① 添加 SqlDataSource 数据源控件,完成配置后,打开"添加 WHERE 子句"对话框,如图 6-11 所示。

② 从"列"中选择"性别"、从"运算符"中选择"=",从"源"中选择 None、在"值"中输入"女",如图 6-12 所示。

③ 单击"添加"按钮,将筛选表达式添加到 WHERE 子句中,单击"确定"按钮,完成添加 WHERE 子句,测试查询结果如图 6-13 所示。

4. 将数据源控件绑定到 Web 控件上

在标准控件中,所有带列表(List)的控件添加列表项的方法都有两种:一种是通过"编辑项"逐个输入到列表项;另一种是通过"选择数据源"绑定数据库的方法指定列表项。常用的列表控件有 DropDownList、CheckBoxList、RadioButtonList、ListBox 等,下面举例通过第二种方法将数据源控件绑定到 Web 控件上。

【例 6-2】 将例 6-1 中配置的 SqlDataSource 数据源控件"姓名"绑定到 DropDownList 控

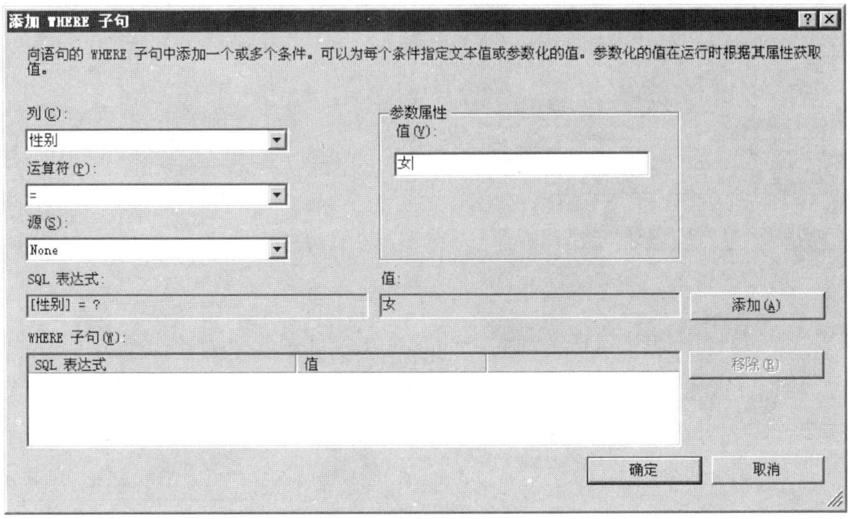

图 6-12 "添加 WHERE 子句"配置案例

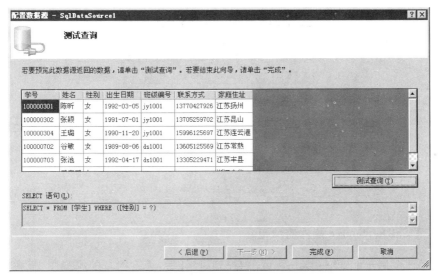

图 6-13 筛选 SqlDataSource 控件的数据案例结果

件上。

具体操作步骤如下。

① 在例 6-1 中配置的 Web 窗体上,添加 DropDownList 控件,单击 DropDownList 任务智能标签中的"选择数据源"命令,如图 6-14 所示。

② 进入"数据源配置向导"对话框,设置"选择数据源"为 SqlDataSource1、"选择要在 DropDownList 中显示的数据字段"为"姓名"、"为 DropDownList 的值选择数据字段"为"姓名",如图 6-15 所示。

图 6-14 DropDownList 控件任务智能标签

③ 单击"确定"按钮,执行程序,在浏览器中显示的信息,如图 6-16 所示。

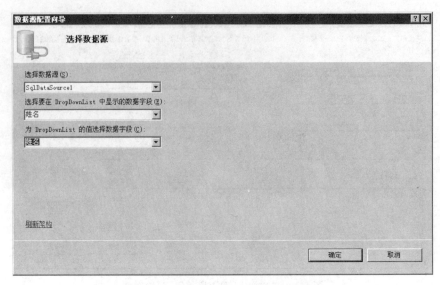

图 6-15　为 DropDownList 控件选择数据源

图 6-16　绑定数据源的 DropDownList 运行页面

5．查看 SqlDataSource 控件的标记

完成前两个例子配置 SqlDataSource 数据源控件后，进入网页的源视图，查看该控件生成的标记，代码如下。

```
<asp:SqlDataSource ID="SqlDataSource1" runat="server"
    ConnectionString="<%$ConnectionStrings:教务系统 ConnectionString %>"
    ProviderName="<%$ConnectionStrings:教务系统 ConnectionString.ProviderName %>"
    SelectCommand="SELECT * FROM [学生] WHERE([性别]=?)">
    <SelectParameters>
        <asp:Parameter DefaultValue="女" Name="性别" Type="String" />
    </SelectParameters>
</asp:SqlDataSource>
<asp:DropDownList ID="DropDownList1" runat="server"
    DataSourceID="SqlDataSource1" DataTextField="姓名" DataValueField="姓名">
</asp:DropDownList>
```

仔细阅读上述代码，可知 SqlDataSource 控件在这里有如下三个属性值。

（1）ID：该属性唯一地标识该数据源控件，使它与网页中其他所有的Web控件匹配。

（2）ConnectionString：该属性指定用于连接到数据库的连接字符串。如果选择将连接字符串信息保存在Web应用的配置文件中，该值将为Web.config中的连接字符串设置的名称。

（3）SelectCommand：该属性指定向数据库发出的SELECT查询。注意，该属性值等同于向导中列出的SELECT命令。

6.2.4 DropDownList控件联动

在实际应用中，经常会运用多个下拉列表框的列表值联动查找相对应的信息。本例将介绍如何实现两个DropDownList联动查找数据库中的数据。

【例6-3】 利用两个DropDownList控件联动查询数据库"教务系统.mdb"中的数据：选定班级后联动显示对应班级学生的姓名。

具体操作步骤如下。

（1）设置数据库"教务系统.mdb"中表"学生""班级"的主键分别为"学号"和"班级编号"。

（2）新建Web窗体（ASP.NET页面），从"工具箱"中添加3个SqlDataSource数据源控件、2个DropDownList控件，分别为SqlDataSource1、SqlDataSource2、SqlDataSource3和DropDownList1、DropDownList2。

① DropDownList1：该下拉列表框用于选择"班级名称"信息。

② DropDownList2：当页面刚被载入时，DropDownList2下拉列表框显示所有的学生"姓名"信息。当DropDownList1选定"班级名称"后，DropDownList2联动显示对应的学生"姓名"信息。

③ SqlDataSource1：用来返回"班级"表中的所有数据。

④ SqlDataSource2：用来返回"学生"表中的所有数据。

⑤ SqlDataSource3：用来返回"学生"表中"班级名称"是DropDownList1下拉列表的选定值的数据。

注意：配置SqlDataSource3控件时，配置SELECT语句的WHERE子句的"源"选择Control，如图6-17所示。

（3）将DropDownList1控件的AutoPostBack属性值设为True；双击DropDownList1控件，为其添加SelectedIndexChanged事件，并且在该事件中编写如下代码。

```
protected void DropDownList1_SelectedIndexChanged(object sender, EventArgs e)
    {
        DropDownList2.DataSourceID="SqlDataSource3";
        DropDownList2.DataValueField="学号";
        DropDownList2.DataTextField="姓名";
    }
```

（4）完成上述设计及代码编写后，在浏览器上查看网页，即可实现2个DropDownList控件联动查询数据，效果如图6-18所示。

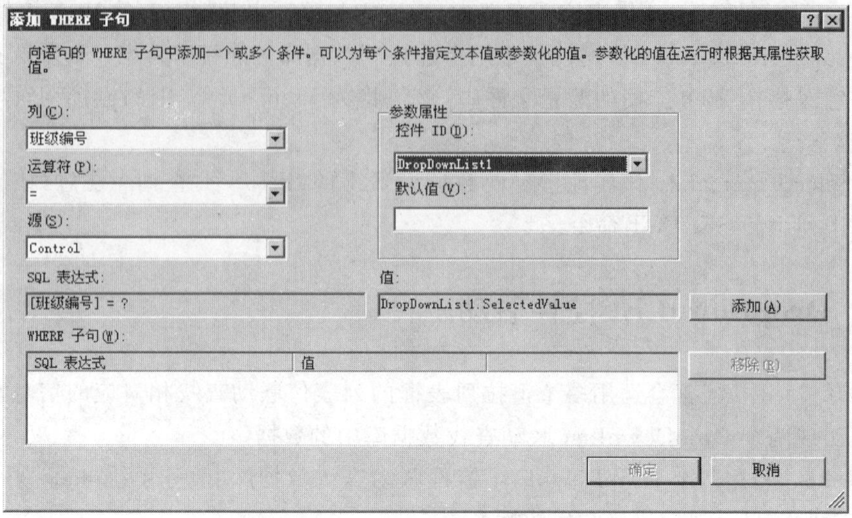

图 6-17 SqlDataSource3 控件配置图

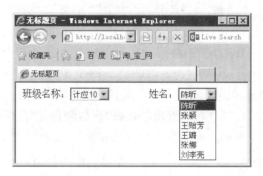

图 6-18 DropDownList 控件联动示意图

6.3 数据控件

在 ASP.NET 网页中显示数据需要使用两种类型的 Web 控件。首先需要使用数据源控件来访问数据,数据源控件是 ASP.NET 和数据库之间的桥梁,能检索到数据库中的数据;其次需要使用数据控件来显示数据源控件检索到的数据。数据控件主要有:五大传统数据控件(GridView、DetailsView、FormView、DatList、Repeater)以及 Visual Studio 2008 新增的两大数据控件(ListView、DataPaper)。

6.3.1 GridView 数据控件

GridView 控件可称为表格控件,顾名思义,其数据是以表格形式来显示的,并且该控件有自带的编辑、选择、删除、排序、分页等功能。

1. 使用 GridView 控件显示数据

(1) 添加数据源控件。本节以 SqlDataSource 数据源控件返回"硅湖.mdb"中"联谊院校"表的所有数据为例。

（2）添加 GridView 控件。双击工具箱中"数据"选项卡中的 GridView 控件图标，将 GridView 数据控件添加到 Web 窗体上。在"GridView 任务"菜单中的"选择数据源"下拉列表框中选择前面创建的数据源控件 SqlDataSource1，将数据源控件绑定到 GridView 控件，如图 6-19 所示。选择完成后，GridView 的字段结构将被更新，以显示 SqlDataSource1 返回的数据。

图 6-19　选择 GridView 控件的数据源

（3）完成上述设置后，运行程序，在浏览器中查看 ASP.NET 页面，可以看到一个网格，其中每行代表一个学生的信息，如图 6-20 所示。

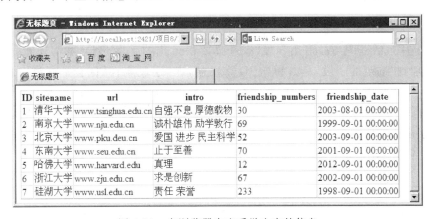

图 6-20　在浏览器中查看学生表的信息

2. 定制 GridView 控件

（1）自定义 GridView 控件的列

GridView 控件有以下 7 种字段类型。

① BoundField：数据绑定字段，默认设置是在页面上以表格的形式显示数据表的内容，一般都是以数据绑定字段实现的。

② ButtonField：按钮字段，能在页面的表格中添加一列带有下划线的列。

③ CommandField：命令字段，如编辑、删除、选择按钮。

④ CheckBoxField、CheckBox：以文本框的形式显示在页面中。

⑤ ImageField：图像字段。

⑥ HyperLinkField：超链接字段。它是将数据源字段显示为超链接形式，并且可以另外指定 URL 字段，以作为导向实际的 URL 网址。

⑦ TemplateField：模板字段。

自定义 GridView 控件的具体步骤如下。

① 编辑 GridView 的字段（列）时，需要在 GridView 智能标签中单击"编辑列"命令，弹出"字段"对话框，如图 6-21 所示。

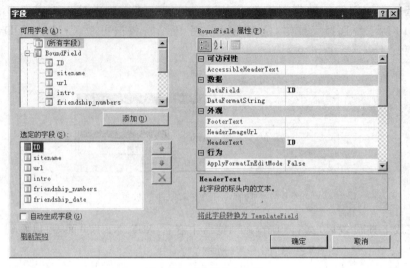

图 6-21 "字段"对话框

② 在上述对话框中，在"可用字段"区选择要格式化的字段（列），如 ID，单击"添加"按钮，将其添加到"选定的字段"区。单击 ID 字段名，在"字段属性"区会加载该字段的属性。在属性列表中找到 HeadText 属性，将其修改为"编号"。用同样的方法修改其余各字段，在浏览器中查看 ASP.NET 网页，会发现每一列的字段名都已经成为修改后的值。GridView 中的常用字段属性详见表 6-2。

说明：定制 GridView 字段后，需要将"字段"对话框中"自动生成字段"复选框取消选中。

表 6-2 GridView 中的常用字段属性

属 性	描 述	属 性	描 述
HeadText	指定显示在字段标题行的文本	HeaderStyle	指定字段标题行样式
DataField	指定该列绑定的字段名	LtemStyle	指定字段行的样式
DataFormatString	指定如何格式化该字段的值		

(2) 为 GridView 控件字段设置超链接

在"字段"对话框中，在"选定的字段"区中删除 URL 字段。添加一个 HyperLinkField 字段，并修改该字段的属性，如图 6-22 所示。

说明：

① DataTextField="url"：在该列中显示的字段为 URL。

② DataNavigate-UrlFormatString=http://{0}：设置链接到 URL 地址。

③ DataNavigateUrlFields="url"：设置链接字段，单击超链接时，会为该字段的内容替换"DataNavigateUrlFormatString=http://{0}"中的"{0}"（此处为零，否则给出具体网址）。

④ Target="_blank"，表示单击超链接的时候，会在新的浏览器窗口打开新网址。

第 6 章　Web 窗体的数据控件

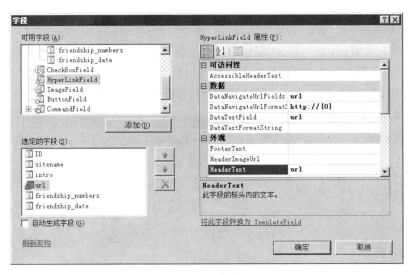

图 6-22　HyperLinkField 字段属性设置

（3）定制 GridView 控件的外观

在通常情况下，设计者都希望自己的页面美观大方，在 ASP.NET 中，GridView 控件提供了"自动套用格式"选项，可以方便地美化 GridView 的外观。

① 选中 GridView 控件，从智能标签中单击"自动套用格式"命令，弹出"自动套用格式"对话框，从该对话框中选择喜欢的样式，本例选择"薄雾中的紫丁香"，如图 6-23 所示。

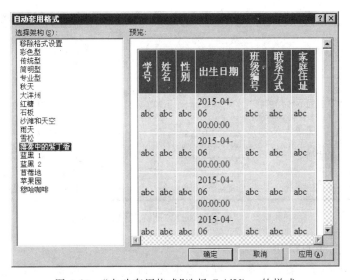

图 6-23　"自动套用格式"选择 GridView 的样式

② 当然，除了使用"自动套用格式"对话框中的样式，读者也可以自己定义控件的外观和样式设置。GridView 的外观格式化可通过属性窗口完成。

3. 使用 GridView 控件进行数据处理

该控件有自带的编辑、选择、删除等功能（无内置插入功能），通过简单的设置即可实现相应的功能，具体方法有以下两种。

(1) 编辑列的添加

在"GridView 任务"菜单中单击"编辑列"命令，打开"字段"对话框，在"可用字段"中，展开 CommandField 项目，分别单击"编辑、更新、取消""选择"和"删除"，就会发现有新的字段出现在"选定的字段"中，通过上、下箭头调整各字段之间的顺序。单击"确定"按钮，完成设置。"字段"对话框如图 6-24 所示，调试后的运行结果如图 6-25 所示。

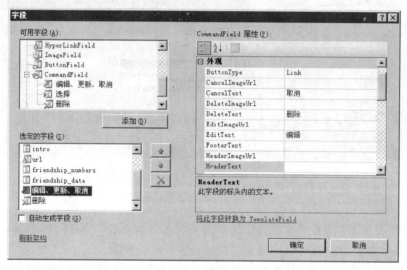

图 6-24　编辑列的添加

图 6-25　"编辑""选择""删除"字段运行效果

(2) 自动添加 SQL 语句

在"GridView 任务"菜单中单击"配置数据源"命令，打开"配置 Select 语句"对话框。单击"高级"按钮，打开"高级 SQL 生成选项"对话框。选择"生成 INSERT、UPDATE 和 DELETE 语句"选项，单击"确定"按钮完成设置，如图 6-26 所示。

完成上述任务后，"GridView 任务"菜单中就多了几个选项内容，如图 6-27 所示。选择"启用编辑"和"启用删除"选项，在 GridView 控件的所有列之前出现两个新列，分别为"编辑"和"删除"。如果想调整编辑、删除列的位置，可以单击"编辑列"命令，进行列的顺序调整。

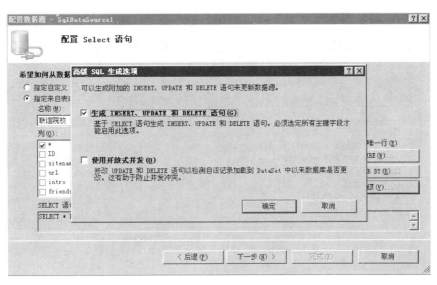

图 6-26 "高级 SQL 生成选项"对话框

4. GridView 控件的分页与排序

(1) 分页

如果数据库中有很多条记录,那么在 GridView 中显示的时候就需要实现分页功能,每一页只显示相应条数据。GridView 控件有自带的分页功能,通过简单的设置即可实现相应的功能。具体在"GridView 任务"菜单中选中"启用分页"命令,设置 GridView 控件的 PageSize 属性为 3,即实现了表中内容按 3 条记录/页进行分页,并在底部生成页面链接,单击相应的链接就会跳转到相应的页面,如图 6-28 所示。

图 6-27 "GridView 任务"菜单

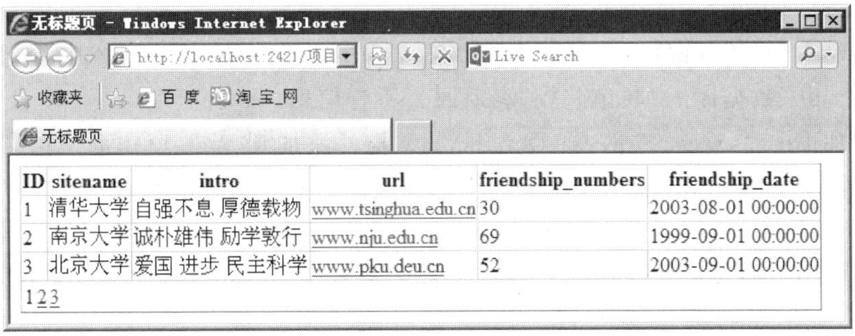

图 6-28 分页运行效果

(2) 排序

在实际应用中,有时候在查看表格时,需要表格中的字段按照用户的要求排序,这样方便用户查询。GridView 控件有自带的排序功能,通过简单的设置即可实现相应的功能。具体在"GridView 任务"菜单中选中"启用排序"命令,单击带链接的列名,就可以按此字段对表中数据进行排序,如图 6-29 所示。

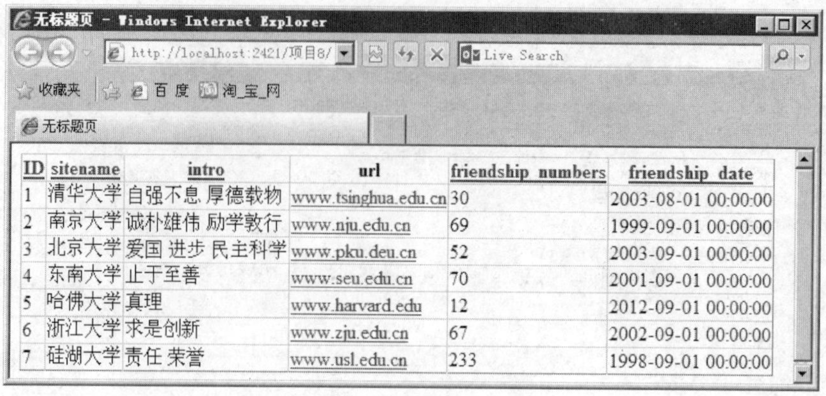

图 6-29 排序运行效果

6.3.2 DetailsView 数据控件

GridView 控件可以同时显示其数据源控件中的所有记录。但有的时候,只需要显示一条记录,DetailsView 控件就提供了这种功能。

DetailsView 控件以表格形式一次仅显示数据源的单条记录,并且表格中的每行表示记录中的一个字段。该控件同样支持数据的编辑、选择、删除功能,同时新增了插入功能,并可以轻松地设置分页功能,但是 DetailsView 控件本身不支持数据排序。

1. 使用 DatailsView 控件每次显示一条记录

其操作步骤类似于使用 GridView 控件显示数据。

【例 6-4】 使用 DatailsView 控件每次显示"硅湖.mdb"数据库"联谊院校"表的一条记录。

具体操作步骤如下。

(1) 新建一个 Web 窗体,添加一个 SqlDataSource 控件到 Web 窗体中,配置其数据源为从"硅湖.mdb"数据库的"联谊院校"表返回其所有信息。

(2) 添加 DetailsView 控件,将 DetailsView 控件添加到 Web 窗体上。在"DetailsView 任务"菜单中的"选择数据源"下拉列表框中选择前面创建的数据源控件 SqlDataSource1,将数据源控件绑定到 DetailsView 控件,如图 6-30 所示。

(3) 完成上述设置后,运行程序,在浏览器中查看 ASP.NET 页面,只能看到一条联谊院校的信息,如图 6-31 所示。

2. DetailsView 控件的分页

在浏览器中可以看到,DetailsView 控件在默认情况下没有提供查看数据源下一条记录的机制,也就是说,使用 DetailsView 控件每次只能看到一条记录,没办法移到下一条记录。

为提供浏览其他记录的机制,可在"DetailsView 任务"菜单中选中"启用分页"复选框。这样 DetailsView 底部就添加了一个页面调度行,单击相应的页号链接就会跳转到相应的

第 6 章 Web 窗体的数据控件

图 6-30 选择 DetailsView 控件的数据源

图 6-31 在浏览器中查看每条联谊院校的信息

页面,如图 6-32 所示。

图 6-32 支持分页的 DetailsView

DetailsView 的分页界面是可定制的。在数据较多的情况下,默认的分页设置就不适合了。在设计器中单击 DetailsView 控件,加载其属性,在"分页"部分可以看到以下两个属性。

(1) AllowPage:该属性指定是否支持分页,默认值为 False,也就是不支持分页。在"DetailsView 任务"菜单中选中"启用分页"复选框,将该属性设置为 True,这时该控件就支持分页了。

(2) PageSettings:该属性包含许多定制页调度外观的子属性。例如,可设置不使用页号链接,而使用"上一页/下一页"链接。

【例 6-5】 定制例 6-4 分页界面,使用"上一页""下一页""首页""末页"链接来代替默认的页号链接。

具体操作步骤如下。

(1) 新建一个 Web 窗体,添加 SqlDataSource 控件、DetailsView 控件并完成相应的设置,在"DetailsView 任务"菜单中选中"启用分页"复选框。

(2) 在设计器中单击 DetailsView 控件,加载其属性,在"分页"部分展开 PageSettings 属性,找到 Mode 子属性,修改其值为 NextPreviousFirstLas,并将子属性 FirstPageText 的值修改为"首页"、LastPageText 的值修改为"末页"、NextPageText 的值修改为"下一页"、PreviousPageText 的值修改为"上一页",在浏览器中运行的效果如图 6-33 所示。

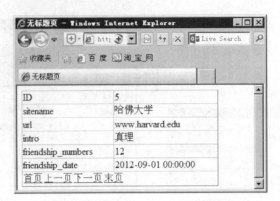

图 6-33 定制 DetailsView 分页界面

3. 定制 DetailsView 控件

DetailsView 控件定制内容包括定制 DetailsView 控件的列、定制 DetailsView 控件的外观等,设置方法类似于定制 GridView 控件。

4. 使用 DetailsView 控件进行数据处理

该控件有自带的编辑、选择、删除功能,同时新增了插入功能,通过简单的设置即可实现相应的功能,具体方法有以下两种:①编辑列的添加;②自动添加 SQL 语句。设置方法类似使用 GridView 控件进行数据处理。

说明:DetailsView 控件新增支持"插入"功能,在浏览器中运行的效果如图 6-34 所示。

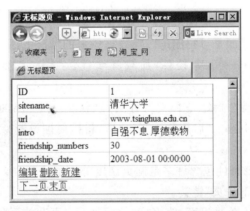

图 6-34 DetailsView 控件数据处理界面

6.4 使用其他数据控件连接数据库

在 ASP.NET 中,除了 GridView 控件、DetailsView 控件,还提供了 FormView、DatList、Repeater、ListView、DataPaper 数据控件来连接数据库。GridView 控件能以表格的形式显示数据表中的数据,DetailsView 控件以表格形式一次仅显示数据源的单条记录,而其他类型的控件则提供了更丰富的形式来显示数据,这些数据控件一般都需要为其指定数据源，还可以定义多种模板，使用方法大同小异，这里只做简单介绍，读者可参阅相关书籍加深学习掌握。

6.4.1　FormView 数据控件

与 DetailsView 控件类似，FormView 控件仅可显示数据源中的单条记录。和 DetailsView 控件不同的是，DetailsView 控件采用表格布局，记录的每个字段都各自显示为一行。而 FormView 控件没有用于显示记录的预置布局，编程者需要自己创建模板，编写各种用于显示记录中字段的控件以及布局用的其他 HTML 标签。

和 DetailsView 控件一样，FormView 控件同样支持数据的编辑、选择、删除、插入功能，并可以轻松地设置分页功能，但是 DetailsView 控件本身不支持数据排序。如果仅仅显示单条记录，FormView 控件是比较推荐的方法，因为可以在高效开发的同时自定义数据显示的格式。

1．FormView 数据控件案例分析

【例 6-6】　使用 FormView 控件每次显示"硅湖.mdb"数据库"联谊院校"表的一条记录，并实现编辑、插入、删除等功能。

具体操作步骤如下。

（1）添加数据源控件。新建页面，添加 AccessDataSource 控件，配置数据源，选中"生成 INSERT、UPDATE 和 DELETE 语句"复选框（但该控件只支持"自动添加 SQL 语句"设置数据处理，不支持"编辑列的添加"功能）。

（2）添加并设置 FormView 控件。双击工具箱中"数据"选项卡中的 FormView 控件图标，或者通过拖动的方式，将 FormView 控件添加到页面中。单击其右上角出现的智能图标，在出现的"FormView 任务"菜单中，选中前面配置好的数据源，并且设置"分页"。

（3）完成上述设置后，页面运行结果如图 6-35 所示。单击页面下面的数字链接可跳转到相应的记录页面。单击"删除"链接，将从数据库中删除当前记录。

单击"编辑"链接，可以编辑修改数据，修改完毕后单击"更新"链接保存结果，单击"取消"链接放弃修改，修改数据界面如图 6-36 所示。

图 6-35　浏览数据界面

图 6-36　修改数据界面

单击"新建"链接,可输入新记录的各个字段,单击"插入"链接,将数据保存到数据库中,单击"取消"链接,返回浏览页面,插入数据界面如图 6-37 所示。

2. 设置 FormView 数据控件模板

如果 FormView 控件的默认样式不适合用户的需求,需要修改其样式。在 Web 窗体中选中 FormView 控件,可单击"FormView 任务"菜单中的"编辑模板"命令。在弹出的模板设计器里通过"显示"下拉列表框分别对 ItemTemplate(显示模板)、EditItemTemplate(编辑模板)、InsertItemTemplate(插入模板)进行修改。

为了使页面整齐美观,可以在模板中添加一个 HTML 表格,用于页面定位,此外,页面中所有字段都可以修改中英文显示方式、定制其外观显示(如背景、颜色等)。FormView 的模板设计器如图 6-38 所示。

图 6-37　添加数据界面

图 6-38　FormView 控件模板设计器界面

6.4.2　DataList 数据控件

DataList 控件也被称为"遍历控件"。该控件能够以某种设定好的模板格式循环显示多条数据,这种模板格式需要自己定义。GridView 控件虽然功能强大,但它只能以表格的形式显示数据,而 DataList 控件则灵活性更强,其本身就是富有弹性的控件。DataList 控件可以使用不同的布局来呈现数据,但本身不能使用数据源控件的数据修改功能,也不支持数据分页功能,编程者需要自己编写代码来实现。

1. 使用 DataList 控件显示数据

【例 6-7】 使用 DataList 控件分 3 列显示"硅湖.mdb"数据库"联谊院校"表中的所有记录。

具体操作步骤如下。

(1) 添加数据源控件。新建一个 Web 窗体,添加一个 SqlDataSource 控件到 Web 窗体中,配置其数据源为从"硅湖.mdb"数据库的"联谊院校"表返回其所有信息。

(2) 添加并设置 FormView 控件。在设计视图中,双击工具箱中"数据"选项卡中的 DataList 控件图标,向 Web 页面中添加一个 DataList 控件。单击其右上角的智能标记,在弹出的"DataList 任务"菜单中选择数据源为前面的 AccessDataSource 数据源 AccessDataSource1。

(3) 设置 RepeatColumns 属性为 3,完成上述设置后,页面运行结果如图 6-39 所示。

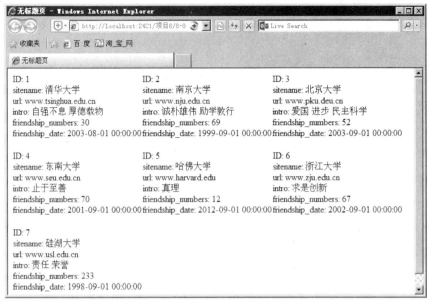

图 6-39 使用 DataList 控件显示数据运行页面

2. 设置 DataList 数据控件模板

单击"DataList 任务"菜单中的"编辑模板"命令,分别为七种模板设置相应的样式和内容。DataList 控件的模板列包含以下七种。

① ItemTemplate:定义列表中项目的内容和布局,该项必选。

② AlternatingItemTemplate:定义该模板后,奇数行会显示 ItemTemplate,偶数行会显示 AlternatingItemTemplate,交替显示内容与布局。

③ SeparatorTemplate:如果定义该模板,则在各个项目之间呈现分隔符。

④ SelectedItemTemlpate:该模板用于显示控件对象中处于选中模式中的项。

⑤ EditItemTemplate:该模板用于显示控件对象中处于编辑模式中的项。

⑥ HeaderTemplate:获取或设置用于显示控件对象的标头部分的模板。如果定义了该模板,则确定了列表的标题内容和布局(页眉)。

⑦ FooterTemplate:获取或设置用于显示控件对象的脚注部分的模板。如果定义了该模板,则确定了列表脚注的内容和布局(页脚)。

【例 6-8】 为例 6-7 设置 AlternatingItemTemplate 模板,字体为斜体,背景为蓝色。

具体操作步骤如下。

(1) 添加数据源控件、FormView 控件并完成相关设计,详见例 6-7。

(2) 在 Web 窗体中选中 DataList 控件,可单击"DataList 任务"菜单中的"编辑模板"命令,在弹出的模板设计器里通过"显示"下拉列表框选择 ItemTemplate,如图 6-40 所示。

(3) 复制该模板中的所有内容,切换模板至 AlternatingItemTemplate 并粘贴刚刚复制的内容,完成字体为斜体、背景为蓝色的设置,如图 6-41 所示。

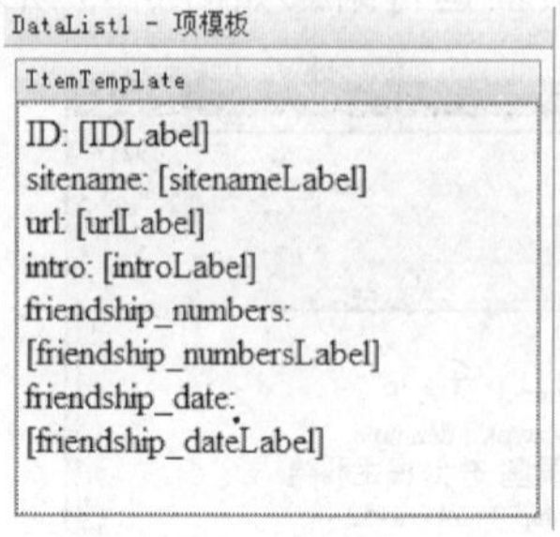

图 6-40 DataList 控件的显示模板    图 6-41 DataList 控件的 AlternatingItemTemplate 模板

上述设置,也可以通过以下代码来实现。

```
<AlternatingItemTemplate>
    <span class="style1"><i>I</i></span><i><span class="style1">D:
        <asp:Label ID="IDLabel" runat="server" Text='<%#Eval("ID")%>' />
    </span>
    <br class="style1" />
    <span class="style1">sitename:
        <asp:Label ID="sitenameLabel" runat="server" Text='<%#Eval("sitename")%>' />
    </span>
    <br class="style1" />
    <span class="style1">url:
        <asp:Label ID="urlLabel" runat="server" Text='<%#Eval("url")%>' />
    </span>
    <br class="style1" />
    <span class="style1">intro:
        <asp:Label ID="introLabel" runat="server" Text='<%#Eval("intro")%>' />
    </span>
    <br class="style1" />
    <span class="style1">friendship_numbers:
        <asp:Label ID="friendship_numbersLabel" runat="server"
        Text='<%#Eval("friendship_numbers")%>' />
    </span>
    <br class="style1" />
    <span class="style1">friendship_date:
        <asp:Label ID="friendship_dateLabel" runat="server"
        Text='<%#Eval("friendship_date")%>' />
    </span></i><i>
    <br class="style1" />
    </i>
</AlternatingItemTemplate>
```

设置完成后,在浏览器中运行的效果如图 6-42 所示。

3. 利用 DataList 控件更新和删除数据

DataList 控件可以使用不同的布局来呈现数据,但本身不能使用数据源控件的数据修改功能,编程者需要自己编写代码来实现。

【例 6-9】 利用 DataList 控件完成例 6-8 中数据的更新和删除。

第 6 章　Web 窗体的数据控件

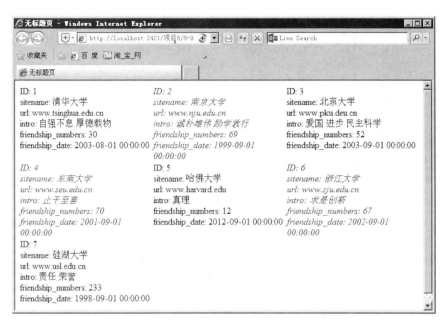

图 6-42　DataList 控件设置 AlternatingItemTemplate 模板运行页面

具体操作步骤如下。

（1）新建 6-9.aspx 网页，完成例 6-7 的相关设置（此例修改 DataList 的 ID 为 MyDataList），并设置 EditItemStyle BackColor 属性值为 pink（粉色）。

（2）在源视图添加 DataList 控件的各个模板，代码如下。

```
<asp:DataList ID="MyDataList" runat="server" DataKeyField="id"
    RepeatColumns="3"
    RepeatDirection="Horizontal" Width="89%"
    oncancelcommand="MyDataList_CancelCommand"
    ondeletecommand="MyDataList_DeleteCommand"
    oneditcommand="MyDataList_EditCommand"
    onupdatecommand="MyDataList_UpdateCommand" >
    <EditItemStyle BackColor="pink" />
<HeaderTemplate>
    <h4 align="center">硅湖职业技术学院联谊院校</h4><br>
</HeaderTemplate>
<ItemTemplate>
    <b><%#DataBinder.Eval(Container.DataItem,"sitename")%></b>
    <br>网站网址:<asp:HyperLink ID="HyperLink1"
    Text='<%#DataBinder.Eval(Container.DataItem,"URL")%>'
    NavigateUrl='<%#"http://"+
    DataBinder.Eval(Container.DataItem,"URL")%>'
    Target="_blank" runat="server"/>
    <br>院校校训:<%#DataBinder.Eval(Container.DataItem,"intro")%>
    <br>互动次数:
    <%#DataBinder.Eval(Container.DataItem,"friendship_numbers")%>
    <br>联谊时间:
    <%#DataBinder.Eval(Container.DataItem,"friendship_date")%>
```

```
        <p><asp:LinkButton id="button1" Text="【编辑】"
        CommandName="edit" runat="server" />  
        <asp:LinkButton id="button2"  Text="【删除】"
        CommandName="Delete" runat="server"/>
    </ItemTemplate>
    <EditItemTemplate>
        <br>网站名称:<asp:textBox id="theSiteName"
         Text='<%#DataBinder.Eval(Container.DataItem,"sitename")%>'
         runat="server"/>
        <br>网站网址:
        <asp:textBox id="theURL"
        Text='<%#DataBinder.Eval(Container.DataItem,"URL")%>'
        runat="server"/>
        <br>院校校训:<asp:textBox id="theIntro"
        Text='<%#DataBinder.Eval(Container.DataItem,"intro")%>'
        runat="server"/>
        <br>互动次数:<asp:TextBox id="theFriendship_numbers" runat="server"
            Text='<%#DataBinder.Eval(Container.DataItem,"friendship_numbers")%>' />
        <br>联谊时间:<asp:TextBox id="theFriendship_date" runat="server"
            Text='<%#DataBinder.Eval(Container.DataItem,"friendship_date")%>' />
        <p>< asp: LinkButton  id =" Button3"  runat =" server"  Text ="【更 新】"
        CommandName="update" />
          < asp: LinkButton id="button4" runat="server" Text="【取消】"
        CommandName="cancel" />
    </EditItemTemplate>
</asp:DataList>
```

（3）在 DataList 控件的属性面板上单击"事件"按钮，分别双击 DeleteCommand、EditComand、UpdateCommand 事件，代码如下。

```
OleDbConnection conn;                              //定义 Connection 对象变量
    protected void Page_Load(object sender, EventArgs e)
    {
        conn=new OleDbConnection("Provider=Microsoft.Jet.OLEDB.4.0;
        Data Source="+Server.MapPath("app_data/硅湖.mdb"));//建立 Connection 对象
        if(!IsPostBack)
        {
            BindData();                            //绑定数据
        }
    }

    protected void MyDataList_UpdateCommand(object source,
    DataListCommandEventArgs e)
    {                                              //建立 Command 对象
        TextBox txtSiteName, txtURL, txtIntro, txtFriendship_numbers,
        txtFriendship_date;
                                                   //声明文本框控件变量
        txtSiteName=(TextBox)e.Item.FindControl("theSiteName");
                                                   //查找 theSiteName 控件
        txtURL=(TextBox)e.Item.FindControl("theURL");
```

```csharp
        txtIntro=(TextBox)e.Item.FindControl("theIntro");
        txtFriendship_numbers=(TextBox)e.Item.FindControl(
            "thefriendship_numbers");
        txtFriendship_date=(TextBox)e.Item.FindControl("thefriendship_date");
        string strSql;
        strSql="Update 联谊院校 Set sitename='"+txtSiteName.Text+
            "',URL='"+txtURL.Text+"',intro='"+txtIntro.Text+
            "',friendship_numbers="+Convert.ToInt16(txtFriendship_numbers.Text)+
            ",friendship_date=#"+Convert.ToDateTime(txtFriendship_date.Text)+
            "#Where id="+MyDataList.DataKeys[e.Item.ItemIndex];
        OleDbCommand cmd=new OleDbCommand(strSql, conn);
        conn.Open();
        cmd.ExecuteNonQuery();                  //执行更新操作
        conn.Close();
        MyDataList.EditItemIndex=-1;
        BindData();                             //绑定数据
    }

    protected void MyDataList_CancelCommand(object source,
        DataListCommandEventArgs e)
    {
        MyDataList.EditItemIndex=-1;
        BindData();
    }

    protected void MyDataList_EditCommand(object source,
        DataListCommandEventArgs e)
    {   MyDataList.EditItemIndex=e.Item.ItemIndex;
        BindData();                             //绑定数据
    }

    protected void MyDataList_DeleteCommand(object source,
        DataListCommandEventArgs e)
    {
        //建立 Command 对象
        string strSql;
        strSql="Delete from 联谊院校 Where id="+
            MyDataList.DataKeys[e.Item.ItemIndex];
        OleDbCommand cmd=new OleDbCommand(strSql, conn);
        conn.Open();
        cmd.ExecuteNonQuery();                  //执行删除操作
        conn.Close();
        //绑定数据
        MyDataList.EditItemIndex=-1;
        BindData();
    }

    private void BindData()
    {
        OleDbConnection conn=new OleDbConnection(
            "Provider=Microsoft.Jet.OLEDB.4.0;Data Source="+
```

```
            Server.MapPath("app_data/硅湖.mdb"));
            //建立 Connection 对象
OleDbCommand cmd=new OleDbCommand("select * from 联谊院校",conn);
                                            //建立 Command 对象
conn.Open();
OleDbDataReader dr=cmd.ExecuteReader();     //建立 DataReader 对象
MyDataList.DataSource=dr;                   //指定数据源
MyDataList.DataBind();                      //执行绑定
conn.Close();
}
```

设置完成后,在浏览器中运行的效果如图 6-43 所示。

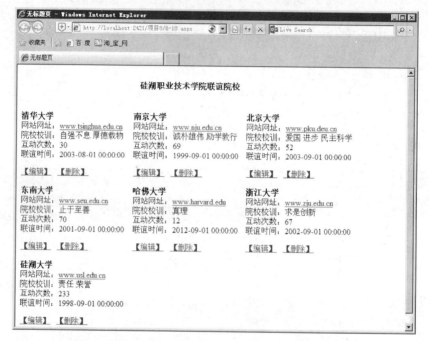

图 6-43 硅湖职业技术学院联谊院校更新和删除运行页面

6.4.3 Repeater 数据控件

Repeater 控件是一个基本模板数据绑定列表,没有内置的布局或样式,因此必须在该控件的模板内显示声明,Repeater 是唯一允许在模板间拆分标记的 Web 控件。

Repeater 控件是数据绑定容器控件,用于生成各个子项的列表,这些子项的显示方式完全由编程者自己编写。当控件所在页面运行时,根据数据源中数据行的数量重复模板里所定义的数据显示格式,编程者可以完全把握数据的显示布局。Repeater 控件仅提供重复模板内容功能,不提供如分页、排序、编辑等功能,这些功能需要编程者自己编写方法实现。

1. Repeater 控件的基本语法

在 Repeater 控件中,需要用户自己定义模板列,这些模板列可以是 HTML 表,也可以是服务器控件定义的内容和布局。该控件的基本语法格式如下。

```
<asp:Repeater ID="控件名称"
    OnItemCommand="单击其中按钮时的事件名称"
    runat="server"  DataSourceID="选择的数据源名称">
        模板列
</asp:Repeater>
```

2. 设置 Repeater 控件的模板

Repeater 控件的模板包含以下 5 种。

① ItemTemplate：定义列表中项目的内容和布局，该项必选。

② AlternatingItemTemplate：定义该模板后，奇数行会显示 ItemTemplate，偶数行会显示 AlternatingItemTemplate，交替显示内容与布局。

③ SeparatorTemplate 模板：如果定义该模板，则各个项目之间呈现分隔符。

④ HeaderTemplate：获取或设置用于显示控件对象的标头部分的模板。如果定义了该模板，则确定了列表的标题内容和布局（页眉）。

⑤ FooterTemplate：获取或设置用于显示控件对象的脚注部分的模板。如果定义了该模板，则确定了列表脚注的内容和布局（页脚）。

【例 6-10】 使用 Repeater 控件浏览数据库中的信息，运行时将数据库的记录直接显示到 HTML 表格中。

具体操作步骤如下。

(1) 添加数据源控件。设置 AccessDataSource 数据源与数据库"硅湖.mdb"中的表"联谊院校"相连。

(2) 添加 Repeater 控件。在设计视图中，双击工具箱中"数据"选项卡中的 Repeater 控件图标，向 Web 页面中添加一个 Repeater 控件。单击其右上角的智能标记，在弹出的"Repeater 任务"菜单中选择数据源为前面的 AccessDataSource 数据源 AccessDataSource1。

(3) 在源视图中编写模板代码。切换到页面的源视图。在＜asp:Repeater＞和＜/asp:Repeater＞标记之间编写以下代码。

```
<asp:Repeater ID="Repeater1" runat="server" DataSourceID="SqlDataSource1">
    <HeaderTemplate>
        <h2  align="center">硅湖职业技术学院联谊院校名录</h2>
    </HeaderTemplate>
    <ItemTemplate>
        <table border="0" width="80%"  align="center"
        style="background-color:#D9D9D9">
        <tr>
            <td width="30%"><b>院校编号</b></td>
            <td><%#Eval("id")%></td>                //与 id 字段绑定
        </tr>
        <tr>
            <td>院校名称</td>
            <td><%#Eval("sitename")%></td>
        </tr>
```

```html
            <tr>
                <td>网站网址</td>
                <td><%#DataBinder.Eval(Container.DataItem,"url")%></td>
                                            //与 url 字段绑定
            </tr>
            <tr>
                <td>院校校训</td>
                <td><%#DataBinder.Eval(Container.DataItem,"intro")%></td>
            </tr>
            <tr>
                <td>互动次数</td>
                <td><%#DataBinder.Eval(Container.DataItem,
                "friendship_numbers")%></td>
            </tr>
            <tr>
                <td>联谊时间</td>
                <td><%#DataBinder.Eval(Container.DataItem, "friendship_date")%>
                </td>
            </tr>
        </table>
</ItemTemplate>
<FooterTemplate>
  <center><hr    width="80%">
    截稿时间：2015-4-8</center>
</FooterTemplate>
</asp:Repeater>
```

设置完成后，在浏览器中运行的效果如图 6-44 所示。

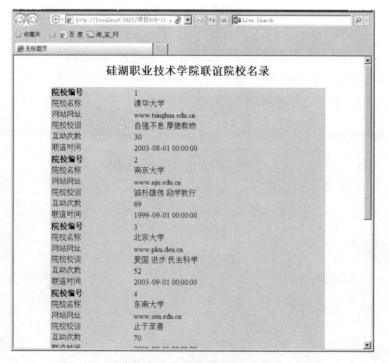

图 6-44　硅湖职业技术学院联谊院校名录运行页面

6.4.4 ListView 数据控件

ListView 是一个很强大的控件，可以实现其他数据控件能实现的任意功能，而且 ListView 非常灵活，通过定义模板几乎可以实现任意一种数据展现方式。使用这两个控件可以很灵活地实现数据的显示、分组、分页、排序、编辑、插入、删除等功能。

ListView 兼有 GridView 的易用性，又拥有 DataList 的灵活性，是编程人员较为理想的开发工具。

1. 使用 ListView 控件显示数据

【例 6-11】 使用 ListView 控件显示"硅湖.mdb"数据库"联谊院校"表中的所有记录。具体操作步骤如下。

（1）添加数据源控件。新建一个 Web 窗体 6-11.aspx，添加一个 SqlDataSource 控件到 Web 窗体中，配置其数据源为从"硅湖.mdb"数据库的"联谊院校"表返回其所有信息，并选中"生成 INSERT、UPDATE 和 DELETE 语句"复选框。

（2）添加并设置 ListView 控件。在设计视图中，双击工具箱中"数据"选项卡中的 ListView 控件图标，向 Web 页面中添加一个 ListView 控件。单击其右上角的智能标记，在弹出的"ListView 任务"菜单中选择数据源为前面的 AccessDataSource 数据源 AccessDataSource1，如图 6-45 所示。

图 6-45　选择 ListView 控件的数据源

（3）配置 ListView 的选择布局。通过定义 ListView 控件的模板几乎可以实现任意一种数据展现方式。ListView 提供了默认的 5 种展现布局：网格、平铺、项目符号列表、流和单行。

为实现数据显示，完成数据源和 ListView 数据控件设置后，还需要配置 ListView。单击其右上角的智能标记，在弹出的"ListView 任务"菜单中选择"配置 ListView"命令，弹出"配置 ListView"对话框，如图 6-46 所示。

（4）分别选择 5 种布局，显示效果如图 6-47～图 6-51 所示。

2. 定制 ListView 控件的外观

通常，设计者都希望自己的页面美观大方，在例 6-11 的"配置 ListView"对话框中，"选择样式"中有无格式设置、彩色型、专业型和蓝调。本例选择"蓝调"（布局选择"网格"），程序在浏览器中运行的效果如图 6-52 所示。

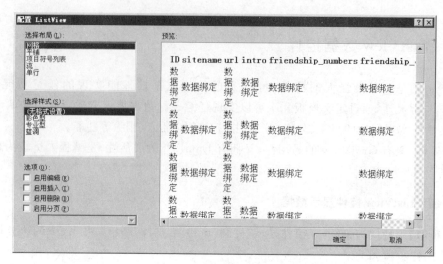

图 6-46 "配置 ListView"对话框

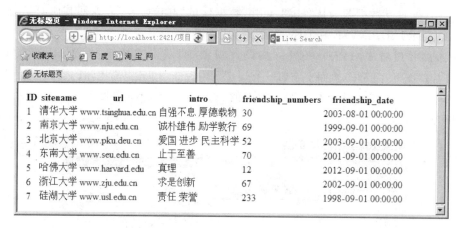

图 6-47 ListView 控件"网格"布局效果

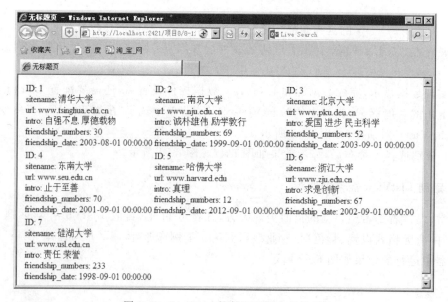

图 6-48 ListView 控件"平铺"布局效果

图 6-49　ListView 控件"项目符号列表"布局效果

图 6-50　ListView 控件"流"布局效果

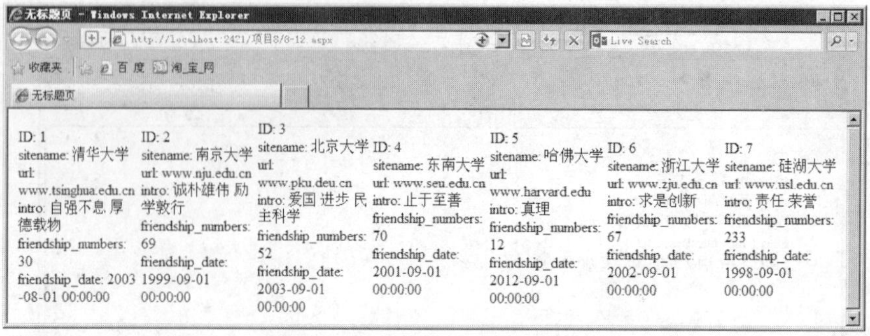

图 6-51　ListView 控件“单行”布局效果

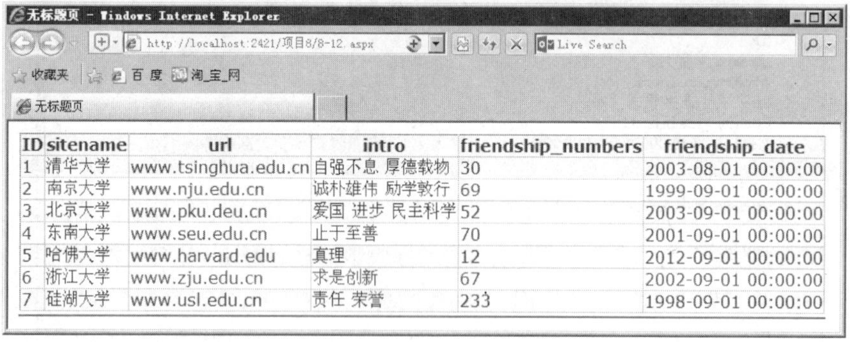

ID	sitename	url	intro	friendship_numbers	friendship_date
1	清华大学	www.tsinghua.edu.cn	自强不息 厚德载物	30	2003-08-01 00:00:00
2	南京大学	www.nju.edu.cn	诚朴雄伟 励学敦行	69	1999-09-01 00:00:00
3	北京大学	www.pku.deu.cn	爱国 进步 民主科学	52	2003-09-01 00:00:00
4	东南大学	www.seu.edu.cn	止于至善	70	2001-09-01 00:00:00
5	哈佛大学	www.harvard.edu	真理	12	2012-09-01 00:00:00
6	浙江大学	www.zju.edu.cn	求是创新	67	2002-09-01 00:00:00
7	硅湖大学	www.usl.edu.cn	责任 荣誉	233	1998-09-01 00:00:00

图 6-52　选择 ListView 控件“蓝调”“网格”样式效果

3. 使用 ListView 控件管理数据

ListView 控件自带显示、分组、分页、排序、编辑、插入、删除数据等功能，在“配置 ListView”对话框中选中“选项”中的所有复选框（启用编辑、启用插入、启用删除、启用分页），即可实现对数据的编辑、插入、删除、分页功能，从而实现对数据的管理，完成设置后的效果如图 6-53 所示。

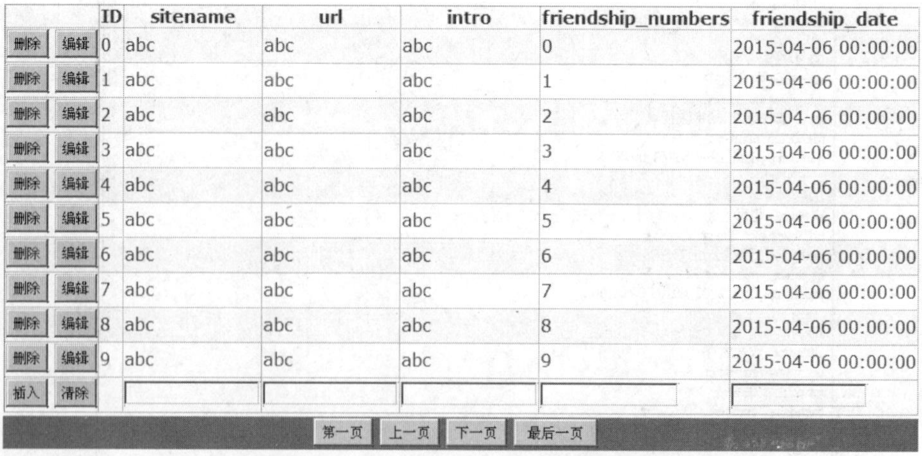

	ID	sitename	url	intro	friendship_numbers	friendship_date
删除 编辑	0	abc	abc	abc	0	2015-04-06 00:00:00
删除 编辑	1	abc	abc	abc	1	2015-04-06 00:00:00
删除 编辑	2	abc	abc	abc	2	2015-04-06 00:00:00
删除 编辑	3	abc	abc	abc	3	2015-04-06 00:00:00
删除 编辑	4	abc	abc	abc	4	2015-04-06 00:00:00
删除 编辑	5	abc	abc	abc	5	2015-04-06 00:00:00
删除 编辑	6	abc	abc	abc	6	2015-04-06 00:00:00
删除 编辑	7	abc	abc	abc	7	2015-04-06 00:00:00
删除 编辑	8	abc	abc	abc	8	2015-04-06 00:00:00
删除 编辑	9	abc	abc	abc	9	2015-04-06 00:00:00
插入 清除						

第一页　上一页　下一页　最后一页

图 6-53　使用 ListView 控件管理数据

4. 为 ListView 控件创建模板

与 DataList 和 Repeater 控件类似，ListView 控件显示的项也由模板定义。ListView 控件本身提供 5 种布局样式，但也可以通过自定义模板来设置数据的显示样式，ListView 控件支持如下模板类型。

① ItemTemplate：定义列表中项目的内容和布局，该项必选。

② AlternatingItemTemplate：定义该模板后，奇数行显示 ItemTemplate，偶数行会显示 AlternatingItemTemplate，交替显示内容与布局。

③ SelectedItemTemplate：该模板用于显示控件对象中处于选中模式中的项。

④ EditItemTemplate：该模板用于显示控件对象中处于编辑模式中的项。

⑤ HeaderTemplate：获取或设置用于显示控件对象的标头部分的模板。如果定义了该模板，则确定了列表的标题内容和布局（页眉）。

⑥ FooterTemplate：获取或设置用于显示控件对象的脚注部分的模板。如果定义了该模板，则确定了列表脚注的内容和布局（页脚）。

⑦ SeparatorTemplate：如果定义该模板，则各个项目之间呈现分隔符。

通常根据不同的需要定义不同类型的项模板，ListView 控件根据项的运行状态自动加载相应的模板来显示数据，例如当某一项被选定后将会以 SelectedItemTemplate 模板呈现数据，编辑功能被激活时将以 EditItemTemplate 模板呈现数据。

6.4.5 DataPager 数据控件

ListView 兼有 GridView 的易用性及 DataList 的灵活性，但其分页功能需要配合 DataPager 控件才能实现，DataPager 控件是专为数据（绑定）控件提供分页功能的。

GridView、DetailsView、FormView 控件等都支持分页功能。当配置为支持分页时，这些控件都呈现为包含 LinkButtons、Buttons 或 ImageButtons 的分页界面。通过设置相关的属性来定制分页界面，比如使用 Next/Previous、数字分页等。虽然这些配置都很好，但实现用户自定义的余地很小。比如，配置选项允许指定分页界面出现在控件的顶部或者底部（或上下都出现），但是如果希望分页界面出现在页面的其他地方，与控件分离，那就没办法了。

为了解决这一难题，ASP.NET 提供了 DataPager 控件。DataPager 控件的唯一目的就是呈现一个分页界面，并与相应的 ListView 控件关联起来。ListView 和 DataPager 的这种剥离关系，可以允许进行更大程度的分页界面定制。

1. DataPager 控件的分页属性

在 Web 窗体上添加 DataPager 控件后，选中该控件查看其"分页"的 3 个属性，如图 6-54 所示。

① PagedControlID：与 DataPager 相关的 ListView 的 ID 值。

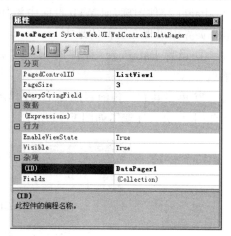

图 6-54 DataPager 控件属性界面

② PageSize：控件在每页上所显示的记录的数目。

③ QuerySringField：获取或设置查询字符串字段的名称。

2. DataPager 控件实现分页的方法

DataPager 控件通过实现 IPageableItemContainer 接口实现控件的分页功能。在 ASP.NET 3.5 中，ListView 控件适合使用 DataPager 控件进行分页操作。将 DataPager 与 ListView 控件关联后，分页是自动完成的。将 DataPager 控件与 ListView 控件关联有以下两种方法。

（1）在 ListView 控件外部定义 DataPager 控件。这种情况下，需要将 DataPager 的 PagedControlID 属性设置为有效 ListView 控件的 ID。

（2）在 ListView 控件的 LayoutTemplate 模板中定义（加入）DataPager 控件。此时，DataPager 将明确给 ListView 控件提供分页功能。

【例 6-12】 在 ListView 控件外部定义 DataPager 控件，实现"教务系统.mdb"数据库"学生"表中信息分页显示。

具体操作步骤如下。

（1）添加数据源控件。新建 Web 窗体 6-12.aspx，添加 SqlDataSource 控件到 Web 窗体中，配置其数据源为从"教务系统.mdb"数据库的"学生"表返回其所有信息，并选中"生成 INSERT、UPDATE 和 DELETE 语句"复选框。

（2）添加并设置 ListView 控件。在设计视图中，双击工具箱中"数据"选项卡中的 ListView 控件图标，向 Web 页面中添加一个 ListView 控件。单击其右上角的智能标记，在弹出的"ListView 任务"菜单中选择数据源为前面的 AccessDataSource 数据源 AccessDataSource1，如图 6-43 所示。

（3）配置 ListView。选中 ListView 控件，单击其右上角的智能标记，在弹出的"ListView 任务"菜单中选择"配置 ListView"命令，弹出"配置 ListView"对话框。在"选择布局"下选择"网格"，在"选择样式"下选择"蓝调"，在"选项"下选中"启用编辑""启用插入"和"启用删除"复选框。

（4）添加并设置 DataPager 控件。在设计视图中，双击工具箱中"数据"选项卡中的 DataPager 控件图标，向 Web 页面中添加一个 DataPager 控件（将 DataPager 控件调整到希望分页界面出现在页面的地方）。

① 设置 DataPager 控件的"分页"属性：PageControlID 选择 ListView1、PageSize 选择 6。

② 单击其右上角的智能标记，在弹出的"DataPager 任务"菜单中设置页导航样式为"下一页/上一页页导航"，如图 6-55 所示。

图 6-55 DataPager 控件选择页导航样式

（5）编辑页导航字段。在图 6-55 中的"DataPager 任务"菜单中选择"编辑页导航字段"命令，弹出页导航的"字段"对话框，如图 6-56 所示。在"'下一页'/'上一页'页导航字段属性"下,设置页导航的"外观"。

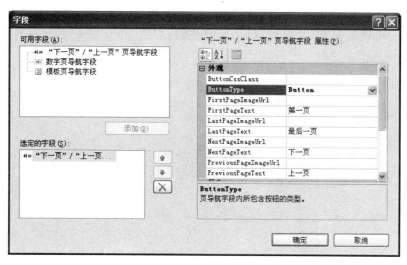

图 6-56　DataPager 的"字段"对话框

① ButtonType 共有 3 个选项(Button、Image、Link),本例选择 Button。

② FirstPageText 输入"第一页",LastPageText 输入"最后一页",NextPageText 输入"下一页",PreviousPageText 输入"上一页"。

除了采用默认方法来显示分页样式外,还可以通过向 DataPager 控件的 Fields 中添加 TemplatePagerField 的方法来自定义分页样式。具体为在 TemplatePagerField 中添加 PagerTemplate,然后在 PagerTemplate 中添加任何服务器控件,这些服务器控件都可以通过实现 TemplatePagerField 的 OnPagerCommand 事件来实现自定义分页。

设置完成后,在浏览器中运行的效果如图 6-57 所示。

图 6-57　ListView 控件与 DataPager 控件相关联实现分页

【例 6-13】　在 ListView 控件的 LayoutTemplate 模板中定义(加入)DataPager 控件,实现"教务系统.mdb"数据库"学生"表中信息分页显示。

具体操作步骤如下。

(1) 添加数据源控件。新建 Web 窗体 6-13.aspx,添加 SqlDataSource 数据源控件,详见例 6-12。

(2) 添加并设置 ListView 控件。在设计视图中,添加 ListView 控件并完成相关配置,详见例 6-12。

（3）在 ListView 控件的模板中定义 DataPager 控件。在 ListView 控件的 LayoutTemplate 模板中定义（加入）DataPager 控件（ListView 控件不支持模板设计时编辑，编辑需在源视图中完成），代码如下。

```
<LayoutTemplate>
    <asp:DataPager ID="DataPager1" runat="server" PagedControlID="ListView1"
        PageSize="3">
      <Fields>
        <asp:NextPreviousPagerField ButtonType="Button"
            ShowFirstPageButton="True"
            ShowLastPageButton="True" />
      </Fields>
    </asp:DataPager>
    <table runat="server">
        <tr runat="server">
            <td runat="server">
                <table ID="itemPlaceholderContainer" runat="server"
                    border="1" style="background-color: #FFFFFF;
                    border-collapse: collapse;border-color: #999999;
                    border-style:none;border-width:1px;
                    font-family: Verdana, Arial, Helvetica, sans-serif;">
                    <tr runat="server" style="background-color: #E0FFFF;
                    color: #333333;">
                        <th runat="server"></th>
                        <th runat="server">学号</th>
                        <th runat="server">姓名</th>
                        <th runat="server">性别</th>
                        <th runat="server">出生日期</th>
                        <th runat="server">班级编号</th>
                        <th runat="server">联系方式</th>
                        <th runat="server">家庭住址</th>
                    </tr>
                    <tr ID="itemPlaceholder" runat="server"></tr>
                </table>
            </td>
        </tr>
        <tr runat="server">
            <td runat="server" style="text-align: center;background-color:
                #5D7B9D;
                font-family: Verdana, Arial, Helvetica, sans-serif;
                color: #FFFFFF">
            </td>
        </tr>
    </table>
</LayoutTemplate>
```

设置完成后（注意，本例 PageSize="3"），在浏览器中运行的效果如图 6-58 所示。

图 6-58　ListView 控件的 LayoutTemplate 模板中定义 DataPager 控件实现分页

6.5　本章小结

本章介绍了 ASP.NET 中的数据源控件和数据控件，在 ASP.NET 中，这些控件强大的功能让开发变得更加简单。正是因为这些控件：两大数据源控件（AccessDataSource、SqlDataSource）、五大传统数控件（GridView、DetailsView、FormView、DatList、Repeater）以及 Visual Studio 2008 新增的两大数据控件（ListView、DataPaper）让开发人员在页面开发时，无须更多地操作即可实现强大的功能，解决了传统的 ASP 难以解决的问题。本章主要内容总结如下：

（1）数据源控件的介绍：6 种类型的数据源控件。
（2）SqlDataSource 数据源控件：可连接任意 ADO.NET 数据提供程序的数据源。
（3）数据控件：五大传统数据控件及 Visual Studio 2008 新增的两大数据控件的概念、特点和使用方法。
（4）控件模板：数据控件中控件模板的概念、特点和使用方法。
（5）案例实际应用：数据源控件与数据控件相结合，实现 ASP.NET 中数据库数据的处理。

通过本章的学习，读者认识到数据库数据操作无论是在 Web 开发还是在 WinForm 开发中，都是被经常使用的，数据源控件和数据控件能够极大地简化开发人员对数据的操作，让开发更加迅速。

6.6　本章习题

1. 简述常用的数据源控件及功能。
2. 试说明 AccessDataSource 和 SqlDataSource 的连接字符串的不同之处。
3. 简述配置数据源控件的基本步骤。"添加 WHERE 子句"和"高级"选项是为了完成什么功能？
4. 简述常用的数据控件并比较其优缺点。
5. 简要叙述 ASP.NET 是如何通过数据源控件和数据控件显示数据的。
6. 什么是数据控件模板？常用的数据控件模板有哪些？

7. 尝试编写一个程序,要求 DataList 控件显示数据并删除指定的数据。

8. 使用 ListView 控件,编写程序实现数据的编辑、分页、排序、插入、删除功能。

9. 试开发一个简单的留言板程序,实现信息的显示、添加和删除。

10. 利用 ASP.NET 中的数据源控件、数据控件浏览数据库"硅湖.mdb"中"院校联谊"表中的数据,并应用数据控件模板实现对表中数据的更新和删除。

第 7 章 ADO.NET 数据库访问技术

随着计算机网络技术的飞速发展,网络信息量不断增加,如何从海量的数据中获取自己所需的数据(信息)是信息时代人们关心的问题。数据库信息最终都是要面向用户的,在系统运行过程中前台应用程序势必根据需要从后台数据库中获取相关数据,数据库访问技术越来越受到人们的关注。在 ASP.NET 中,除了可以使用数据库控件完成数据库信息的浏览和操作外,还可以使用 ADO.NET 提供的各种对象,通过编写代码自由的实现数据库操作功能。

7.1 场景导入

ADO.NET 是 Microsoft 公司面向对象的数据库访问架构,它是数据库应用程序和数据源之间沟通的桥梁。本章将通过"登录界面"的设计,探讨数据库数据的连接、读取、判定等方法。登录界面设计如图 7-1 所示。

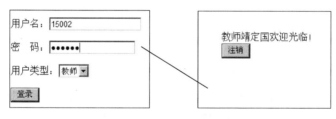

图 7-1 登录界面设计

7.2 ADO.NET 技术概述

7.2.1 数据库访问技术的演变

数据库的应用在人们的生活和工作中可以说无处不在,无论是一个小型企业的办公自动化系统,还是一个跨国公司的大型营运系统。数据库信息最终都是要面向用户的,在系统运行过程中前台应用程序也势必要根据需要从后台数据库中获取相关数据。为了实现上述功能,就要求系统的前台应用程序能访问后台数据库,数据库访问技术按照时间先后顺序依次出现的是 ODBC、OLEDB、ADO、ADO.NET。

最初,对数据库的程序访问是由本级库来执行的,如 SQL Server 的 DBlib。这样能够保证快速地访问数据库,因为不涉及其他附加层,只须编写可直接访问数据库的代码即可。但是,这也意味着开发人员必须使用不同的 API 来访问不同的数据库系统,而且如果需要修改应用程序来适应不同的数据库系统,那么所有数据访问代码都要改动。

1. ODBC 技术

为了解决上述问题,在 20 世纪 90 年代初,Microsoft 公司开发了 ODBC(Open Database Connectivity,开放数据库连接)。它提供了一个公共数据访问层,首次对不同数据库平台提供了数据库的标准接口,可用来访问几乎所有的 RDBMS(关系型数据库管理系统)。ODBC 使用 RDBMS 专用的驱动程序访问数据源,并提供了一组对数据库访问的标准 API(应用程序编程接口),可直接与驱动器通信,因此更便捷,ODBC 只限于关系数据库,SQL 是向 ODBC 数据源发送请求的标准语言。

2. OLEDB 技术

从许多方面来说,ODBC 是 OLEDB 之父。和 ODBC 一样,OLEDB 也是 Microsoft 公司参与设计的,也要编写数据源特定的驱动程序以实现访问数据,但是 ODBC 只限于访问关系型数据库的数据,而 OLEDB 则定义了更广泛的数据源。OLEDB 是 Microsoft 公司开发面向不同的数据源的低级应用程序接口。OLEDB 是一组开放规范,用于在开放式数据库连接(ODBC)上创建应用程序接口 API,它封装了 ODBC 的功能,以统一的方式访问存储在不同信息源中的数据,可为关系数据库、非关系数据库、电子邮件、文件系统、文本、图形图像、Excel 电子数据表等提供高性能的访问。

3. ADO 技术

ADO(ActiveX Data Objects,活动数据对象)是 Microsoft 公司开发数据库应用程序面向对象的新接口。ADO 技术是建立在 OLE DB 之上的高层数据库访问技术,基于通用对象模型(COM),封装了 OLE DB 应用程序接口,简化了 OLE DB 的操作,是一组自动化对象,提供了一种简单易用的访问各种数据资源(包括关系型和非关系型)的方法,是相对比较新的数据库访问技术。

伴随着 Microsoft 公司推出.NET 框架,一项新的数据访问技术 ADO.NET 应运而生。

7.2.2 ADO.NET 技术

ADO.NET 是微软公司.NET 框架下的数据库访问架构,是数据库应用程序和数据源之间沟通的桥梁,主要提供面向对象的数据访问架构,用来开发数据库应用程序。为了更好地理解 ADO.NET 架构模型的各个组成部分,我们可以对 ADO.NET 中的相关对象进行图示理解,图 7-2 为 ADO.NET 中数据库对象的关系图。

ADO.NET 主要包括五大对象:Connection 对象、Command 对象、DataReader 对象、DataSet 对象和 DataAdpter

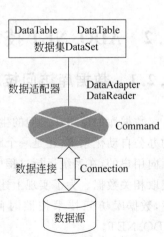

图 7-2 ADO.NET 对象模型

对象。

(1) Connection 对象：用于连接到数据库。OLEDB 使用 OleDbConnection 对象，而 SQL Server 则使用 SqlConnection 对象。

(2) Command 对象：用于返回数据、修改数据、运行存储过程以及发送或检索参数信息的数据库命令，它对数据库执行 SQL 命令，如插入、删除、修改、查询。

(3) DataReader 对象：通过 Command 对象提供从数据库检索信息的功能。DataReader 对象以一种只读的、向前的、快速的方式访问数据库。

(4) DataSet 对象：可以看作内存中的数据库。它是 ADO.NET 的核心，是支持 ADO.NET 断开式、分布式数据方案的核心对象。DataSet 对象是一个数据库容器，是数据的内存驻留表示形式，无论数据源是什么，都会提供一致的关系编程模型，还可以用于多种不同的数据源。

(5) DataAdpter 对象：与 DataSet 对象结合使用，实现对数据库的控制。DataAdpter 对象提供链接 DataSet 对象和数据源的桥梁，DataAdpter 对象用 Command 对象在数据源中执行 SQL 命令，以便加载到 DataSet 中，并确保 DataSet 中数据的更改与数据源保持一致。

可以用趣味形象化的方式理解 ADO.NET 对象模型的各个部分，如图 7-3 所示。对比 ADO.NET 数据库对象的关系图，我们可以用对比的方法形象地理解每个对象的作用。

图 7-3　ADO.NET 趣味理解图

(1) 数据库：好比水源，存储了大量的数据。

(2) Connection 对象：好比伸入水中的进水龙头，保持与水的接触，只有它与水进行了"连接"，其他对象才可以抽到水。

(3) Command 对象：就像抽水机，为抽水提供动力和执行方法，通过"水龙头"把水返给上面的"水管"。

(4) DataAdapter 对象、DataReader 对象：就像输水管，担任着水的传输任务，并起着桥梁的作用。DataAdapter 像一根输水管，通过发动机，把水从水源输送到水库里进行保存。DataReader 也是一种水管，和 DataAdapter 不同的是，DataReader 不把水输送到水库里面，而是单向的直接把水送到需要水的用户那里或田地里，所以要比在水库中转一下更快、更高效。

(5) DataSet 对象：则是一个大水库，把抽上来的水按一定关系存放到不同池子中。即使撤掉"抽水装置"（断开连接，离线状态），也可以保持"水"的存在。这也正是 ADO.NET 的核心。

（6）DataTable：则像水库中每个独立的水池，分别存放不同种类的水。一个大水库由一个或多个这样的水池组成。

这五种对象提供了两种读取数据库的方式：① 利用 Connection、Command、DataReader，只能读取或查询数据库；② 利用 Connection、Command、DataAdapter、DataSet，能进行各种数据库的操作。

7.3 Connection 建立数据库连接

7.3.1 Connection 对象概述

所有对数据库的访问操作都是从建立数据库连接开始的。在打开数据库之前，必须先设置好连接字符串（ConnectionString），然后再调用 Open 方法打开连接。此时就可以对数据库进行访问，最后调用 Close 方法关闭连接。

Connection 对象用于连接到数据库和管理对数据库的事务，它的一些属性描述了数据源和用户身份验证信息。Connection 对象还提供一些方法允许程序员与数据源建立连接或断开连接。ADO.NET 提供了两套类库，用于实现数据库的连接。

1. 第一类库

使用 OleDbConnection 连接对象，存取所有基于 OLE DB 提供的数据库，如 Access、SQL Server、Oracle，这种方式需要在页面中导入相应的名称空间。

（1）在独立单文件的最前面，添加相应的名称空间。

```
<%@ Import Namespace="System.Data.OleDb" %>
<%@ Import Namespace="System.Data" %>
```

（2）在代码隐藏文件中，导入名称空间。

```
using System.Data;
using System.Data.OleDb;
```

2. 第二类库

使用 SqlConnection 连接对象，专门用来存取 SQL Server 数据库（对于 SQL Server 数据库，最好选择第 2 套类库），这种方式也需要在页面中导入相应的名称空间。

（1）在独立文件的最前面，添加相应的名称空间。

```
<%@ Import Namespace="System.Data.SqlClient" %>
<%@ Import Namespace="System.Data" %>
```

（2）在代码隐藏文件中，导入名称空间。

```
using System.Data;
using System.Data.SqlClient;
```

7.3.2 连接数据库字符串

为了让连接对象知道要访问的数据库文件在哪里，必须将这些信息用一个字符串加以描述。连接字符串内容主要包括：服务器的位置、数据库的名称和数据库的身份验证方式（SQL Server 数据库存在两种验证方式：Windows 身份验证和 SQL Server 身份验证）。另外，还可以指定其他操作信息，如连接超时等。

1. 数据库连接字符串常用的参数及描述

（1）Provider：该属性用于设置或返回连接提供程序的名称，仅用于 OleDbConnection 对象。

（2）Connectiont Timeout：在终止尝试并产生异常前，等待连接到服务器的连接时长，以 s 为单位，默认值是 15s。

（3）Database：数据库的名称。

（4）DataSource 或 Server：连接打开时 SQL Server 的名称或 Microsoft Access 数据库的文件名。

（5）Password 或 pwd：SQL Server 账户的登录密码。

（6）UserID 或 uid：SQL Server 登录账户。

（7）Integrated Security：此参数决定此连接是否是安全连接，其值可取 True 或 False。

连接字符串通常由分号隔开的名称和值组成，用来指定数据库运行库的设置。在连接数据库时，只需要使用几个主要的参数就可以完成连接数据库的操作。

2. 连接 SQL Server 2000/2005 数据库的字符串

字符串的基本语法格式如下。

```
String ConnectionString="Server=服务器名;User Id=用户;Pwd=密码;DataBase=数据库名称";
```

例如，连接本机 SQL Server 中的"教务系统"数据库，代码如下。

```
//创建连接数据库的字符串
String Sqlstr="Server=(local);User Id=sa;Pwd=;DataBase=教务系统";
```

3. 连接 Access 数据库的字符串

字符串的基本语法格式如下。

```
String ConnectionString="Provider=提供者;Data Source=Access 文件路径";
```

例如，连接 D 盘项目 9 中的"硅湖.mdb"数据库，代码如下。

```
//创建连接数据库的字符串
String ConnectionString="Provider=Microsoft.Jet.OLEDB.4.0;Data Source=D:\项目 9\硅湖.mdb";
```

此外,连接 Oracle 数据库的字符串,读者可参考相关书籍学习掌握。

很多时候,用户指定连接字符串时,并不会像上述示例那样直接定义在一个字符串里就传给 Connection 对象,更好的做法是将这个字符串写到项目的 Web.config 配置文件中。这样在需要修改这个字符串的时候,就不用修改任何代码,而直接从 Web.config 文件中修改就可以了。

将数据库连接字符串存放到应用程序的配置文件 Web.config 中,代码如下。

```
<configuration>
<appSetting>
<add key=" strconnection"
        value="Server=(local);User Id=sa;Pwd=;DataBase=教务系统";>
</appSetting>
</configuration>
```

7.3.3 使用 Connection 对象连接数据库

调用 Connection 对象的 Open 或 Close 方法可以打开或关闭数据库连接,而且必须在设置好连接字符串后才能调用 Open,否则 Connection 对象不知道要与哪一个数据库建立连接。

此外,需要说明的是,数据库应在必要时再打开连接且须尽早关闭连接。因为数据库连接资源是有限的,因此应在需要时再打开连接,且一旦使用完毕就要尽早地关闭连接,把资源归还给系统。打个简单的比喻,借阅图书馆的孤本书籍后应尽快归还,以便其他读者借阅;否则,如果长期借阅不还,其他读者将无法借阅到该书籍。

1. 使用 SqlConnection 对象连接 SQL Server 2000/2005 数据库

ADO.NET 专门提供了 SQL Server.NET 数据提供程序,用于连接 SQL Server 数据库。SQL Server.NET 数据提供程序提供了专门用于访问 SQL Server 7.0 及其更高版本数据库的数据访问类集合,例如 SqlConnection、SqlCommand、SqlDataReader 及 SqlDataAdapter 等数据访问类。

SqlConnection 类是用于建立与 SQL Server 2000/2005 服务器连接的类,其语法格式如下。

```
SqlConnection con=new SqlConnection"Server=服务器名;User Id=用户;Pwd=密码;
DataBase=数据库名称";
```

【例 7-1】 创建一个数据库连接字符串,并通过 SqlConnection 对象连接到本地 SQL Server 数据库的"教务系统"数据库。同时,应用 SqlConnection 对象的 State 属性判断数据库的连接状态。

具体操作步骤如下。

(1) 新建一个网站,将新添加的网页项命名为 7-1.aspx。

(2) 在 7-1.aspx 页面中的 Page_Load 事件中应用 SqlConnection 对象的 State 属性判断数据库的连接状态代码,代码清单如下。

```
//引入命名空间
using System.Data.SqlClient;
public partial class _Default : System.Web.UI.Page
{
    protected void Page_Load(object sender, EventArgs e)
    {   //创建连接数据库的字符串
        string SqlStr="Server=(local);User Id=sa;Pwd=;DataBase=教务系统";
        //创建 SqlConnection 对象
        //设置 SqlConnection 对象连接数据库的字符串
        SqlConnection con=new SqlConnection(SqlStr);
        con.Open();                                //打开数据库的连接
        if(con.State==System.Data.ConnectionState.Open)
        { Response.Write("SQL Server 数据库连接开启!<p/>");
          con.Close();                             //关闭数据库的连接
        }
        if(con.State==System.Data.ConnectionState.Closed)
        { Response.Write("SQL Server 数据库连接关闭!<p/>");
        }
    }
}
```

(3) 设置完成后,在浏览器中运行的效果如图 7-4 所示。

说明：如果要连接 SQL Server2005 数据库服务器时,Server 参数需要指定服务器所在的机器名称(IP 地址)和数据库的实例名称。如：string SqlStr＝"Server＝jing\\jing2005;User Id＝sa;Pwd＝;DataBase＝教务系统";其中 jing 为计算机的名称,jing2005 为数据库 2005 服务器的实例名称。

图 7-4 使用 SqlConnection 对象连接 SQL Server 数据库

2. 使用 OleDbConnection 对象连接 Access 数据库

OLE DB 数据源包含具有 OLE DB 驱动程序的任何数据源,如 Access、SQL Server、Oracle 等数据源。OLE DB 数据源连接字符串必须提供 Provide 属性及其值。

使用 OleDbConnection 对象连接 Access 数据库的语法格式如下。

```
String ConnectionString="Provider=提供者;Data Source=Access 文件路径";
```

【例 7-2】 创建一个数据库连接字符串,通过 OleDbConnection 对象连接到本地(App_Data 文件夹)Access 数据库的"硅湖.mdb"数据库。同时,应用 OleDbConnection 对象的 State 属性判断数据库的连接状态。

具体操作步骤如下。

(1) 新建一个网站,将新添加的网页项命名为 7-2.aspx。

(2) 在 7-2.aspx 页面中的 Page_Load 事件中应用 OleDbConnection 对象的 State 属性判断数据库的连接状态,代码清单如下。

```csharp
//引入命名空间
using System.Data.OleDb;
public partial class _Default : System.Web.UI.Page
{
    protected void Page_Load(object sender, EventArgs e)
    {
        string StrLoad=Server.MapPath("App_Data/硅湖.mdb");
                                                            //获取指定数据库文件的路径
        OleDbConnection myConn = new OleDbConnection ("Provider=Microsoft.Jet.
        OLEDB.4.0;Data Source= "+StrLoad+";")
        myConn.Open();                                      //打开数据库连接
        if(myConn.State==System.Data.ConnectionState.Open)
        {
            Response.Write("Access 数据库连接开启!<p/>");
            //关闭数据库的连接
            myConn.Close();
        }
        if(myConn.State==System.Data.ConnectionState.Closed)
        {
            Response.Write("Access 数据库连接关闭!<p/>");
        }
    }
}
```

(3) 设置完成后, 在浏览器中运行的效果如图 7-5 所示。

图 7-5 使用 OleDbConnection 对象连接 Access 数据库

7.4 使用 Command 对象操作数据库

Command 类是一个对 SQL 语句或存储过程进行执行的类。通过它可以实现对数据的查询、添加、更新、删除等各种操作。

7.4.1 Command 对象概述

使用 Connectiont 对象与数据源建立连接后, 可使用 Command 对象对数据源执行查询、添加、修改和删除等操作, 操作实现的方式可以使用 SQL 语句, 也可以使用存储过程。根据所用的数据提供程序的不同, Command 也分为 SqlCommand 和 OleDbCommand 两种。

1. Command 对象常用的属性

(1) CommandType：获取或设置 Command 对象要执行命令的类型，详见表 7-1。

(2) CommandText：获取或设置要对数据源执行的 SQL 语句、存储过程名或表名。

(3) Command TimeOut：获取或设置在终止对执行命令的尝试并生成错误之前的等待时间。

(4) Connection：获取或设置此 Command 对象使用的 Connection 对象的名称。以 SQL Server 数据库为例，执行命令操作对象为 SqlCommand，然而 SqlCommand 本身无法建立与数据库的连接，若要对数据库的内容进行访问，只能通过 SqlConnection 对象建立连接，然后再利用 Connection 属性进行记录。

(5) Parameters：获取 Command 对象需要使用的参数集合。

CommandText 既可以执行 SQL 语句，也可以执行存储过程名，还可以执行表名。要使用不同类型的 CommandText，设置相应的 CommandType 即可。表 7-1 列出了 3 种不同的 CommandType。

表 7-1　三种不同的 CommandType

类　　型	描　　述
CommandType.Text	这是 CommandType 的默认值，它指示执行的是 SQL 语句，为 CommandText 指定 SQL 字符串。默认情况下，Command 对象使用这种类型
CommandType.StoreProcedure	这个值指示执行的是存储过程，需要为 CommandText 指定一个存储过程的名称
CommandType.TableDirect	为 CommandText 指定一个数据表名称，这个值指示用户将得到这个表中的所有数据（建议用户尽量不采用该方法，使用 SQL 语句功能可靠）

说明：创建 Command 对象时，必须执行 3 个属性：Connection、CommandType 和 CommandText。

例如，以下代码中 Command 对象执行一个 SQL 语句的查询操作（以 SQL Server 为例）。

```
//引入命名空间
using System.Data.SqlClient;
public partial class _Default : System.Web.UI.Page
{
    protected void Page_Load(object sender, EventArgs e)
    {   //创建连接数据库的字符串
        Sqlconnection conn=New Sqlconnection("Server=(local);User Id=sa;Pwd=;
        DataBase=教务系统");
        //创建命令对象 SqlCommand
        SqlCommand comm.=new SqlCommand();
        Comm.Connection=conn;
        Comm.CommandType=CommandType.Text;
        Comm.CommandText="Select * from 新编教材";
        ...
    }
}
```

2. Command 对象常用的方法

上面介绍了 Command 对象常用的属性及设置方法,并没有真正的执行这些操作,如果要执行 Command 操作,可使用以下 3 种方法,其不同之处在于返回值不同。

(1) ExecuteNonQuery:用于执行非 SELECT 命令,如 INSERT、UPDATE、DELETE 命令,返回 3 个命令所影响的数据的行数。也可以用来执行一些数据定义命令,如新建、更新、删除数据库对象。

(2) ExecuteScalar:用于执行 SELECT 查询命令,返回数据中第一行第一列的值,这个方法是通常用来执行统计(Count 或 Sum 函数)的 SELECT 命令。

(3) ExecuteReader:执行 SELECT 命令,并返回一个 DataReader 对象(该对象为向前只读的数据集)。

7.4.2 使用 Command 对象插入数据

使用 Command 对象向数据库中插入数据的具体步骤如下。
(1) 利用 Connection 对象建立和数据库的连接。
(2) 建立 Command 对象,执行插入语句命令。
(3) 利用 Open 方法打开数据库。
(4) 利用 Command 对象的 ExecuteNonQuery()方法插入记录。
(5) 利用 Close 方法关闭数据库连接。

1. 使用 Command 对象向 SQL Server 数据库中插入数据

【例 7-3】 使用 Command 对象向 SQL Server 数据库"教务系统"数据库的"新编教材"表中插入数据,程序在浏览器中运行的效果,如图 7-6 所示,输入教材名称和教材价格,然后单击"执行添加操作"按钮即可将数据添加到相应的数据表中。

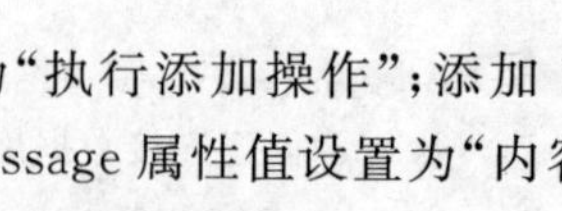

具体操作步骤如下。

(1) 新建一个网站,将新添加的网页项命名为 7-3.aspx。

图 7-6 向 SQL Server 数据库插入数据运行图

(2) 在 7-3.aspx 页面中上添加 2 个 TextBox 控件,其属性均为默认值;添加 1 个 Button 控件,其 Text 属性值设置为"执行添加操作";添加 1 个 RequiredFieldValidator 控件,绑定到 TextBox1 上,其 ErrorMessage 属性值设置为"内容不能为空!",运行效果如图 7-6 所示。

(3) 在"执行添加操作"按钮的 Click 事件下,使用 Command 对象将文本框中的值添加到数据库中,代码清单如下。

```
//引入命名空间
using System.Data.SqlClient;
public partial class _Default : System.Web.UI.Page
{
```

```csharp
protected void Button1_Click(object sender, EventArgs e)
{
    //创建数据库连接对象
    SqlConnection conn=new SqlConnection("Server=(local);User Id=sa;Pwd=;
    DataBase=教务系统");
    string strsql="insert into 新编教材(book_Name,book_Price)values('"+
        TextBox1.Text+"','"+TextBox2.Text+"')";
    //创建 SqlCommand 对象
    SqlCommand comm=new SqlCommand(strsql, conn);
    //打开数据库连接
    if(conn.State.Equals(ConnectionState.Closed))
    { conn.Open(); }
    //判断 ExecuteNonQuery 方法返回的参数是否大于 0,大于 0 表示添加成功
    if(Convert.ToInt32(comm.ExecuteNonQuery())>0)
    {
        Response.Write("信息提示:添加成功!");
    }
    else
    {
        Response.Write("信息提示:添加失败!");
    }
                                                //关闭数据库连接
    if(conn.State.Equals(ConnectionState.Open))
        conn.Close();
    }
}
```

（4）设置完成后,在浏览器中运行的效果如图 7-6 所示。完成操作后,读者可以通过 SQL Server 平台打开数据表,发现数据已经成功添加。

2. 使用 Command 对象向 Access 数据库中插入数据

【例 7-4】 使用 Command 对象向本地(App_Data 文件夹)Access 数据库的"硅湖.mdb"数据库的"联谊院校"表中插入数据,程序在浏览器中运行的效果如图 7-7 所示。输入相关数据,然后单击"执行添加操作"按钮即可将数据添加到相应的数据表中。

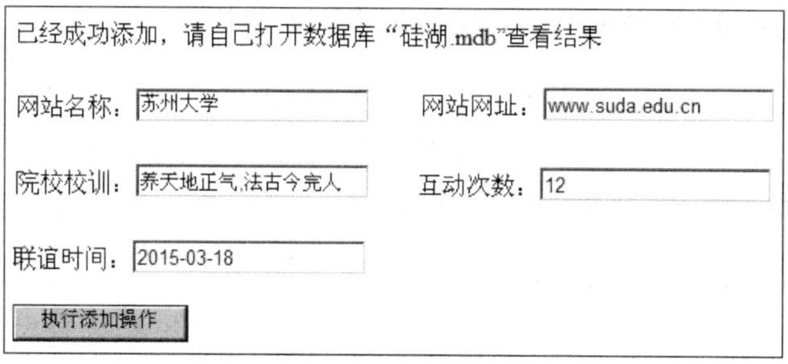

图 7-7 向 Access 数据库插入数据

具体操作步骤如下。
（1）新建一个网站,将新添加的网页项命名为 7-4.aspx。
（2）在 7-4.aspx 页面中添加 5 个 TextBox 控件,其属性均为默认值;添加 1 个 Button

控件,其 Text 属性的值设置为"执行添加操作",运行效果如图 7-7 所示。

(3) 在"执行添加操作"按钮的 Click 事件下,使用 Command 对象将文本框中的值添加到数据库中,代码清单如下。

```
<%@ Import Namespace="System.Data.OleDb" %>
<%@ Page Language="C#" %>
…
protected void Button1_Click(object sender, EventArgs e)
{ //建立 Connection 对象
    OleDbConnection conn=new OleDbConnection("Provider=Microsoft.Jet.OLEDB.4.0;Data Source="+Server.MapPath("app_data/硅湖.mdb"));
    //建立 Command 对象
    OleDbCommand cmd=new OleDbCommand("Insert Into 联谊院校(sitename,url,intro,friendship_numbers,friendship_date)Values('"+TextBox1.Text+"','"+ TextBox2.Text+"','"+TextBox3.Text+"','"+TextBox4.Text+"','"+TextBox5.Text+"')", conn);
    //执行操作,插入记录
    conn.Open();                                    //打开数据库
    cmd.ExecuteNonQuery();
    conn.Close();                                   //关闭数据库
    Response.Write("已经成功添加,请自己打开数据库"硅湖.mdb"查看结果");
}
```

(4) 设置完成后,在浏览器中运行的效果如图 7-7 所示。完成操作后,读者可以打开 Access 数据表,发现数据已经成功添加。

7.4.3 使用 Command 对象更新数据

使用 Command 对象更新(修改)数据库中数据的具体步骤如下。
(1) 利用 Connection 对象建立和数据库的连接。
(2) 建立 Command 对象,执行更新语句命令。
(3) 利用 Open 方法打开数据库。
(4) 利用 Command 对象的 ExecuteNonQuery 方法更新记录。
(5) 利用 Close 方法关闭数据库连接。

1. 使用 Command 对象为 SQL Server 数据库更新数据

【例 7-5】 使用 Command 对象为 SQL Server 数据库"教务系统"数据库的"新编教材"表中 ID 编号为 1 的记录更新数据,程序在浏览器中运行的效果如图 7-8 所示。输入相关数据,然后单击"执行修改操作"按钮即可将数据更新到相应的数据表中。

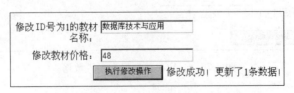

图 7-8 更新 SQL Server 数据库中数据的运行图

具体操作步骤如下。

(1) 新建一个网站,将新添加的网页项命名为 7-5.aspx。

(2) 在 7-5.aspx 页面中上添加 2 个 TextBox 控件,其属性均为默认值;添加 1 个 Button 控件,其 Text 属性的值设置为"执行修改操作";添加 1 个 RequiredFieldValidator 控件,绑定到 TextBox1 上,其 ErrorMessage 属性值设置为"内容不能为空!",运行效果如图 7-8 所示。

(3) 在"执行添加操作"按钮的 Click 事件下,使用 Command 对象将文本框中的值更新到数据库中,代码清单如下。

```
//引入命名空间
using System.Data.SqlClient;
public partial class _Default : System.Web.UI.Page
{
    protected void Button1_Click(object sender, EventArgs e)
    {   //创建数据库连接对象
        SqlConnection conn= new SqlConnection("Server= (local);User Id=sa;Pwd=;DataBase=教务系统");
        //定义查询 SQL 语句
        string strsql="update 新编教材 set book_Name='"+TextBox1.Text+
                    "',book_Price='"+TextBox2.Text+"' where id=1";
        //创建 SqlCommand 对象
        SqlCommand comm=new SqlCommand(strsql, conn);
        //打开数据库连接
        if(conn.State==ConnectionState.Closed)
         { conn.Open(); }
        int records=Convert.ToInt32(comm.ExecuteNonQuery());
        if(records >0)
            Response.Write("修改成功!更新了"+records.ToString()+"条数据!");
        else
            Response.Write("信息提示:修改失败!");
        comm.Dispose();
        conn.Close();                              //关闭数据库连接
    }
}
```

(4) 设置完成后,在浏览器中运行的效果如图 7-8 所示。完成操作后,读者可以通过 SQL Server 平台打开数据表,发现数据已经成功更新。

2. 使用 Command 对象为 Access 数据库更新数据

【例 7-6】 使用 Command 对象为本地(App_Data 文件夹)Access 数据库的"硅湖.mdb"数据库的"联谊院校"表中 ID 编号为 1 的记录更新数据,程序在浏览器中运行的效果,如图 7-9 所示,输入相关数据,然后单击"执行修改操作"按钮即可将数据更新到相应的数据表中。

具体操作步骤如下。

(1) 新建一个网站,将新添加的网页项命名为 7-6.aspx。

(2) 在 7-6.aspx 页面中上添加 5 个 TextBox 控件,其属性均为默认值;添加 1 个

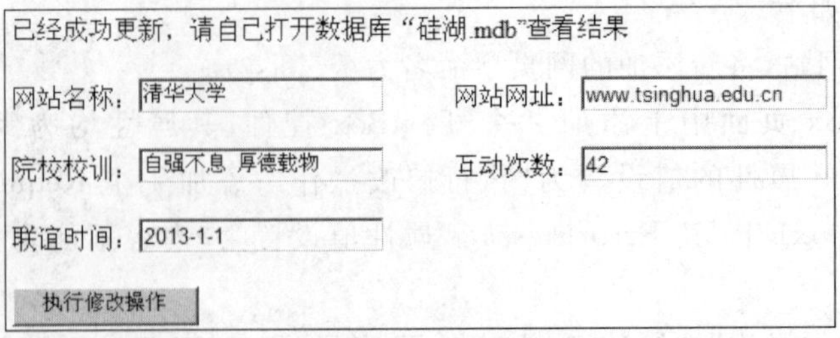

图 7-9 更新 Access 数据库中数据的运行图

Button 控件,其 Text 属性的值设置为"执行修改操作",运行效果如图 7-9 所示。

(3) 在"执行修改操作"按钮的 Click 事件下,使用 Command 对象将文本框中的值更新到数据库中,代码清单如下。

```
<%@ Import Namespace="System.Data.OleDb" %>
<%@ Page Language="C#" %>
...
protected void Button1_Click(object sender, EventArgs e)
{    //建立 Connection 对象
    OleDbConnection conn= new OleDbConnection("Provider=Microsoft.Jet.OLEDB.4.0;
Data Source="+Server.MapPath("app_data/硅湖.mdb"));
    //建立 Command 对象
    OleDbCommand cmd= new OleDbCommand("Update 联谊院校 Set sitename='"+
        TextBox1.Text+"', url='"+TextBox2.Text+"',intro='"+TextBox3.Text+
        "',friendship_numbers="+Convert.ToInt16(TextBox4.Text)+
        ",friendship_date=#"+Convert.ToDateTime(TextBox5.Text)+
        "# Where ID=1", conn);
    //执行操作,更新记录
    conn.Open();                                        //打开数据库
    cmd.ExecuteNonQuery();
    conn.Close();                                       //关闭数据库
    Response.Write("已经成功更新,请自己打开数据库"硅湖.mdb"查看结果");
}
```

(4) 设置完成后,在浏览器中运行的效果如图 7-9 所示。完成操作后,读者可以打开 Access 数据表,发现数据已经成功更新。

说明:要完成数据更新操作,以及后面的数据删除操作,一般都需要两个步骤:①把现有的数据信息读取出来;②把更新后的数据再存回去(或删除该数据)。实际上绝大多数的数据更新功能都是这个模式,读者只要掌握最基本的使用方式,就能解决绝大多数问题,对于数据信息的读取将在 DataSet 和 DataReader 对象中详细讲述。

7.4.4 使用 Command 对象删除数据

使用 Command 对象删除数据库中数据的具体步骤如下。
(1) 利用 Connection 对象建立和数据库的连接。
(2) 建立 Command 对象,执行删除语句命令。
(3) 利用 Open 方法打开数据库。

(4) 利用 Command 对象的 ExecuteNonQuery()方法删除记录。
(5) 利用 Close 方法关闭数据库连接。

1. 使用 Command 对象删除 SQL Server 数据库中数据

【例 7-7】 使用 Command 对象删除 SQL Server 数据库"教务系统"数据库的"新编教材"表中指定 ID 编号的数据,程序在浏览器中运行的效果,如图 7-10 所示,在文本框中输入教材 ID 编号,然后单击"执行删除操作"按钮即可将数据从相应的数据表中删除。

图 7-10 删除 SQL Server 数据库中指定的数据运行图

具体操作步骤如下。
(1) 新建一个网站,将新添加的网页项命名为 7-7.aspx。
(2) 在 7-7.aspx 页面中上添加 1 个 TextBox 控件,其属性均为默认值;添加 1 个 Button 控件,其 Text 属性的值设置为"执行删除操作",运行效果如图 7-10 所示。
(3) 在"执行添加操作"按钮的 Click 事件下,使用 Command 对象将指定 id 编号的教材从数据库中删除,代码清单如下。

```
//引入命名空间
using System.Data.SqlClient;
public partial class _Default : System.Web.UI.Page
{
    protected void Button1_Click(object sender, EventArgs e)
    {   //创建数据库连接对象
        SqlConnection conn=new SqlConnection("Server=(local);User Id=sa;Pwd=;DataBase=教务系统");
        //定义查询 SQL 语句
        string strsql="delete from 新编教材 where id="+
                      Convert.ToInt16(TextBox1.Text)+"";
        //创建 SqlCommand 对象
        SqlCommand comm=new SqlCommand(strsql, conn);
        //打开数据库连接
        conn.Open();
        int records=Convert.ToInt32(comm.ExecuteNonQuery());
        if(records>0)
            Response.Write("删除成功!共删除了"+records.ToString()+"条数据!");
        else
            Response.Write("信息提示:删除失败!");
        conn.Close();                                        //关闭数据库连接
    }
}
```

(4) 设置完成后,在浏览器中运行的效果如图 7-10 所示。完成操作后,读者可以通过 SQL Server 平台打开数据表,发现数据已经成功删除。

2. 使用 Command 对象删除 Access 数据库中数据

【例 7-8】 使用 Command 对象删除本地（App_Data 文件夹）Access 数据库的"硅湖.mdb"数据库的"联谊院校"表中指定 ID 编号的数据，程序在浏览器中运行的效果，如图 7-11 所示，在文本框中输入教材 ID 编号，然后单击"执行删除操作"按钮即可将数据从相应的数据表中删除。

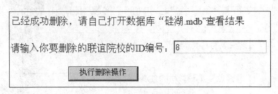

图 7-11 删除 Access 数据库中指定数据的运行图

具体操作步骤如下。

（1）新建一个网站，将新添加的网页项命名为 7-8.aspx。

（2）在 7-8.aspx 页面中上添加 1 个 TextBox 控件，其属性均为默认值；添加 1 个 Button 控件，其 Text 属性的值设置为"执行删除操作"，运行效果如图 7-11 所示。

（3）在"执行修改操作"按钮的 Click 事件下，使用 Command 对象将文本框中的值更新到数据库中，代码清单如下。

```
<%@ Import Namespace="System.Data.OleDb" %>
<%@ Page Language="C#" %>
…
protected void Button1_Click(object sender, EventArgs e)
    {   //建立 Connection 对象
        OleDbConnection conn=new OleDbConnection("Provider=Microsoft.Jet.OLEDB.
4.0;Data Source="+Server.MapPath("app_data/硅湖.mdb"));
        //建立 Command 对象
        OleDbCommand cmd=new OleDbCommand("Delete From 联谊院校 Where id="+
            Convert.ToInt16(TextBox1.Text)+"", conn);
        //执行操作,删除记录
        conn.Open();                                //打开数据库
        cmd.ExecuteNonQuery();
        conn.Close();                               //关闭数据库
        Response.Write("已经成功删除,请自己打开数据库"硅湖.mdb"查看结果");
    }
```

（4）设置完成后，在浏览器中运行的效果如图 7-11 所示。完成操作后，读者可以打开 Access 数据表，发现数据已经成功删除。

说明：看上去删除操作比数据的插入、修改更简单，只要一个简单的 SQL 语句就能轻松地完成。事实上删除操作并不是很简单，通常需要花一定的时间在删除检验上，因为删除是一件对数据影响很大的事件。为了避免用户的误删除、误操作，大多数应用程序在用户删除一条记录时都会弹出一个对话框，询问用户是否真的删除数据。虽然这对用户和开发者都有点麻烦，但这个麻烦是值得的，它可以避免很多失误操作的发生。

7.5 使用 DataReader 对象读取数据

学习了 Command 对象后,实现了对数据库进行添加、更新(修改)和删除的操作,但没有对数据库中数据进行查询的操作,本节将使用 DataReader 对象来实现。当 Command 对象放回结果集时,需要使用 DataReader 对象来检索数据。DataReader 对象返回一个来自 Command 对象的只读的、向前的数据流。

7.5.1 DataReader 对象概述

DataReader 对象是一个简单的数据集,用于从数据源中读取只读的数据集。根据 .NET Framework 数据提供程序不同,DataReader 对象也可以分为 SqlDataReader 对象和 OleDbDataReader 对象两类。DataReader 对象每次只能在内存中保留一行,所以开销非常小。

使用 SqlDataReader 对象读取数据时,必须一直保持与数据库的连接,读完数据后才能断开连接,所以也被称为连线模式,其架构如图 7-12 所示。

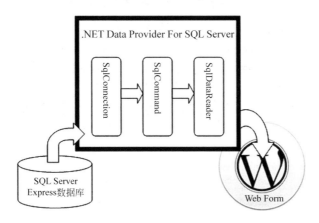

图 7-12 SqlDataReader 对象读取数据架构

数据访问时,通过 Command 对象的 ExecuteReader 方法从数据源中检索数据来创建 DataReader 对象。DataReader 对象常用的属性和方法如下。

1. DataReader 对象常用的属性

(1) HasRows:判断数据库中是否有数据。
(2) FieldCount:获取当前行的列数。
(3) RecordsAffected:获取执行 SQL 语句所更改、添加或删除的行数。

2. DataReader 对象常用的方法

(1) Read:使 DataReader 对象前进到下一条记录。
(2) Close:关闭 DataReader 对象。
(3) Get:用来读取数据集当前行中某一列的数据。

通过上述属性和方法,我们可以逐步判断数据库中是否有可取的数据:①用 DataReader 对象的 HasRows 属性判断是否有数据可以回传,若有则传回 True,否则传回 False;②调用 DataReader 对象的 Read 方法,往下读取一条数据,若有数据则传回 True,否则传回 False。

7.5.2 使用 DataReader 对象读取数据

在系统学习 DataReader 对象的属性和方法后,我们就可以通过 DataReader 对象来读取数据库中的数据了,其数据读取过程:首先,用 HasRows 属性判断有没有数据;其次,通过循环语句(如:While 等)将 Select 语句查询结果逐条读取出来,同时通过 Read 方法往下读取下一条数据,直至所有数据读取完毕;最后,可调用 DataReader 对象的 Close 方法关闭与数据源之间的联系。

【例 7-9】 使用 DataReader 对象读取 SQL Server 数据库"教务系统"数据库的"新编教材"表中的所有数据,并使用 Response 对象的 Write 方法将内容显示在表格中,最后关闭 DataReader 对象。程序在浏览器中运行的效果如图 7-13 所示。

图 7-13 使用 DataReader 对象读取数据

具体操作步骤如下。

(1) 新建一个网站,将新添加的网页项命名为 7-9.aspx。

(2) 当页面加载时,在 7-9.aspx 网页的 Page_Load 事件下,使用 DataReader 对象读取数据库中的数据,并将读取的所有数据显示出来,代码清单如下。

```
//引入命名空间
using System.Data.SqlClient;
public partial class _Default : System.Web.UI.Page
{
    protected void Page_Load(object sender, EventArgs e)
    {   //创建 SqlConnection 对象
        SqlConnection conn=new SqlConnection("server=(local);database=教务系统;uid=sa;pwd=");
        //创建 SqlCommand 对象
        SqlCommand cmd=new SqlCommand("select * from 新编教材", conn);
```

```csharp
        if(conn.State==ConnectionState.Closed)
        { conn.Open(); }                                    //打开数据库连接
        //接收 ExecuteReader 方法返回的 SqlDataReader 对象
        SqlDataReader sdr=cmd.ExecuteReader();
        //输出表格
        Response.Write("<table border=1 align='center' ");
        Response.Write("<tr><th>教材编号</th><th>教材名称</th><th>教材价格
                </th></tr>");
        try
        {
            if(sdr.HasRows)                                 //判断是否有数据
            {
                //显示新编教材表的信息
                while(sdr.Read())                           //遍历 DataReader 时最常用的方式
                {
                    Response.Write("<tr>");
                    //按照顺序以列名指定要读取的项
                    Response.Write("<td align='center'>"+sdr["ID"].ToString()+
                            "</td>");
                    Response.Write("<td align='center'>"+
                            sdr["book_Name"].ToString()+"</td>");
                    Response.Write("<td align='left'>"+
                            sdr["book_Price"].ToString()+"</td>");
                    Response.Write("</tr>");
                }
            }
            Response.Write("</table>");
        }
        catch(SqlException ex)
        {
            //异常处理
            Response.Write(ex.ToString());
        }
        finally
        {
            sdr.Close();                                    //关闭 DataReader 对象
            conn.Close();                                   //断开数据库连接
        }
    }
}
```

(3) 设置完成后,在浏览器中运行的效果如图 7-13 所示,实现了使用 DataReader 对象读取数据。

说明:

① 在程序代码中 SqlDataReader sdr=cmd.ExecuteReader()只声明一个 DataReader 对象来读取查询结果,不用建立(new),因为 ExecuteReader 方法执行后会传回一个 SqlDataReader 对象,而 sdr 是用来表示它的变量名称的。

② DataReader 对象读完数据后,务必把 DataReader 对象关闭;否则,DataReader 对象所使用的 Connection 对象将无法执行其他操作。

7.5.3 使用 DataReader 对象和 GridView 控件显示数据

读取数据库的方式有两种：①利用 Connection、Command、DataReader，只能读取或查询数据库；②利用 Connection、Command、DataAdapter、DataSet，能进行各种数据库的操作。下面通过第一种方法，结合 GridView 数据控件来显示数据库中的数据。

【例 7-10】 使用 ADO.NET 的 DataReader 对象和 GridView 数据控件显示本地 Access 数据库的"硅湖.mdb"数据库(App_Data 文件夹)的"联谊院校"表中的所有数据。

具体操作步骤如下。

(1) 新建一个网站，将新添加的网页项命名为 7-10.aspx。

(2) 在 7-10.aspx 页面中上添加 1 个 GridView 数据控件(其属性为默认值)，不要添加数据源，然后在 Page_Load 事件下添加程序代码，代码清单如下。

```
<%@ Import Namespace="System.Data.OleDb" %>
<%@ Page Language="C#" %>
...
protected void Button1_Click(object sender, EventArgs e)
{    //建立 Connection 对象
    OleDbConnection conn=new OleDbConnection("Provider=Microsoft.Jet.OLEDB.4.0;
Data Source="+Server.MapPath("app_data/硅湖.mdb"));
    //建立 Command 对象
    OleDbCommand cmd=new OleDbCommand("Update 联谊院校 Set sitename='"+
        TextBox1.Text+"', url='"+TextBox2.Text+"',intro='"+
        TextBox3.Text+"',friendship_numbers="+
        Convert.ToInt16(TextBox4.Text)+",friendship_date=#"+
        Convert.ToDateTime(TextBox5.Text)+"#  Where ID=1", conn);
    //执行操作，更新记录
    conn.Open();                                    //打开数据库
    cmd.ExecuteNonQuery();
    conn.Close();                                   //关闭数据库
    Response.Write("已经成功更新,请自己打开数据库"硅湖.mdb"查看结果");
}
```

(3) 设置完成后，在浏览器中运行的效果如图 7-14 所示，实现了使用 DataReader 对象和 GridView 控件显示数据。

7.5.4 案例：登录页面的设计

通过登录页面的设计，掌握使用 DataReader 对象读取数据库数据的方法，通过用户界面输入与数据库数据的验证判断，介绍 SQL 语句的执行与判定方法。

【例 7-11】 设计登录页面，如图 7-1 所示，用户通过 DataReader 对象读取本地(App_Data 文件夹)Access 数据库"硅湖.mdb"数据库的 user 表中的数据，并验证其是否与用户文本框输入的信息相匹配。

具体操作步骤如下。

(1) 在"硅湖.mdb"数据中创建表 user，结构如图 7-15 所示。添加相应的数据，如图 7-16 所示。

第 7 章　ADO.NET 数据库访问技术

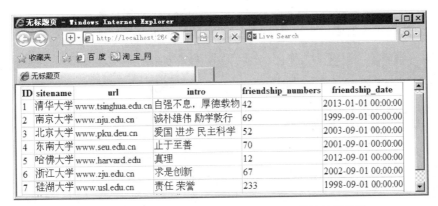

图 7-14　使用 DataReader 对象和 GridView 控件显示数据

图 7-15　user 表的结构 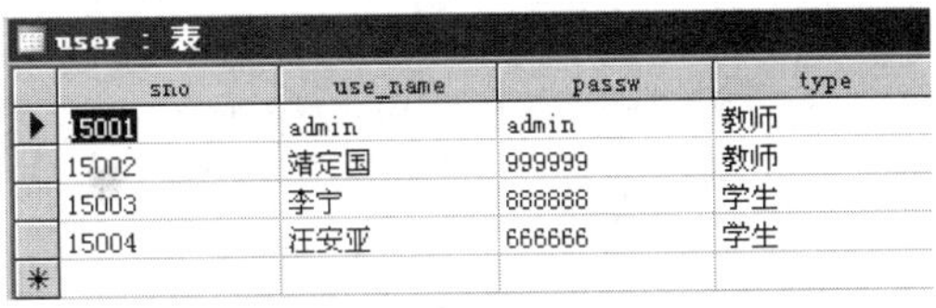　　　　　　　图 7-16　user 表的内容

（2）新建一个网站，将新添加的网页项命名为 7-11.aspx。

（3）在 7-11.aspx 页面中上添加 2 个文本框、1 个下拉式列表框、1 个 Button 控件、1 个 label，其中 Button 控件的 Text 属性设为"登录"，其他各控件的属性均为默认值。

（4）选择"DropDownList1 任务"菜单中的"配置数据源"命令，为下拉式列表框添加数据源，选择数据库为本地 App_Data 文件夹中的"硅湖.mdb"数据库。在"配置 Select 语句"对话框中的"列"中选择 type 字段，选中右侧的"只返回唯一行"复选框，如图 7-17 所示。

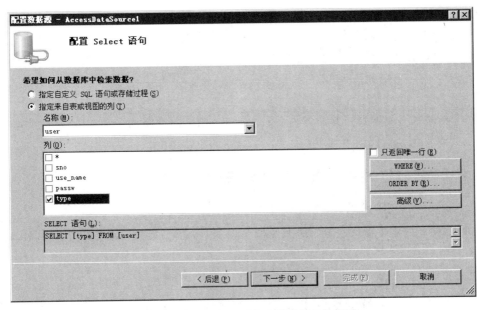

图 7-17　为 DropDownList1 控件添加数据源

(5) 在"登录"按钮的 Click 事件下，使用 DataReader 对象读取数据库数据，并判断用户界面输入的数据与数据库中数据是否一致，代码清单如下。

```
<%@ Import Namespace="System.Data.OleDb" %>
<%@ Page Language="C#" %>
...
protected void Button1_Click(object sender, EventArgs e)
{
    string name=TextBox1.Text;
    string pasw=TextBox2.Text;
    string mystr;
    OleDbConnection myconn=new OleDbConnection();
    mystr="Provider=Microsoft.Jet.OLEDB.4.0;"+
        "Data Source="+Server.MapPath("~\\App_data\\硅湖.mdb");
    myconn.ConnectionString=mystr;
    myconn.Open();
    string sql;
    sql="select use_name from [user] where sno='"+
        name+"' and passw='"+pasw+"'";
    OleDbCommand mycmd=new OleDbCommand();
    mycmd.CommandText=sql;
        mycmd.Connection=myconn;
    OleDbDataReader rs=mycmd.ExecuteReader();
    rs.Read();
    //if(rs["use_name"].ToString()!=null)
        if(rs.HasRows)
    {
        Session["name"]=rs["use_name"];
        Session["type"]=DropDownList1.SelectedItem.Value;
        Response.Redirect("9-12.aspx");
    }
    else
    {
        Label1.Text="登录失败";
        Response.Redirect("9-11.aspx");
    }
}
```

(6) 新添加一个网页项并命名为 7-12.aspx。在页面上添加 1 个 label、1 个 Button（其属性均为默认值），代码清单如下。

```
protected void Page_Load(object sender, EventArgs e)
{
    if(Session["name"] !=null)
    {
        Label1.Text=Session["type"].ToString()+Session["name"]+"欢迎光临!";
    }
    else {
        Response.Redirect("9-11.aspx");
    }
}
```

```
protected void Button1_Click(object sender, EventArgs e)
{
    Session.Abandon();
    Response.Redirect("9-11.aspx");
}
```

（7）设置完成后，在浏览器中运行的效果如图 7-1 所示，实现了用户登录页面的设计。

7.6 使用 DataSet 和 DataReader 读取数据

7.6.1 DataSet 对象和 DataReader 对象

1. DataSet 对象

DataSet 是 ADO.NET 的核心，支持 ADO.NET 断开式、分布式数据访问，是实现非链接数据查询的核心组件。DataSet 对象是创建在内存中的数据集合的对象，它可以包含任意数据量的数据表，以及所有表的约束、索引和关系，相当于在内存中的一个小型关系数据库。一个 DataSet 对象包括一组 DataTable 对象和 DataRelation 对象，其中 DataTable 对象由 DataColumn、DataRow 和 DataRelation 对象组成。

对于 DataSet 对象，可以将其看作一个数据库容器。它将数据库中的数据复制一份并放到用户本地内存中，供用户在不连接数据库的情况下读取数据。这样就充分利用了用户端的资源，大大降低了数据库服务器的压力，就像前面将 DataSet 对象比喻成一个大水库，把抽上来的水按一定关系存放在不同的池子里，即使撤掉"抽水装置"（断开连接，离线状态），也可以保持"水"的存在，这是 ADO.NET 的核心。

当 SQL Server 数据库的数据通过"桥梁"作用的 SqlDataAdapter 对象填充到 DataSet 数据集后，就可以对数据库进行断开连接和离线状态操作了，使用 DataSet 对象的方法有以下几种。

（1）以编程方式在 DataSet 中创建 DataTable、DataRelation 和 Constraint，并使用数据填充表。

（2）通过 DataAdapter 用现有关系数据源中的数据表填充 DataSet。

（3）使用 XML 加载和保持 DataSet 的内容。

2. DataAdapter 对象

DataAdapter（数据适配器）对象是一种用来充当 DataSet 对象与实际数据源之间桥梁的对象，可以说只要有 DataSet 的地方就有它，它是专门为 DataSet 服务的。DataAdapter 对象的工作步骤如下：①通过 Command 对象执行 SQL 语句从数据源中检索数据，并将获取的数据集填充到 DataSet 对象的表中；②把用户对 DataSet 对象做出的更改写入到数据源中。在 .NET Framework 中主要使用的两种 DataAdapter 对象，即 OleDbDataAdapter、SqlDataAdapter。

（1）DataAdapter 对象常用的属性

① SelectCommand：获取或设置用于在数据源中选择记录的命令。

② InsertCommand：获取或设置用于将新记录插入到数据源中的命令。
③ UpdateCommand：获取或设置用于更新数据源中记录的命令。
④ DeleteCommand：获取或设置用于从数据集中删除记录的命令。

DataSet 对象是一个非连接的对象，它与数据源无关。也就是说，该对象并不能直接跟数据源产生联系，而 DataAdapter 则正好负责填充它，并把它的数据提交给一个特定的数据源。只有 DataAdapter 与 DataSet 配合使用，才能执行查询、添加、修改和删除操作。在实际操作中只需要将 DataAdapter 的 Command 属性设置成相应的 SelectCommand、InsertCommand、UpdateCommand 和 DeleteCommand。

例如，对 DataAdapter 对象设置 SelectCommand 属性的代码如下：

```
//创建数据库连接对象
SqlConnection con=new SqlConnection(strCon);
//创建 SqlDataAdapter 对象
SqlDataAdapter ada=new SqlDataAdapter();
//给 SqlDataAdapter 的 SelectCommand 赋值
ada.SelectCommand=new SqlCommand("select * from 新编教材",con);
…                                                      //后续代码略
```

(2) DataAdapter 对象常用的方法
① Fill：从数据源中提出数据以填充数据集。
② Update：更新数据源。

在实际应用中，调用 Fill 方法时，将向数据存储区传输一条 SQL Server 语句。该方法主要用来填充或刷新 DataSet，返回值是影响 DataSet 的行数，其常用的方式如下。

① int Fill(DataSet dataset)：添加或更新参数所指定的 DataSet，返回值是影响的行数。
② int Fill(DataTable datatable)：将数据填充到一个数据表中。
③ int Fill(DataSet dataset,String tableName)：填充指定的 DataSet 中特定的表。

【例 7-12】 通过 SqlDataAdapter 对象的 Fill 方法来执行程序中的 SQL 查询命令(SQL Server 数据库"教务系统"数据库的"新编教材"表中的所有数据)，将取回的数据填充到指定的 DataSet 中，并在调用 Fill 方法后传回一个 int 类型被影响的数据条数。

具体操作步骤如下。
(1) 新建一个网站，将新添加的网页项命名为 7-13.aspx。
(2) 当页面加载时，在 7-13.aspx 网页的 Page_Load 事件下，编写如下代码。

```
//引入命名空间
using System.Data.SqlClient;
public partial class _Default : System.Web.UI.Page
{
    protected void Page_Load(object sender, EventArgs e)
    {
        string strCon=@"server=(local);database=教务系统;uid=sa;pwd=;";
        //创建数据库连接对象
        SqlConnection con=new SqlConnection(strCon);
        //创建 SqlDataAdapter 对象
```

```
        SqlDataAdapter ada=new SqlDataAdapter();
        //给 SqlDataAdapter 的 SelectCommand 赋值
        ada.SelectCommand=new SqlCommand("select * from 新编教材",con);
        //创建 DataSet 对象
        DataSet ds=new DataSet();
        //填充数据集
        int counter=ada.Fill(ds, "authors");
        Response.Write("获得:"+counter.ToString()+"条数据!");
    }
}
```

(3) 设置完成后,在浏览器中运行的结果如图 7-18 所示。

图 7-18 显示返回 SqlDataAdapter 取回数据的条数

7.6.2 使用 DataReader 对象读取 DataSet 表中数据

DataAdapter(数据适配器)对象是一种用来充当 DataSet 对象与实际数据源之间桥梁的对象,使用 DataReader 对象可以非常方便地读取 DataSet 表中数据。

【例 7-13】 使用 SqlDataAdapter、DataSet 对象访问 SQL Server 数据库"教务系统"数据库的"新编教材"表,并应用 foreach 循环语句将"新编教材"表中的所有数据读取出来。

具体操作步骤如下。

① 新建一个网站,将新添加的网页项命名为 7-14.aspx。

② 当页面加载时,在 7-14.aspx 页的 Page_Load 事件下,应用 foreach 循环,声明 DataRow 类型的变量 mydr,将数据集 ds 里名称为"新编教材"表的 Rows 集合的内容逐一读取出来,并把它们显示在前台的网页上,代码清单如下。

```
//引入命名空间
using System.Data.SqlClient;
public partial class _Default : System.Web.UI.Page
{
    protected void Page_Load(object sender, EventArgs e)
    {   string strCon=@"server=(local);database=教务系统;uid=sa;pwd=;";
        //创建数据库连接对象
        SqlConnection con=new SqlConnection(strCon);
        //创建 SqlDataAdapter 对象
        SqlDataAdapter ada=new SqlDataAdapter("select * from 新编教材", con);
        //创建 DataSet 对象
        DataSet ds=new DataSet();
```

```
            //填充数据集
            int counter=ada.Fill(ds,"新编教材");
            Response.Write("获得:"+counter.ToString()+"条数据!"+"<br/>");
            foreach(DataRow mydr in ds.Tables["新编教材"].Rows)
            {
                Response.Write(mydr["id"]+"\t"
                    +mydr["book_Name"]+"\t"
                    +mydr["book_Price"]+"<br/>");
            }
        }
    }
```

③ 设置完成后,在浏览器中运行的结果如图7-19所示。

7.6.3 使用 DataReader 对象、DataSet 对象和 GridView 控件显示数据

下面介绍利用 Connection、Command、DataAdapter、DataSet 结合 GridView 数据控件来显示数据库数据。

【例 7-14】 使用 ADO.NET 的 DataAdapter 对象、DataSet 对象和 GridView 数据控件显示本地(App_Data 文件夹)Access 数据库的"硅湖.mdb"数据库的"联谊院校"表中的所有数据。

```
获得:9条数据!
1 数据库技术与应用 48
2 网页设计与制作 35
3 ASP.NET动态网站开发 49
4 ERP原理与应用教程 78
5 SQL Server数据库应用基础 58
6 心灵鸡汤 36
7 Java应用案例教程 39
8 知识产权法 56
9 统计学原理 24
```

图 7-19 使用 DataReader 对象读取 DataSet 表中数据

具体操作步骤如下。

(1) 新建一个网站,将新添加的网页项命名为 7-15.aspx。

(2) 在 7-15.aspx 页面中上添加 1 个 GridView 数据控件(其属性为默认值),不要添加数据源,然后在 Page_Load 事件下添加程序代码,代码清单如下。

```
<%@ Import Namespace="System.Data.OleDb" %>
<%@ Page Language="C#" %>
...
protected void Page_Load(object sender, EventArgs e)
{   //建立 Connection 对象
    OleDbConnection conn=new OleDbConnection("Provider=Microsoft.Jet.OLEDB.4.0;Data Source="+Server.MapPath("app_data/硅湖.mdb"));
    //建立 Command 对象
    OleDbCommand cmd=new OleDbCommand("select * from 联谊院校", conn);
    //建立 DataAdapter 对象
    OleDbDataAdapter adp=new OleDbDataAdapter(cmd);
    //建立 DataSet 对象
    DataSet ds=new DataSet();
    //填充 DataSet 对象
    adp.Fill(ds,"联谊院校");
    //绑定数据对象
    GridView1.DataSource=ds.Tables["联谊院校"].DefaultView;
                                            //指定数据源
```

```
    GridView1.DataBind();                               //执行绑定
}
```

(3) 设置完成后，在浏览器中运行的效果，如图 7-20 所示，实现了使用 DataReader 对象、DataSet 对象和 GridView 控件显示数据。

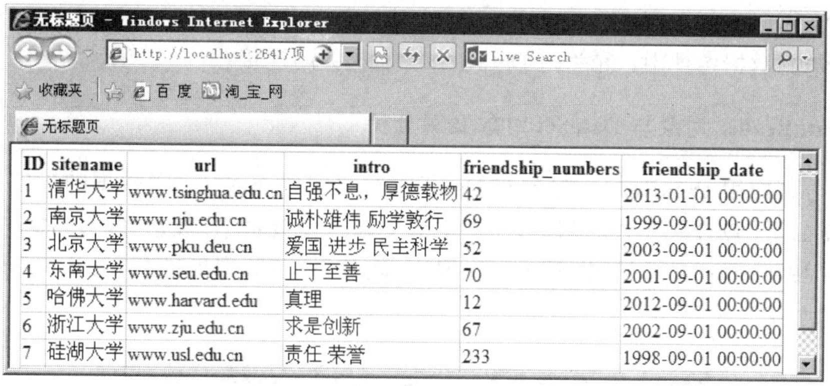

ID	sitename	url	intro	friendship_numbers	friendship_date
1	清华大学	www.tsinghua.edu.cn	自强不息，厚德载物	42	2013-01-01 00:00:00
2	南京大学	www.nju.edu.cn	诚朴雄伟 励学敦行	69	1999-09-01 00:00:00
3	北京大学	www.pku.deu.cn	爱国 进步 民主科学	52	2003-09-01 00:00:00
4	东南大学	www.seu.edu.cn	止于至善	70	2001-09-01 00:00:00
5	哈佛大学	www.harvard.edu	真理	12	2012-09-01 00:00:00
6	浙江大学	www.zju.edu.cn	求是创新	67	2002-09-01 00:00:00
7	硅湖大学	www.usl.edu.cn	责任 荣誉	233	1998-09-01 00:00:00

图 7-20　使用 DataReader 对象、DataSet 对象和 GridView 控件显示数据

说明：

① 例 7-10 使用 DataReader 对象，只能完成对数据库数据的读取，而例 7-14 使用 DataReader 对象、DataSet 对象，完成对数据库数据的读取，因而生成了 DataSet 对象，不仅可以查询数据，还可以更新、删除、添加数据。

② DataSet 对象是内存中的数据库，建立 DataSet 对象后，就可以与原来的数据库断开了，这样可以保证数据的安全性。

7.6.4　DataReader 对象与 DataSet 对象的区别

ASP.NET 中最常用的功能是将数据库中的数据查询出来并显示给用户，ADO.NET 中提供了两个对象用于检索关系数据库：DataReader 对象与 DataSet 对象。DataSet 对象是将用户需要的数据从数据库中“复制”下来存储在内存中，用户是对内存中的数据直接操作的；而 DataReader 对象则像是一根管道，连接到数据库上，“抽”出用户需要的数据后，断开管道连接。所以在使用 DataReader 对象读取数据时，一定要保证数据库的连接状态是开启的，而 DataSet 中的数据则支持“离线操作”。

1. DataReader 对象与 DataSet 对象的区别

(1) 在实现功能方面的区别

在如下场合优先使用 DataSet 对象：①需要同时操作多个来自不同数据源中的数据；②对数据执行大量的处理，但不需要与数据源保持打开的连接，可将该连接释放给其他用户使用；③需要以操作 XML 的方式操作数据的时候；④缓冲重复使用相同的行集合以提高性能。

在应用程序需要以下功能时使用 DataReader 对象：①需要缓冲数据；②正在处理的结果集太大而不能被全部放入内存中；③需要迅速的、一次性的访问数据，采用只向前、只读方式。

(2) 在查询数据时的步骤区别

DataSet 对象查询数据时的步骤如下：①创建 DataAdapter 对象；②定义 DataSet 对象；③执行 DataAdapter 对象的 Fill 方法；④将 DataSet 的表中内容输出到页面或绑定到数据控件中。

DataReader 对象查询数据时的步骤如下：①创建连接；②打开连接；③创建 Command 对象；④执行 Command 的 ExecuteReader 方法；⑤将 DataReader 对象读取的内容输出到页面或绑定到数据控件中；⑥关闭 DataReader；⑦关闭连接。

2. DataReader 对象与 DataSet 对象案例分析

下面分别应用 DataReader 对象与 DataSet 对象实现查询同一条数据的操作。

【例 7-15】 设计一个查询网页，在文本框中输入要查询的"教材"编号，然后单击"执行查询操作"按钮，网页显示 SQL Server 数据库"教务系统"数据库的"新编教材"表中指定教材的信息，如图 7-21 所示。

图 7-21 通过教材 ID 编号查询教材信息

具体操作步骤如下。

(1) 方法一：使用 DataReader 对象

① 新建一个网站，将新添加的网页项命名为 7-16.aspx。

② 在 7-16.aspx 页面中上添加 1 个 TextBox 控件，其控件属性均为默认值；1 个 Button 控件，其 Text 属性的值设置为"执行删除操作"，分别用来输入教材 ID 编号和执行查询操作，双击页面中的"执行查询操作"按钮触发 Click 事件，代码清单如下。

```
//引入命名空间
using System.Data.SqlClient;
public partial class _Default : System.Web.UI.Page
{
    protected void Button1_Click(object sender, EventArgs e)
    {   //创建数据库连接对象
        SqlConnection con=new SqlConnection(@"server=(local);database=教务系统;
            uid=sa;pwd=;");
        //创建执行执行命令对象 SqlCommand
        SqlCommand cmd=new SqlCommand("select book_Name,book_Price from 新编教材
where id=@id", con);
        //先清空参数数组，然后再逐项为存储过程中的变量赋值
        cmd.Parameters.Clear();
        //添加参数
```

```csharp
            cmd.Parameters.Add(new SqlParameter("@id", SqlDbType.Int));
            //参数赋值
            cmd.Parameters["@id"].Value=this.TextBox1.Text;
            //打开数据库连接
            if(con.State==ConnectionState.Closed)
            { con.Open(); }
            //创建数据阅读器
            SqlDataReader sdr=cmd.ExecuteReader();
            if(sdr.HasRows)                              //判断是否有数据
            {
                while(sdr.Read())
                {
                    Response.Write("<li>"+sdr["book_Name"]+"--价格:"
                        +sdr["book_Price"]+"<br/>");
                }
            }
            else
            {
                Response.Write("<script>alert('暂无数据!')</script>");
            }
            sdr.Close();                                 //关闭数据阅读器
            con.Close();                                 //关闭数据连接
        }
}
```

③ 设置完成后,在浏览器中运行的效果如图 7-21 所示,实现了使用 DataReader 对象查询指定教材 ID 编号的教材信息。

(2) 方法二:使用 DataSet 对象

① 新建一个网站,将新添加的网页项命名为 7-17.aspx。

② 在 7-17.aspx 页面中上添加 1 个 TextBox 控件,其控件属性均为默认值;1 个 Button 控件,其 Text 属性的值设置为"执行删除操作",分别用来输入教材 ID 编号和执行查询操作,双击页面中的"执行查询操作"按钮触发 Click 事件,代码清单如下。

```csharp
//引入命名空间
using System.Data.SqlClient;
public partial class DataSet_Query : System.Web.UI.Page
{
    protected void Button1_Click(object sender, EventArgs e)
    {   //定义带参数的查询 SQL 语句
        string sqlstr="select book_Name,book_Price from 新编教材 where id=@id";
        //创建数据库连接对象
        SqlConnection con=new SqlConnection(@"server=(local);database=教务系统;uid=sa;pwd=;");
        //创建数据适配器
        SqlDataAdapter adp=new SqlDataAdapter(sqlstr, con);
        SqlParameter prams=new SqlParameter("@id", SqlDbType.Int);
        prams.Value=this.TextBox1.Text;
        //将参数传入到命令文本中
```

```
            adp.SelectCommand.Parameters.Add(prams);
            //创建 DataSet 数据集
            DataSet ds=new DataSet();
            //填充数据集
            adp.Fill(ds,"新编教材");
            //利用 foreach 循环语句将数据集 ds 中内存表 tb_mrbccd 的 Rows 集合内容逐一取出
            foreach(DataRow dr in ds.Tables["新编教材"].Rows)
            {
                Response.Write("<li>"+dr["book_Name"]+"--价格:"+
                                dr["book_Price"]+"<br/>");
            }
        }
    }
```

③ 设置完成后,在浏览器中运行的效果如图 7-21 所示,实现了使用 DataSet 对象查询指定教材 ID 编号的教材信息。

从上述两种方法可以看出,使用 DataReader 对象与 DataSet 对象查询数据的结果都是一样的,应根据实际需要的场合,选择合适的方法。

7.7 本章小结

本章介绍了 ASP.NET 中如何使用 ADO.NET 技术进行数据库数据操作。ADO.NET 是微软公司新一代.NET 数据库的访问架构,是数据库应用程序和数据源之间沟通的桥梁,主要提供面向对象的数据访问架构,用来开发数据库应用程序。ADO.NET 主要包括五大对象:Connection 对象、Command 对象、DataReader 对象、DataSet 对象和 DataAdpter 对象,它们彼此优化地结合起来,通过编写代码自由的实现数据库操作功能。本章主要内容总结如下。

(1) 介绍 ADO.NET 的五大对象:Connection、Command、DataReader、DataSet 和 DataAdpter 对象。

(2) 使用 Connection 建立数据库连接。

(3) 使用 Command 对象操作数据库。

(4) 使用 DataReader 对象读取数据。

(5) 使用 DataSet 和 DataReader 读取数据。

(6) 案例实际应用:将 ADO.NET 的五大对象相结合,实现 ASP.NET 中数据库数据的处理。

通过本章的学习,读者可以认识到在 ASP.NET 中,除了可以使用数据库控件完成数据库信息的浏览和操作外,还可以使用 ADO.NET 提供的各种对象,通过编写代码自由的实现数据库操作功能。

7.8 本章习题

1. 简述 ADO.NET 中五大对象的功能。
2. 使用 ADO.NET 对象时,必须要导入什么样的名称空间?分别叙述单文件模式和代码隐藏模式导入名称空间的方法。

3. 简要说明 Connection 对象建立数据库连接的步骤。

4. 一般采用 Command 对象的什么方法来完成对数据的插入、删除、更新操作？如何更安全的操作数据库？

5. 简叙使用 ADO.NET 对象为 GridView 数据控件绑定数据的方法与步骤。

6. 简述 DataSet 对象的操作方法。

7. 简要说明 DataReader 对象与 DataSet 对象的区别。

8. 尝试开发一个程序，要求修改数据库中指定数据。

9. 尝试开发一个程序，要求将图片文件保存到数据库中。

10. 设计一个注册系统，要求用户进入网站必须注册。注册成功后，将注册信息保存在数据库中，下次访问时可以使用用户名和密码登录，登录后可以浏览网站的内容，如果没有登录而直接访问其他页面时，则重新定向到注册页面。

第 8 章 访问其他数据源

在 ADO.NET 体系中,非常重要的组件就是.NET Data Provider,它负责建立与数据库之间的连接并执行数据操作。ADO.NET 提供了多种.NET Data Provider,负责连接不同的数据库。在前面的章节中,通常使用的是 SQL Server.NET Data Provider,使用其他的.NET Data Provider 能够访问其他类型的数据库。

8.1 场景导入

本章将介绍 ADO.NET 访问其他数据源的知识,这些数据源包括 MySql、Excel、TXT、SQLite 等常用的数据源。图 8-1 为访问数据源后的界面显示结果。

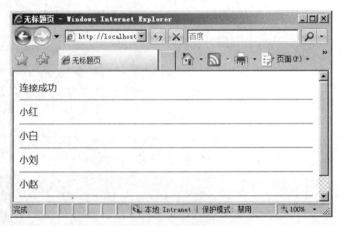

图 8-1 数据源

8.2 使用 ODBC.NET Data Provider

ODBC 是访问数据库的一个统一的接口标准。在 C++ 开发中,经常使用 ODBC 来与数据库互联,.NET 同样提供了连接 ODBC 的方法。ODBC 可以让开发人员通过 API 来访问多种不同的数据库,包括 SQL Server、Access、MySql 等。

8.2.1 ODBC.NET Data Provider 简介

当使用应用程序时,首先通过 ODBC API 与驱动管理器进行通信。ODBC API

由一组 ODBC 函数调用组成,通过 API 调用 ODBC 函数提交 SQL 请求,然后驱动管理器通过分析 ODBC 函数并判断数据源的类型。驱动管理器会配置正确的驱动器,然后将 ODBC 函数调用传递给驱动器。最后,驱动器处理 ODBC 函数调用,把 SQL 请求发送给数据源,数据源执行相应操作后,驱动器返回执行结果,管理器再把执行结果返回给应用程序,如图 8-2 所示。

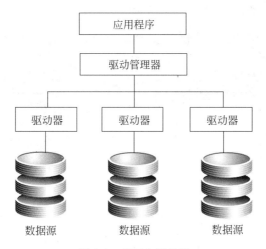

图 8-2 ODBC 原理图

使用命名空间 System.Data.Odbc 才能够使用 ODBC.NET Data Provider 来访问 ODBC 数据源,并且支持对原有的 ODBC 驱动程序的访问。通过 ODBC 能够连接和执行数据操作,其访问方式和 SQL Server.NET Data Provider 相似,都需要先与数据源建立连接并打开连接,然后创建 Command 对象执行相应操作,最后关闭数据连接。

通过 ODBC 驱动程序访问数据源与 SQL Server.NET Data Provider 相同,ODBC.NET Data Provider 同样包含 Connection、Command、DataReader 等类,为开发人员提供数据的遍历和存取等操作,这些类和功能如下所示。

(1) OdbcConnection:建立与 ODBC 数据源的连接。
(2) OdbcCommand:执行一个 SQL 语句或存储过程。
(3) OdbcDataReader:与 Command 对象一起使用,读取 ODBC 数据源。
(4) OdbcDataAdapter:创建适配器,用来填充 DataSet。
(5) OdbcCommandBuilder:用来自动生成插入、更新、删除等操作的 SQL 语句。

上述对象在 ADO.NET 中经常遇到,SQL Server.NET Data Provider 同样包括这些对象,使用 ODBC 操作数据源的操作方法与 SQL Server.NET Data Provider 基本相同,开发人员无须额外学习即可轻松使用。

8.2.2 建立连接

ODBC.NET Data Provider 连接数据库有两种方法,第一种是通过 DSN 连接数据库;第二种就是使用 OdbcConnection 对象建立与数据库的连接。

1. 使用 DSN 的连接字符串进行连接

使用 DSN(Data Source Name,数据源名)连接数据库,必须首选创建 ODBC 数据源,当创建一个 ODBC 数据源时,需要在管理工具中配置。打开 Windows 控制面板,然后在管理工具中选择"数据源(ODBC)"选项,在打开的"ODBC 数据源管理器"对话框的"系统 DSN"选项卡中进行系统 DSN 的配置,如图 8-3 所示。

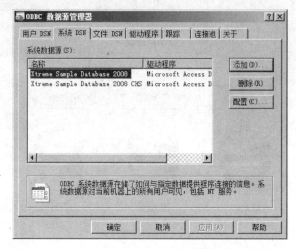

图 8-3　ODBC 数据源管理器

单击"添加"按钮,在弹出的对话框中选择合适的驱动程序。由于这里需要使用 DSN 连接 Access 数据库,就需要选择与 Access 数据库相应的驱动,这里选择 Microsoft Access Driver(﹡mdb)选项,如图 8-4 所示。

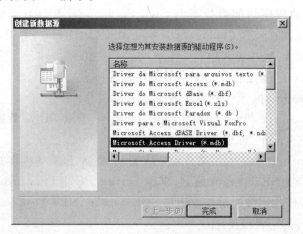

图 8-4　创建新数据源

单击"完成"按钮,进入"选择数据库"对话框,如图 8-5 所示。

选择好相应的驱动程序后,系统会弹出"ODBC Microsoft Access 安装"对话框并为驱动设置数据源名和说明,如图 8-6 所示。单击"确定"按钮就完成了数据源的配置,如图 8-7 所示。

图 8-5 选择数据库

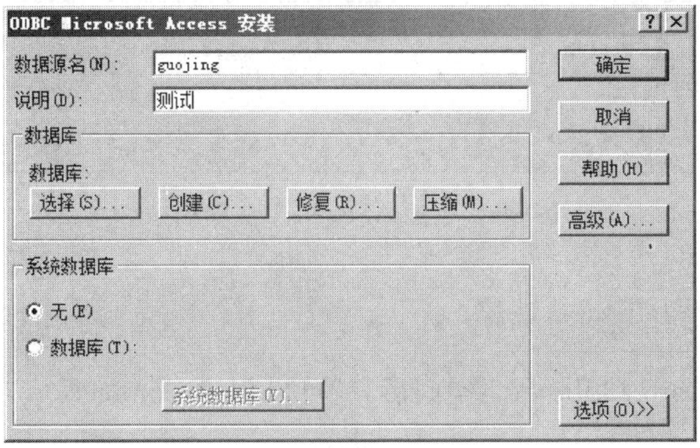

图 8-6 命名数据源

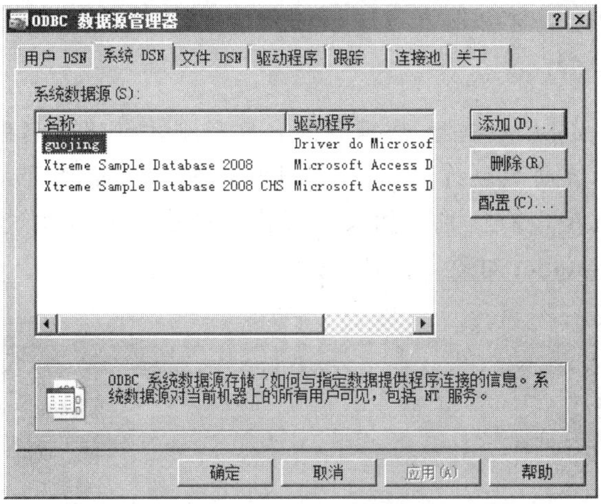

图 8-7 数据源配置完毕

当配置完数据源后,就可以编写.NET 应用程序来访问数据源了。打开 Visual Studio 2008,选择"ASP.NET Web 应用程序"选项,如图 8-8 所示。

创建完数据源之后,就可以使用 OdbcConnection 对象连接应用程序和数据库了。与连接字符串一样,OdbcConnection 对象需要使用 Open 方法才能打开与数据库之间的连接。使用 OdbcConnection 对象时同样需要使用命名空间 System.Data.Odbc,示例代码如下:

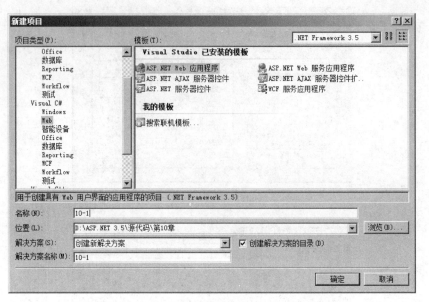

图 8-8 创建 ASP.NET 应用程序

```
using System.Data.Odbc;
```

引用了 System.Data.Odbc 命名空间后,就可以创建 Connection 对象进行数据连接,示例代码如下。

```
string str=@"DSN=guojing";                              //使用 ODBC 数据源
OdbcConnection con=new OdbcConnection(str);             //创建 OdbcConnection 对象
con.Open();                                             //打开数据库连接
```

上述代码使用了 ODBC 数据源,数据源的名称和刚才创建的名称相同,数据库连接字符串直接使用"DNS=数据源名称"即可。打开与数据库的连接后,即可对数据库进行操作,操作方法和普通方法没有区别。如果希望执行查询语句并填充数据集,则需要创建 DataAdapter 对象和 DataSet 对象,示例代码如下。

```
string strsql="select * from mytable";
OdbcDataAdapter da=new OdbcDataAdapter(strsql,con);     //创建 DataAdapter 对象
DataSet ds=new DataSet();                               //创建 DataSet
da.Fill(ds,"tablename");                                //填充数据集
```

若需要执行插入、更新、删除等操作,可以使用 Command 对象执行相应的操作,示例代码如下。

```
OdbcCommand cmd=new OdbcCommand("insert into mytable values('title')",con);
cmd.ExecuteNonQuery();                                  //执行 SQL 语句
```

当需要对其他数据源执行操作时,只需在配置 DSN 时配置其他数据源和数据源驱动程序即可,如图 8-9 所示。

使用 ODBC 配置数据源的好处是能够为其他类型的数据库配置数据驱动,而不用考虑

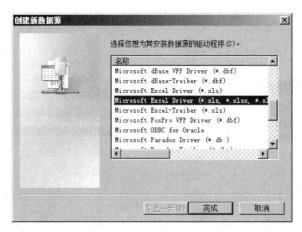

图 8-9 配置其他数据源

如何进行手动方式连接。

2．使用连接字符串进行连接（Access）

Access 数据库是桌面级的数据库，是以一种文件形式保存的数据库。在使用 Access 数据库时，很多情况下都不能依靠 ODBC 建立数据驱动来连接数据库，在这种情况下，需要使用连接字符串连接 Access 数据库，示例代码如下。

```
string str="provider=Microsoft.Jet.OLEDB.4.0;
Data Source=路径\acc.mdb";                         //配置数据库路径
```

上述代码使用了 Microsoft.Jet.OLEDB 4.0 驱动进行 Access 数据库的连接。但是这样编写代码有若干坏处，最大的坏处就是暴露了物理路径，当非法用户访问或获取代码后，容易获取数据库的信息并通过下载工具下载数据库，这样是非常不安全的。为了提高应用程序的安全性，开发人员可以使用 Server.MapPath 方法指定相对路径，示例代码如下。

```
string str="provider=Microsoft.Jet.OLEDB.4.0;Data Source="+
            Server.MapPath("acc.mdb")+"";
```

上述代码指定了数据库的文件以及相对路径，当 acc.mdb 与文件夹路径相同时，系统会隐式的补完绝对路径，而不会轻易地暴露物理路径，如果 acc.mdb 在文件夹的上层路径，则只需要使用"../"来确定相对路径。当指定数据库文件地址后，可以使用 Connection 对象进行数据库连接操作并使用 Open 方法打开数据连接，示例代码如下。

```
OdbcConnection con=new OdbcConnection(str);       //配置连接对象
con.Open();                                        //打开连接
```

3．使用连接字符串进行连接（SQL Server）

SQL Server 数据库可以采用两种不同的连接方式，正如 SQL Server Management Studio 中注册连接一样，包括 Windows 安全认证和 SQL Server 验证两种验证方式，SQL Server Management Studio 中注册连接的方式如图 8-10 所示。

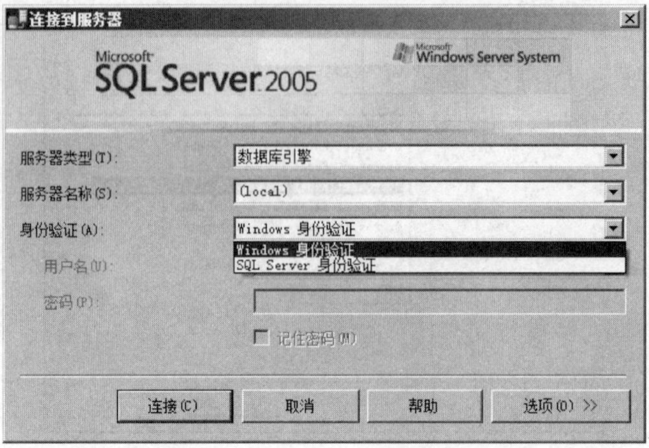

图 8-10　SQL Server 的两种连接方式

当使用 Windows 安全认证进行数据连接时,SQL Server 无须用户提供连接的用户名和密码即可连接,因为 Windows 安全认证是通过 Windows 登录时的账号来登录的。开发 ASP.NET 应用程序时,需要显式的声明这是一个安全的连接,示例代码如下。

```
@" Driver={SQL Server}; Server= (local);Database=mytable;Trusted_Connection=Yes";
```

如果需要使用 SQL Server 验证方式连接数据库,就不能够使用 Trusted_Connection 属性进行数据连接,而需要配置用户名和密码,示例代码如下。

```
@"Driver={SQL Server}; Server= (local);Database=mytable;User ID=sa;Password=";
```

8.3　使用 OLEDB.NET Data Provider

OLEDB 建立在 ODBC 基础之上,通过 OLEDB 可以访问关系型数据库和非关系型数据库,OLEDB 不仅使应用程序和数据库之间的交互减少,还能够最大限度地提升数据库性能。

8.3.1　OLEDB.NET Data Provider 简介

OLEDB 的本质是一个封装数据库访问的一系列 COM 接口,使用 COM 接口不仅能够减少应用程序和数据库之间的通信和交互,也能够极大地提升数据库的性能,让数据库的访问和操作更加便捷。

OLEDB.NET Data Provider 是 OLEDB 数据源的托管数据提供者,如果需要使用 OLEDB.NET Data Provider 访问数据源,则必须存在一个支持 OLEDB.NET Data Provider 的 OLE DB Provider。OLEDB.NET Data Provider 访问原理图如图 8-11 所示。

使用 OLEDB.NET Data Provider 访问数据库同 ODBC.NET Data Provider 相同,有 Connection 对象、Command 对象等用于数据库的连接和执行以及数据存储等,常用对象如下。

(1) OleDbConnection：建立与 ODBC 数据源的连接。
(2) OleDbCommand：执行一个 SQL 语句或存储过程。
(3) OleDbDataReader：与 Command 对象一起使用，读取 ODBC 数据源。
(4) OleDbDataAdapter：创建适配器，用来填充 DataSet。
(5) OleDbCommandBuilder：用来自动生成插入、更新、删除等操作的 SQL 语句。

图 8-11　OLEDB．NET Data Provider 原理图

这些常用的对象使用方法同其他 ADO．NET 数据操作类相同，使用 Connection 对象进行数据库连接，连接后，使用 Command 对象进行数据库操作，并使用 Close 方法关闭数据连接。

8.3.2　建立连接

使用 OLE DB 连接数据库基本只需要使用字符串连接方式即可，当需要使用 OLEDB 中的对象时，必须使用命名空间 System.Data.OleDb，示例代码如下。

```
using System.Data.OleDb;                               //使用 OLE DB 命名空间
```

使用命名空间后，就能够创建 OLE DB 的 Connection 对象以及 Command 对象对数据库进行连接和数据操作。

1. 使用连接字符串进行连接（Access）

连接 Access 数据库时，必须指定数据库文件的路径，或者使用 Server.MapPath 来确定数据库文件的相对位置。示例代码如下。

```
string str="provider=Microsoft.Jet.OLEDB.4.0;
Data Source="+Server.MapPath("access.mdb")+"";         //设置连接字符串
OleDbConnection con=new OleDbConnection(str);          //创建连接对象
try
{
    con.Open();                                        //打开连接
    Label1.Text="连接成功";                            //显示提示信息
    con.Close();                                       //关闭连接
}
catch(Exception ee)                                    //抛出异常
{
    Label1.Text="连接失败";
}
```

上述代码设置了 Access 数据库连接字符串，并使用 OLE DB 的 Connection 方法创建数据连接，创建连接后打开数据连接，如果数据连接打开成功，则返回"连接成功"，否则返回"连接失败"。

2. 使用连接字符串进行连接(SQL Server)

当需要连接 SQL Server 时,无须对连接、执行等操作进行修改,只须对数据库连接字符串进行修改即可,示例代码如下。

```
OleDbConnection con=new OleDbConnection();
con.ConnectionString="Provider=SQLOLEDB;Data
Source=(local);Initial Catalog=mytable;uid=sa;pwd=sa";     //初始化连接字符串
try
{
    con.Open();                                             //尝试打开连接
    Label1.Text="连接成功";                                 //显示连接信息
    con.Close();                                            //关闭连接
}
catch
{
    Label1.Text="连接失败";                                 //抛出异常
}
```

上述代码只修改了连接字符串的格式,而没有修改其他 ADO.NET 中的对象以及对象执行的方法。

8.4 访问 MySql

MySql 是一个开源的小型关系型数据库,MySql 数据库功能性强、体积小、运行速度快、成本低、安全性强,并且广泛地被中小型应用所接受。MySql 通常情况下和 PHP 一起开发使用,在 ASP.NET 中,同样能够使用 MySql 进行数据库的存储。

8.4.1 MySql 简介

MySql 能够执行标准的 SQL 语句,进行数据操作。MySql 能够支持多种操作系统,包括 Windows、Linux、Mac OS 等,是一种跨平台的数据库产品,并且 MySql 还为多种语言提供了 API,这些语言包括 C/C++、Python 和 Ruby 等。除功能性强、体积小、运行速度快、成本低和安全性强等特点外,MySql 还具有以下特点。

(1) MySql 具有客户端/服务器结构的分布式数据库管理系统。
(2) 支持多种操作系统。
(3) 为多种编程语言提供 API。
(4) 支持多用户、多线程操作数据库。
(5) 提供了 TCP/IP、ODBC 和 JDBC 等多种数据库连接方式。
(6) 优化 SQL 语句能力,提升性能。
(7) 支持 ANSI 标准的所有数据类型。
(8) 开放源代码,并且可以免费下载安装。

MySql 不仅具有良好的性能表现,同时 MySql 还能够执行复杂的 SQL 语句操作,但是

MySql 的缺点在于无法创建和使用存储过程，缺少一些大型数据库所必备的功能。

8.4.2 建立连接

ASP.NET 应用程序需要使用 ODBC.NET Data Provider 来连接 MySql 数据库。在连接数据库之前，MySql 数据库要被.NET Data Provider 识别和驱动必须首先安装 MySql ODBC 驱动程序（MySql-connector-odbc-5.1.5），安装时 MySql ODBC 驱动程序会弹出安装向导，通常情况下，只需要选择典型安装即可，如图 8-12 和图 8-13 所示。

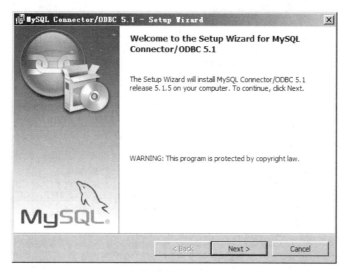

图 8-12　安装 MySql ODBC 驱动程序

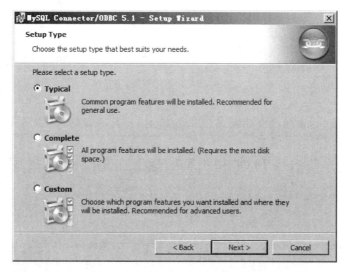

图 8-13　选择安装类型

选择完成后，单击 Next 按钮即可完成安装。完成安装 MySql ODBC 驱动程序后，单击在 Windows 控制面板的管理工具中双击"数据源 ODBC"图标，在"ODBC 数据源管理器"对话框中选择"驱动程序"选项卡。如果"驱动程序"选项卡中已经存在 MySql ODBC Driver

选项，则说明 MySql ODBC 驱动程序已经安装完成，如图 8-14 所示。当安装完成后，需要新建 DSN，如图 8-15 所示。

图 8-14　驱动程序已经安装完毕

图 8-15　新建 MySql DSN

单击"完成"按钮，系统会弹出对话框用于指定 DNS 名、MySql 服务器名、数据库名、密码、端口等信息，如图 8-16 所示。

配置完成后，即可通过使用 ODBC 类库进行数据库操作，示例代码如下。

```
string str=@"DSN=guojing";                          //设置 Connection 属性,使用 MySql DSN
OdbcConnection con=new OdbcConnection(str);         //设置 Connection 对象
con.Open();                                         //打开连接
OdbcDataAdapter da=new OdbcDataAdapter("select * from mytables", con);
                                                    //创建 DataAdapter
DataSet ds=new DataSet();                           //创建 DataSet 对象
da.Fill(ds, "MySqltable");                          //填充 DataSet 数据集
```

同样可以创建 Command 对象进行数据操作，示例代码如下。

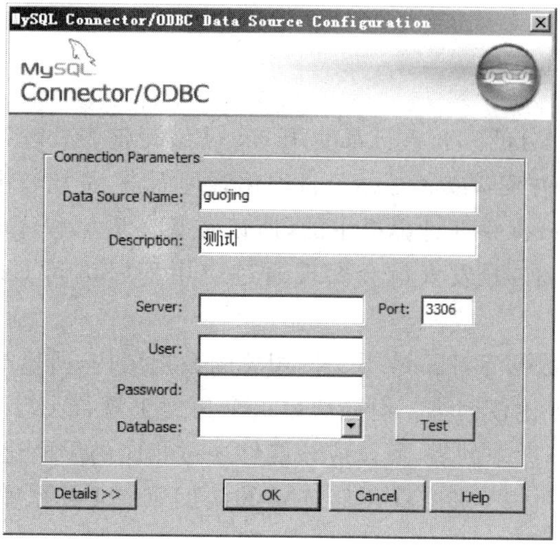

图 8-16 为 MySql ODBC 配置 DSN

```
OdbcCommand cmd=new OdbcCommand("insert into mytables values('MySql title')",
    con);
cmd.ExecuteNonQuery();                                  //执行 Command 方法
con.Close();
```

上述代码同连接和使用 SQL 数据库基本相同,其中 str 变量配置的是 DSN 的属性。当需要脱离 DSN 连接 MySql 数据库时,可以不用配置 DSN 来访问 MySql 数据库,在编写 MySql 数据库连接字符串时,需要指定驱动程序名称、IP 地址或数据库名,常用的关键字如下。

(1) Driver：设置驱动程序名。
(2) Server：设置服务器的 IP 地址或者是本地主机。
(3) Database：设置数据库名称。
(4) Option：设置选项值。
(5) UID：设置连接用户名。
(6) PWD：设置连接密码。
(7) Port：设置连接端口,默认值为 3306。

编写 MySql 数据库连接字串代码如下。

```
string strbase=@"Driver=MySql ODBC 5.1 Driver;Server=localhost;Database=test;
UID=guojing";
```

上述字符串能够连接 MySql 数据库,连接后就能够使用 Command 对象进行相应的数据存储和操作了。

8.5 访问 Excel

Excel 同 Access 数据库一样,都是 Microsoft Office 办公软件中的一个组件,Excel 主要用来处理电子表格,同时 Excel 也能够方便地进行数据存储,并提供强大的运算能力和统计功能,经常使用于办公环境。

8.5.1 Excel 简介

在办公环境中,大部分的办公人员都使用 Excel 进行报表处理,所以 Excel 中存储着大量的信息。这些信息对决策者或者是办公自动化管理而言,都比较重要。在办公室应用中,很多文档都是通过 Excel 保存在计算机中的,所以在编写应用程序时,常常需要访问 Excel 来访问和存储数据。但是,开发人员会发现通过应用程序访问 Excel 是一件非常困难的事情。

因为 Excel 并不是数据库,Excel 不支持相关的数据结构,所以当开发人员需要对 Excel 进行数据访问时,会变得比较困难。但是从另一个角度来看,Excel 文件是由一张张工作表组成的,其结构很像数据库中的表,所以应该能够通过相应的手段让应用程序访问 Excel。

ASP.NET 提供了一些类和方法用于连接和访问 Excel 数据库,极大地方便了开发人员的开发,简化了开发代码。

8.5.2 建立连接

ASP.NET 访问 Excel 通常有两种方法,一种是使用 ODBC.NET Data Provider 进行访问;另一种则是使用 OLEDB.NET Data Provider 进行访问。这两种访问方式在原理上基本相同,同 ADO.NET 其他对象一样,访问和操作 Excel 文件时,都必须使用 Connection 对象进行连接,然后使用 Command 对象执行 SQL 命令。

1. 使用 DSN 连接 Excel 数据源

首先,必须创建一个 Excel 数据源,例如 data.xls,并手动添加若干数据,如图 8-17 所示。

	A	B	C	D	E
1	编号	学号	年龄	姓名	性别
2	1	20051183049	21	小红	女
3	2	20051183050	21	小白	男
4	3	20051183051	20	小刘	男
5	4	20051183052	22	小赵	男
6					

图 8-17 创建 Excel 数据源

数据源创建完毕,在"数据源(ODBC)"中添加支持 Excel 的数据源,如图 8-18 所示。

添加数据源之后,需要配置数据源,如图 8-19 所示。选择相应数据文件,单击"选择工作簿"按钮选择数据文件的位置,如图 8-20 所示。配置完毕,单击"确定"按钮。

完成配置后,就可以通过 ASP.NET 应用程序访问 Excel 数据源了,示例代码如下。

```
protected void Page_Load(object sender, EventArgs e)
{
    string str=@"DSN=myexcel";                          //使用 ODBC 连接数据源
    OdbcConnection con=new OdbcConnection(str);         //新建连接对象
    try
```

```
        {
            con.Open();                              //尝试打开连接
            Label1.Text="连接成功";                  //显示连接信息
            con.Close();                             //关闭连接
        }
        catch
        {
            Label1.Text="连接失败";                  //抛出异常
        }
    }
```

图 8-18　添加支持 Excel 的数据源

 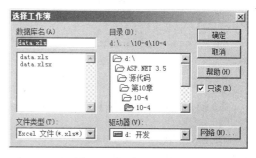

图 8-19　数据源安装　　　　　　　　　　　图 8-20　选择数据文件

执行数据连接后，就可以通过 SQL 语句执行数据源遍历，示例代码如下。

```
protected void Page_Load(object sender, EventArgs e)
{
    string str=@"DSN=myexcel";
    OdbcConnection con=new OdbcConnection(str);
    try
    {
        con.Open();                                  //打开连接
        Response.Write("连接成功<hr/>");             //输出 HTML
        OdbcDataAdapter da=new OdbcDataAdapter("select * from [Sheet1$]",con);
                                                     //创建适配器
```

```
        DataSet ds=new DataSet();                    //创建 DataSet 数据集
        int count=da.Fill(ds, "exceltable");         //填充数据集
        for(int i=0; i<count; i++)                   //遍历数据
        {
            Response.Write(ds.Tables["exceltable"].Rows[i]["姓名"].ToString()+"
            <hr/>");                                 //输出数据
        }
    }
    catch(Exception ee)                              //抛出异常
    {
        Response.Write(ee.ToString());
    }
}
```

上述代码使用了 SQL 对 Excel 数据源中的数据进行查询和遍历,运行结果如图 8-21 所示。

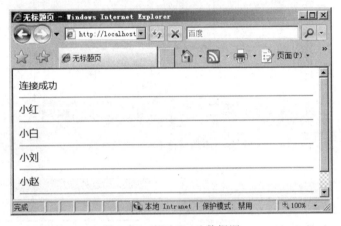

图 8-21 遍历 Excel 数据源

2. 使用 OLEDB.NET Data Provider 连接 Excel 数据源

使用 OLEDB.NET Data Provider 连接和操作 Excel 数据源,同其他 ADO.NET 数据源访问方法类似,同样是使用 OleDbConnection 对象进行数据连接,使用 OleDbCommand 对象进行数据访问,示例代码如下。

```
protected void Page_Load(object sender, EventArgs e)
{
    string str=@"Provider=Microsoft.Jet.OleDb 4.0;Data Source="+
        Server.MapPath("data.xls")+";Extended Properties=Excel 8.0;";
                                                     //设置 Excel 连接字符串
    OleDbConnection con=new OleDbConnection(str);    //创建连接对象
    try
    {
        con.Open();                                  //尝试打开连接
        Label1.Text="连接成功";                       //显示连接信息
```

```
            con.Close();                              //关闭连接
    }
    catch
    {
        Label1.Text="连接失败";                       //抛出异常
    }
}
```

上述代码使用 OLEDB.NET Data Provider 连接字符串进行 Excel 数据源的连接,在连接完成后,其数据操作的方法与 ADO.NET 对象的操作方法相同。

8.6 访问 TXT

文本文件(.txt)是一种最基本的文件类型,访问 TXT 的方法比较多,不仅可以使用 ODBC.NET Data Provider 或者 OLEDB.NET Data Provider 进行访问,还可以通过 System.IO 进行文本文件的访问。

8.6.1 使用 ODBC.NET Data Provider 连接 TXT

使用 ODBC.NET Data Provider 建立与 TXT 文件的连接需要在连接字符串中指定驱动器名,同样可以在管理工具中创建"数据源(ODBC)"来访问 TXT 文本文件,如图 8-22 和图 8-23 所示。

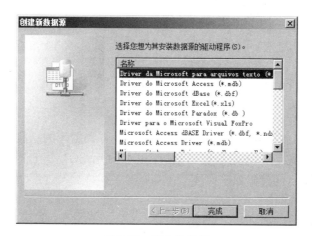

图 8-22　建立数据源

当连接 TXT 数据源时,可使用 DSN 连接数据源,其中 TXT 文本中的字符如下。

```
title
连接 2
连接 3
连接 4
连接 5
连接 6
```

连接7

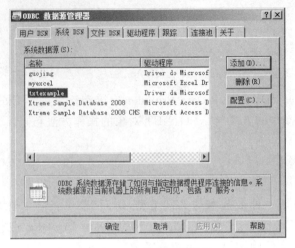

图 8-23　完成配置数据源

当通过 ODBC 连接 TXT 数据源时,只须使用 Connection 对象即可,示例代码如下。

```
OdbcConnection con=new OdbcConnection(@"DSN=txtexample");
try
{
    con.Open();                          //尝试打开连接
    Label1.Text="连接成功";              //显示连接信息
    con.Close();                         //关闭连接
}
catch
{
    Label1.Text="连接失败";              //抛出异常
}
```

成功创建连接后,就可以对数据源进行操作了。与数据库的结构和 Excel 结构不同的是,TXT 基本上没有类似于表的数据结构,所以在使用 SQL 语句时,基本上是通过查询 TXT 文件来实现的,示例代码如下。

```
protected void Page_Load(object sender, EventArgs e)
{
    OdbcConnection con=new OdbcConnection(@"DSN=txtexample");
                                         //创建连接
    try
    {
        con.Open();                      //打开连接
        OdbcDataAdapter da=new OdbcDataAdapter("select * from data.txt", con);
                                         //创建适配器
        DataSet ds=new DataSet();        //创建数据集
        int count=da.Fill(ds, "txttable");  //填充数据集
        for(int i=0; i<count; i++)       //遍历输出
```

```
            {
                Response.Write(ds.Tables["txttable"].Rows[i]["title"].ToString()+"
                <hr/>");                                       //输出数据
            }
        }
        catch
        {
            Response.Write("连接失败");                         //抛出异常
        }
    }
```

上述代码遍历了 TXT 文件中的数据，运行结果如图 8-24 所示。

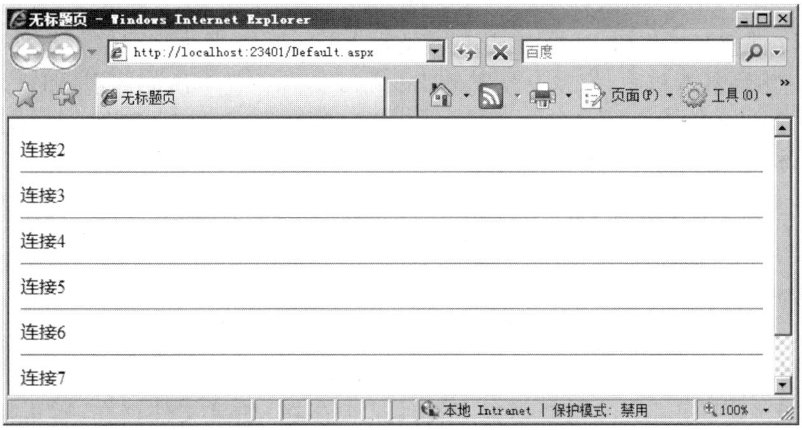

图 8-24　遍历 TXT 文件中的数据

8.6.2　使用 OLEDB .NET Data Provider 连接 TXT

使用 OLE DB .NET Data Provider 建立与 TXT 文件的连接，只需要在连接字符串中指定提供程序名、数据源名、扩展属性、HDR 和 FMT 等参数即可，示例代码如下。

```
OleDbConnection olecon=new OleDbConnection(@"Provider=Microsoft.Jet.OLEDB 4.0;
Data Source=c:\sample\;Extended Properties=text;HDR=yes;FMT=Delimited");
                                                //创建连接对象
```

当完成连接后，在执行查询等操作时需要指定 TXT 文件名，示例代码如下。

```
OdbcDataAdapter da=new OdbcDataAdapter("select * from data.txt", con);
                                                //创建适配器
DataSet ds=new DataSet();                       //创建数据集
int count=da.Fill(ds, "txttable");              //填充数据集
for(int i=0; i<count; i++)                      //遍历数据集
{
    Response.Write(ds.Tables["txttable"].Rows[i]["title"].ToString()+
        "<hr/>");                               //输出数据
}
```

注意：数据库的概念对于 TXT 文件而言是文件所在的目录，而不是具体的某个文件。具体的某个文件，相当于数据库中表的概念。

8.6.3 使用 System.IO 命名空间

System.IO 能够创建文件，从而与 TXT 文件进行交互，在使用 System.IO 命名空间时，通常需要使用各种类来进行文件操作，常用的类如下。

(1) File：提供用于创建、复制、删除、移动和打开文件的静态方法。
(2) FileInfo：提供创建、复制、删除、移动和打开文件的实例方法。
(3) StreamReader：从数据流中读取字符。
(4) StreamWriter：向数据流中写入字符。

在进行文件交互操作时，通常使用 File 类和 FileInfo 类来执行相应的操作。File 类和 FileInfo 类的用法基本相同，但是 File 类和 FileInfo 类有一些本质的区别，那就是 File 类不用创建类的实例，而 FileInfo 类需要创建类的实例，所以 File 类可直接调用其类的静态方法执行文件操作，效率也比 FileInfo 类高。

File 类包含的主要方法如下。

(1) OpenText：打开现有的文件进行读取。
(2) Exists：判断一个文件是否存在。
(3) CreateText：创建或打开一个文件以便写入文本字符串。
(4) AppendText：将 TXT 文本追加到现有的文本中。

在执行 TXT 操作时，首先需要判断文件是否存在，如果文件存在，则可用 File 类的 OpenText 方法打开 TXT 文件。首先，需要创建一个 TXT 文件并编写一些内容，内容如下。

```
something happend
in my restless dream,i see that place
silent hill
```

编写完成 TXT 文件后，可以通过 File 类读取 TXT 文件内容，示例代码如下。

```
if(File.Exists(Server.MapPath("data.txt")))        //判断文件是否存在
{
    Response.Write("文件存在");                     //输出"文件存在"
    File.OpenText(Server.MapPath("data.txt"));     //打开文件
}
```

如果文件存在，并打开了文件，则需要创建 StreamReader 对象，可使用 StreamReader 对象的 ReadLine 方法读取一行或 ReadToEnd 方法读取整个文本文件。示例代码如下。

```
StreamReader rd=File.OpenText(Server.MapPath("data.txt"));
                                                   //StreamReader 对象
while(rd.Peek()!=-1)                               //如果没有读完
{
    Response.Write(rd.ReadLine()+"<hr/>");         //输出信息
}
```

上述代码中，Peek 方法用于返回指定的 StreamReader 对象流中的下一个字符，但是不会把这个字符从流中删掉，如果流中没有文本字符，则会返回－1。

上述代码运行后，页面会从 TXT 文件中读取内容，并循环遍历输出，运行结果如图 8-25 所示。

图 8-25　读取 TXT 文本文件

8.7　访问 SQLite

SQLite 是一种轻量级数据库，其类型在文件形式上很像 Access 数据库，但是相比之下 SQLite 操作更快捷。SQLite 也是一种文件型数据库，但是 SQLite 却支持多种 Access 数据库不支持的复杂的 SQL 语句，并且还支持事务处理。

8.7.1　SQLite 简介

SQLite 数据库具有小巧和轻量的特点，在 SQLite 数据库开发时，SQLite 是为嵌入式特别准备的，所以 SQLite 具有小巧、资源占用率低等特点。在嵌入式设备中，只需要几百 KB 的内存即可。同时 SQLite 支持多种操作系统，包括 Windows、Linux 等主流操作系统。

SQLite 能够与多种语言结合，包括 .NET、PHP、Java 等。同样 SQLite 能够支持 ODBC 接口，相比于 MySql 数据库而言，SQLite 执行效率更快。虽然 SQLite 小巧，但是 SQLite 同样能够支持 SQL 语句，且支持的 SQL 语句相比其他的数据库产品，毫不逊色。SQLite 支持的常用 SQL 语句如下。

（1）CREATE INDEX：创建索引。

（2）CREATE TABLE：创建表。

（3）CREATE TRIGGER：创建触发器。

（4）CREATE VIEW：创建视图。

（5）DELETE：执行删除操作。

（6）DROP INDEX：删除索引。

（7）DROP TABLE：删除表。

（8）DROP TRIGGER：删除触发器。

（9）DROP VIEW：删除视图。

(10) INSERT：执行插入操作。
(11) SELECT：执行选择、查询操作。
(12) UPDATE：执行更新操作。

SQLite不仅能够支持常用的SQL语句，还包括一些其他SQL语句，方便开发人员高效地执行数据库操作。

8.7.2 SQLite连接方法

通过访问 http://sourceforge.net/project/showfiles.php?group_id=132486 页面下载 SQLite for ADO.NET，下载完成后，在应用程序中添加引用即可，如图 8-26 所示。

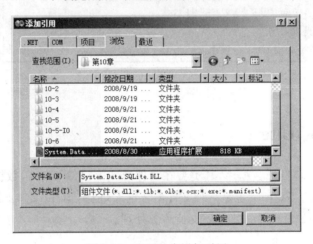

图 8-26 在项目中添加引用

在添加引用后，可以使用命名空间为相应的操作提供支持，示例代码如下。

```
using System.Data.SQLite;                           //使用 SQLite 命名空间
```

使用命名空间后，就可以像 ADO.NET 其他对象一样，创建数据库并执行数据库操作。在连接 SQLite 数据库之前，首先需要创建 SQLite 数据库，可以通过编程的方法创建数据库，也可以手动创建 SQLite 数据库，示例代码如下。

```
SQLiteConnection.CreateFile(Server.MapPath("sqlite.db"));    //创建数据库
```

SQLite 文件后缀可以直接指定，也可不指定，示例代码如下。

```
SQLiteConnection.CreateFile(Server.MapPath("sqlite"));    //创建无后缀名的数据库
```

SQLite 创建成功后，就可以通过 Connection 对象连接 SQLite，示例代码如下。

```
protected void Page_Load(object sender, EventArgs e)
{
    SQLiteConnection con=new SQLiteConnection("Data Source="+
        Server.MapPath("sqlite.db"));
```

```
        try
        {
            con.Open();                              //打开连接
            Response.Write("连接成功");              //提示"连接成功"
        }
        catch(Exception ee)
        {
            Response.Write(ee.ToString());           //连接错误则抛出异常
        }
}
```

上述代码创建了与 SQLite 数据库的连接，并尝试打开连接。SQLite 数据库同样支持 DataAdapter 对象、Command 对象，其操作与 ADO.NET 其他对象基本上没有任何区别，.NET 平台下的开发人员能够很容易上手。

8.8　本章小结

本章介绍了 ADO.NET 访问其他数据源的知识，这些数据源包括 MySql、Excel、TXT、SQLite 等常用的数据源，这些数据源虽然在性能和功能上都与 SQL Server 有一段距离，但是在小型、轻便的数据操作和应用中，这些数据库都起着非常重要的作用。本章还介绍了如何使用 ODBE.NET Data Provider 连接数据库和 OLE DB.NET Data Provider 连接数据库，以及二者的作用和区别。本章主要内容总结如下：

（1）使用 ODBC.NET Data Provider：讲解了如何使用 ODBC.NET Data Provider 进行数据库存储。

（2）使用 OLEDB.NET Data Provider：讲解了如何使用 OLEDB.NET Data Provider 进行数据库存储。

（3）访问 MySql：讲解了如何通过 ADO.NET 访问 MySql。

（4）访问 Excel：讲解了如何通过 ADO.NET 访问 Excel。

（5）访问 TXT：讲解了如何通过 ADO.NET 访问 TXT。

（6）访问 SQLite：讲解了如何通过 ADO.NET 访问 SQLite。

通过本章的学习，可以比较深入地了解 ADO.NET 和其他数据源的连接、访问、操作等方法，熟练掌握 ADO.NET 可以在.NET 平台下的大部分的数据开发中事半功倍。

8.9　本章习题

1. ADO.NET 连接数据源有哪些？
2. 开放式数据互连的概念是什么？
3. ODBC 连接数据库有哪几种方法？如何连接？
4. MySql 如何与 ODBC 建立连接？

第 9 章 用户控件和自定义控件

在 ASP.NET 中,系统自带的服务器控件为应用程序开发提供了诸多便利。在应用程序开发中,许多功能都需要重复使用,但重复的编写类似代码是非常没有必要的。ASP.NET 可以自行开发用户控件和自定义控件以提升代码的复用性,本章将讲解用户控件和自定义控件的开发和使用。

9.1 场景导入

图 9-1 为用户登录界面,当只需要对登录框进行修改,而不需要对整个页面进行修改时,只修改相应的用户控件即可。而对于使用相同用户控件的多个页面,如需对多个页面的控件进行样式或逻辑的更改,则只需修改相应的控件,而无须进行烦冗的多个页面的修正。

图 9-1 用户控件

9.2 用户控件

在 ASP 编程中,开发人员经常使用 include 方式包含其他文件从而简化编程过程。而在 ASP.NET 中,不仅提供了服务器控件,还支持用户自定义控件,从而提高了应用程序中代码的复用性。

9.2.1 什么是用户控件

用户控件使开发人员能够根据应用程序的需求，方便地定义和编写控件。开发所使用的编程技术与编写 Web 窗体的技术相同，只要开发人员对控件进行修改，就可以更改所有使用该控件的页面内的控件了。为了确保用户控件不被修改、下载，而被当成一个独立的 Web 窗体来运行，将用户控件的扩展名设为.ascx，当用户访问页面时，用户控件是不能被直接访问的。

注意：虽然.ascx 文件会阻止用户的直接访问，但是一些常用的下载工具还是能够下载.ascx 文件的。

9.2.2 编写一个简单的控件

用户控件是以.ascx 为扩展名的，在 Visual Studio 2008 中，可以通过"添加新项"选项创建一个用户控件，如图 9-2 所示。

图 9-2　创建用户控件

用户控件创建完成后，会生成一个.ascx 页面。.ascx 页面结构同.aspx 页面基本没有什么区别。在解决方案管理器中可以打开.aspx 页面和.ascx 页面进行对比，其结构并没有太大的变化，如图 9-3 和图 9-4 所示。

用户控件中并没有 html、body 等标签，因为.ascx 页面作为控件被引用到其他页面，而引用的页面（如.aspx 页面）里已经包含了 body、html 等标签。如果控件中使用这样的标签，可能会造成页面布局混乱。用户控件创建完成后，.ascx 页面代码如下。

```
<%@ Control Language="C#" AutoEventWireup="true"
CodeBehind="mycontrol.ascx.cs" Inherits="_11_1.mycontrol" %>
```

其中没有任何的 body、html 等标签，而.ascx.cs 页面代码基本与.aspx 相同，示例代码如下。

图 9-3 创建一个用户控件

图 9-4 用户控件的结构

```
using System;                                    //使用系统命名空间
using System.Collections;
using System.Configuration;
using System.Data;
using System.Linq;
using System.Web;                                //使用 Web 命名空间
using System.Web.Security;
using System.Web.UI;                             //使用 UI 命名空间
using System.Web.UI.HtmlControls;                //使用 HTML 控件命名空间
using System.Web.UI.WebControls;                 //使用 Web 控件命名空间
using System.Web.UI.WebControls.WebParts;
using System.Xml.Linq;                           //使用 LINQ 命名空间
namespace _11_1
{
    public partial class mycontrol : System.Web.UI.UserControl
                                                 //从控件类派生
    {
        protected void Page_Load(object sender, EventArgs e)
                                                 //页面加载方法
        {
        }
    }
}
```

用户控件能够提高复用性,前面介绍的服务器控件,在很多情况下都可以看作是用户控件的一种。当网站需要登录框时,不可能在每个需要登录的地方都重新编写一个登录框,最好的方法是每个页面都能够引用一个登录框,且当需要对登录框进行修改时,可以一次性地将所有的页面都修改完毕,而无须对每个页面都进行修改。

要达到这种目的,使用用户控件是最好的了。.ascx 页面允许开发人员拖动服务器控件,并编写相应的样式来实现用户控件,同时用户控件也能够支持事件、方法、委托等高级编程。编写一个用户登录窗口,可以通过几个 TextBox 控件和 Button 控件来实现,示例代码如下。

```
<%@ Control Language="C#"
AutoEventWireup=" true" CodeBehind =" mycontrol. ascx. cs" Inherits =" _ 11 _ 1.
mycontrol" %>
<div style="border:1px solid #ccc; width:300px; background:#f0f0f0;
    padding:5px 5px 5px 5px; font-size:12px;">
    用户登录<br /><br />
    用户名：<asp:TextBox ID="TextBox1" runat="server"></asp:TextBox><br /><br />
    密码：<asp:TextBox ID="TextBox2" runat="server"></asp:TextBox><br /><br />
    <asp:Button ID="Button1" runat="server" Text="登录" />
    <asp:HyperLink ID="HyperLink1" runat="server">还没有注册？</asp:HyperLink>
</div>
```

上述代码创建了一个登录框界面。当用户进行网站访问时，网站希望用户能够注册和登录到网站，从而提高网站的用户知名度、提升访问量，所以设置登录窗口是非常必要的，界面布局如图9-5所示。

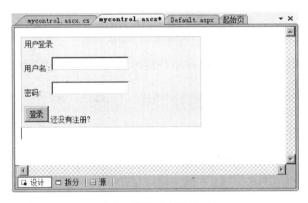

图 9-5　编写用户登录界面

界面布局完毕后，就需要为用户控件编写事件。当用户单击"登录"按钮时，就需要进行事件操作。同 Web 窗体一样，双击按钮同样会自动生成事件，示例代码如下。

```
protected void Button1_Click(object sender, EventArgs e)
{
    Label1.Text="登录成功";                        //显示登录信息
}
```

当单击"登录"按钮时，系统提示登录成功，当然这里只是一个简单的用户控件。如果要实现复杂的用户控件的登录窗口，还需要对用户登录进行验证、查询和判断等功能。用户控件制作完毕后，就可以在其他页面引用该用户控件了，示例代码如下。

```
<%@ Register TagPrefix="Sample" TagName="Login" Src="~/mycontrol.ascx" %>
                                                //声明控件引用
```

在这段代码中，有几个属性是必须编写的，这些属性的功能如下。

（1）TagPrefix：定义控件位置的命名控件。有了命名空间的制约，就可以在同一个页面中使用不同功能的同名控件。

（2）TagName：指向所用的控件的名字。

(3) Src：用户控件的文件路径，可以为相对路径或绝对路径，但不能使用物理路径。了解相关属性后，就能在其他页面中引用该控件了，示例代码如下。

```
<%@ Page Language="C#" AutoEventWireup="true"
    CodeBehind="Default.aspx.cs" Inherits="_11_1._Default" %>
<%@ Register TagPrefix="Sample" TagName="Login" Src="~/mycontrol.ascx" %>
<html xmlns="http://www.w3.org/1999/xhtml" >
<head runat="server">
    <title>用户控件</title>
</head>
<body>
    <form id="form1" runat="server">
    <div>
        <Sample:Login runat="server" id="Login1"></Sample:Login>
    </div>
    </form>
</body>
</html>
```

上述代码声明了用户控件，而要使用用户控件，可采用如下代码。

```
<Sample:Login runat="server" id="Login1"></Sample:Login>        //使用用户控件
```

从上述代码可以看出，用户控件的格式为 TagPrefix:TagName，声明了用户控件后，就可以以 TagPrefix:TagName 的方式使用用户控件。用户控件使用完成后，运行结果如图 9-6 所示。

图 9-6　使用用户控件

虽然在 Default.aspx 页面中没有使用制作和编写任何控件，也未编写代码，但是运行 Default.aspx 页面时已经运行了登录框，如图 9-7 所示。这说明用户控件已经被运行了。

9.2.3　将 Web 窗体转换成用户控件

在编写用户控件时，会发现 Web 窗体的结构和用户控件的结构基本相同。如果开发人

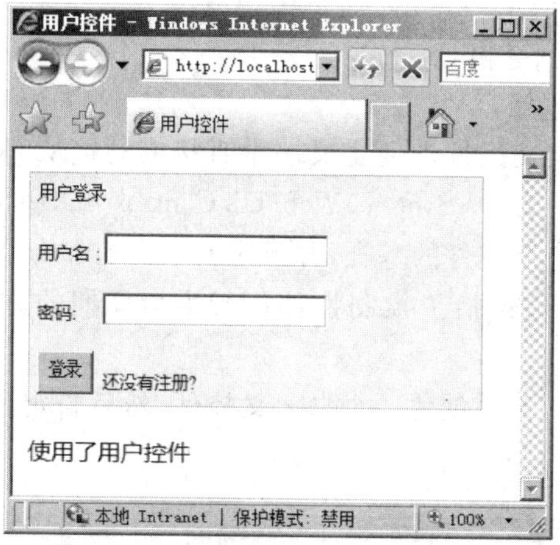

图 9-7 运行用户控件

员已经开发了 Web 窗体,并要在今后的需求中能够在应用程序全局中访问此 Web 窗体,那么就可以将 Web 窗体改成用户控件。如果需要将 Web 窗体更改为用户控件,首先需要对比 Web 窗体和用户控件的区别,具体如下。

(1) Web 窗体中有 body、html、head 等标签,而用户控件没有。
(2) Web 窗体和用户控件所声明的方法不同。

了解以上区别后,就可以很容易地将 Web 窗体转换成用户控件了。首先,删除 body、html、head 等标签,然后对两种窗体的声明方式进行更改。对于 Web 窗体,其声明代码如下。

```
<%@ Page Language="C#" AutoEventWireup="true"
    CodeBehind="Default.aspx.cs" Inherits="_11_1._Default" %>
```

而对于用户控件,其声明代码如下。

```
<%@ Control Language="C#" AutoEventWireup="true"
    CodeBehind="mycontrol.ascx.cs" Inherits="_11_1.mycontrol" %>
```

由此可见,将 Page Language 更改为 Control Language 即完成了 Web 窗体向用户控件的转换过程。

注意:有时,标记中还包括 ClassName 属性,那么在转换时,还需要修改相应的 ClassName 属性。

9.3 自定义控件

用户控件能够执行很多操作,并实现一些功能,但是在复杂的环境下,用户控件并不能够达到开发人员的要求,这是因为用户控件大部分都是使用现有的控件进行组装、编写事件来达到目的的。于是,ASP.NET 又允许开发人员编写自定义控件来实现更复杂的功能。

9.3.1 实现自定义控件

与用户控件不同,自定义控件需要定义一个直接或间接从 Control 类派生的类,并重写 Render 方法。在 .NET 框架中,System.Web.UI.Control 与 System.Web.UI.WebControls.WebControl 两个类是服务器控件的基类,并且定义了所有服务器控件共有的属性、方法和事件,其中最为重要的就是包括了控制控件执行生命周期的方法和事件以及 ID 等共有属性。

实现自定义控件,必须首先创建一个自定义控件,然后自定义控件将会编译成 DLL 文件。创建自定义控件如图 9-8 所示。

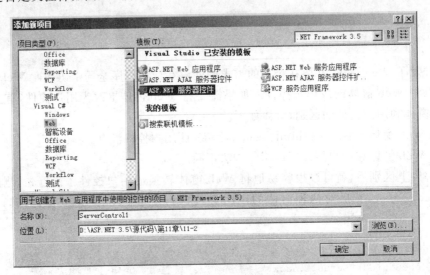

图 9-8 创建自定义控件

自定义控件创建完成后,会自动生成一个类,并在类中生成相应的方法,示例代码如下。

```csharp
using System;
using System.Collections.Generic;
using System.ComponentModel;
using System.Linq;
using System.Text;
using System.Web;
using System.Web.UI;
using System.Web.UI.WebControls;          //使用 UI 命名空间以便继承
namespace ServerControl1
{
    [DefaultProperty("Text")]             //声明属性
    [ToolboxData("<{0}:ServerControl1 runat=server></{0}:ServerControl1>")]
                                          //设置控件格式
    public class ServerControl1 : WebControl
    {
        [Bindable(true)]                  //设置是否支持绑定
        [Category("Appearance")]          //设置类别
```

```
[DefaultValue("")]                              //设置默认值
[Localizable(true)]                             //设置是否支持本地化操作
public string Text                              //定义 Text 属性
{
    get                                         //获取属性
    {
        String s= (String)ViewState["Text"];    //获取属性的值
        return((s==null)?"["+this.ID+"]" : s);  //返回默认的属性的值
    }
    set                                         //设置属性
    {
        ViewState["Text"]=value;
    }
}
protected override void RenderContents(HtmlTextWriter output)
                                                //页面呈现
{
    output.Write(Text);
}
```

开发人员可以在源代码中编写和添加属性。当需要呈现给 HTML 页面输出时,只需要重写 Render 方法即可,示例代码如下。

```
protected override void RenderContents(HtmlTextWriter output)
{
    output.Write("定义的 Text 属性的值为:"+Text);    //输出为页面呈现
}
```

在使用服务器控件时,会发现控件有很多属性,如 SqlConnection、Color 等,如图 9-9 所示。

图 9-9 控件的属性

为了实现服务器控件的智能属性配置,允许开发人员在源代码中编写属性,示例代码如下。

```
public string GuoJingString                                    //编写属性
{
    get { return(String)ViewState["GuoJingString"]; }          //获取属性
    set { ViewState["GuoJingString"]=value; }                  //设置属性
}
```

自定义控件编写完成后，需要在使用该控件的项目中添加引用。右击现有项目，在弹出的快捷菜单中，选择"添加引用"命令，如果是同在一个解决方案下，则在"项目"选项卡中设置，如果不在同一解决方案下，在"浏览"选项卡中浏览相应的 DLL 文件，如图 9-10 和图 9-11 所示。

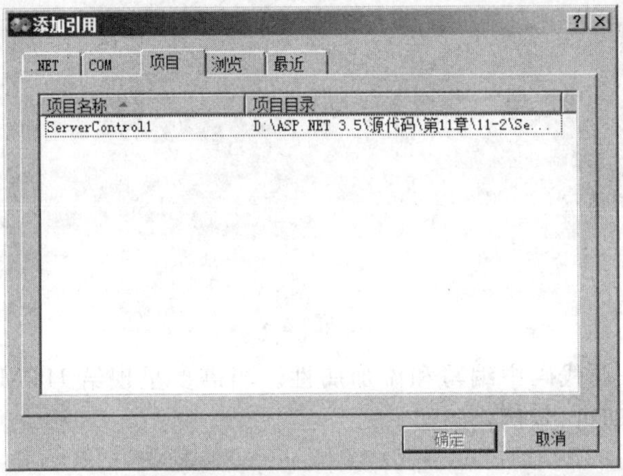

图 9-10　添加项目引用

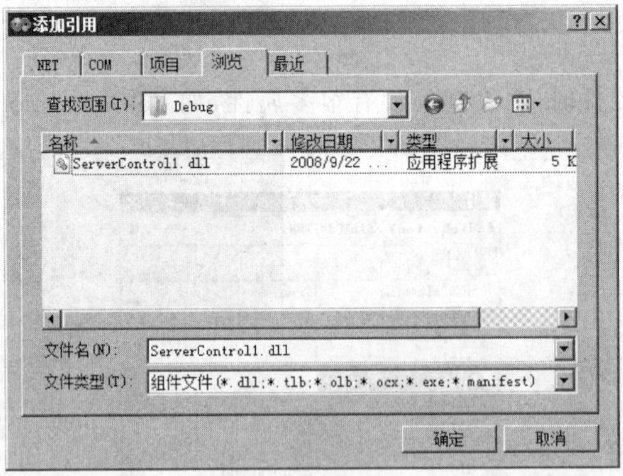

图 9-11　浏览 DLL

单击"确定"按钮完成引用的添加后，就可以在页面中使用此自定义控件了。在页面中使用此自定义控件时，同用户控件一样，需要在头部声明自定义控件，示例代码如下。

```
<%@ Register TagPrefix="MyControl" Namespace="ServerControl1"
    Assembly="ServerControl1" %>
```

上述代码向页面注册了自定义控件,注册完成后就能够在页面中使用该控件了。同时,在工具箱中也会呈现自定义控件,如图9-12所示。自定义控件呈现在工具箱之后,就可以直接拖动到页面,并配置相应的属性了,如图9-13所示。

图 9-12　呈现自定义控件　　　　图 9-13　配置自定义属性

如图9-13所示,开发人员能够在自定义控件中编写属性,这些属性可以是共有属性也可以是用户自定义的属性,然后可以拖动自定义控件用于自己的应用程序中并通过属性进行自定义控件的配置。用户拖动自定义控件到页面后,页面会生成相应的自定义控件的HTML代码,示例代码如下。

```
<form id="form1" runat="server">
    <div>
        <MyControl:ServerControl1 ID="ServerControl11" runat="server" />
    </div>
</form>
```

上述代码就在页面中使用了自定义控件。在ASP.NET服务器控件中,很多都是通过自定义控件来实现的,开发人员能够开发相应的自定义控件并在不同的应用中使用而无须重复开发。

9.3.2　复合自定义控件

一个简单的控件并不能实现太多的效果,在实际开发中,可能需要更多的功能,这种复杂功能控件中最常见的就是SqlDataSource控件。SqlDataSource控件是数据源控件,通过SqlDataSource控件能够配置数据源,并且实现分页、插入、删除等功能。复合自定义控件就类似于这样一个功能复杂的控件。编写复合自定义控件有以下几种方式。

(1) 创建用户控件,并使用用户控件封装的用户界面实现复合控件。
(2) 开发一个编译控件,封装一个按钮控件和文本框控件,通过重写Render方法呈现。
(3) 从现有的控件中派生出新控件。
(4) 从一种基本控件类派生来创建自定义控件。

通过编写复合控件,能够让控件开发更加灵活,也能让使用人员更加方便地配置控件,例如,重写登录控件,前台页面制作人员使用该控件时,可以为控件配置验证等功能,方便设计者配置和使用，如图9-14所示。

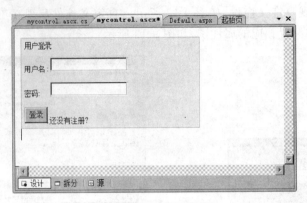

图9-14 登录控件

为了实现登录控件，就必须在自定义控件中添加相应的服务器控件。在登录控件中，需要两个TextBox来让用户输入用户名和密码，输入完成后，单击"登录"按钮实现登录事件。在类中创建TextBox和Button代码如下。

```
public class ServerControl1 : WebControl
{
                                                        //创建服务器控件
    public TextBox NameTextBox=new TextBox();          //创建TextBox控件
    public TextBox PasswordTextBox=new TextBox();      //创建密码控件
    public Button LoginButton=new Button();            //创建Button控件
    ...
}
```

上述代码创建了两个TextBox控件和一个Button控件。其中，NameTextBox能够让用户输入用户名，而PasswordTextBox能够让用户输入密码。当用户单击LoginButton时，实现登录操作，在这里需要声明一个事件，示例代码如下。

```
public event EventHandler LoginClick;                  //声明事件
```

完成对控件和事件的声明，就需要进行属性的编写。对登录控件，前台开发人员在开发过程中，往往需要配置其属性进行使用，从而提高代码的复用性。在图9-14所示的控件中，开发人员能够配置控件的背景颜色、边框粗细、内置距离、登录说明和跳转链接等。在代码中，可以分别为这些属性进行配置，示例代码如下。

```
[Bindable(true)]                                       //设置是否支持绑定
[Category("Appearance")]                               //设置类别
[DefaultValue("")]                                     //设置默认值
[Localizable(true)]                                    //设置是否支持本地化操作
public string LoignBackGroundColor                     //设置背景属性
{
    get { return(String)ViewState["LoignBackGroundColor"]; }    //获取背景
    set { ViewState["LoignBackGroundColor"]=value; }            //设置背景
}
```

上述代码定义了一个属性，在属性定义前，可以对属性进行描述，如代码中 Bindable、Category 等，这些常用属性的描述意义如下所示。

(1) Bindable：是否用于绑定。

(2) Category：属性或事件显示在一个设置为"按分类顺序"的模式里，如果不指定，则会显示在杂项中。

(3) DefaultValue：指定属性的默认值。

(4) Localizable：指定属性是否本地化。

编辑相应属性，在属性配置中就能够做相应的配置，如图 9-15 所示。

在代码中，将 Category 属性设置为 Appearance，这个属性就会在"外观"选项卡中出现。配置完成 LoginBackGroundColor 后，还可以为其他属性做相应的配置，示例代码如下。

图 9-15　自定义属性

```
[Bindable(true)]                                    //设置是否支持绑定
[Category("Appearance")]                            //设置类别
[DefaultValue("")]                                  //设置默认值
[Localizable(true)]                                 //设置是否支持本地化操作
public string LoignBackGroundColor                  //设置背景颜色
{
    get { return(String)ViewState["LoignBackGroundColor"];}  //获取属性的值
    set { ViewState["LoignBackGroundColor"]=value; }          //设置属性默认值
}
//登录边框粗细
[Bindable(true)]                                    //设置是否支持绑定
[Category("Appearance")]                            //设置类别
[DefaultValue("")]                                  //设置默认值
[Localizable(true)]                                 //设置是否支持本地化操作
public string LoginBorderWidth                      //设置边框粗细
{
    get { return(String)ViewState["LoginBorderWidth"]; }     //获取边框属性的值
    set { ViewState["LoginBorderWidth"]=value; }              //设置边框默认值
}
//登录的内置距离
[Bindable(true)]                                    //设置是否支持绑定
[Category("Appearance")]                            //设置类别
[DefaultValue("")]                                  //设置默认值
[Localizable(true)]                                 //设置是否支持本地化操作
public string LoginPadding                          //设置内置距离
{
    get { return(String)ViewState["LoginPadding"]; }         //获取内置距离的值
    set { ViewState["LoginPadding"]=value; }                  //设置默认值
}
//登录说明
[Bindable(true)]                                    //设置是否支持绑定
[Category("Appearance")]                            //设置类别
[DefaultValue("")]                                  //设置默认值
[Localizable(true)]                                 //设置是否支持本地化操作
```

```csharp
public string LoginInformation                              //设置登录信息
{
    get { return(String)ViewState["LoginInformation"]; }    //获取登录信息的值
    set { ViewState["LoginInformation"]=value; }            //设置默认登录信息值
}
//登录跳转 URL
[Bindable(true)]                                            //设置是否支持绑定
[Category("Appearance")]                                    //设置类别
[DefaultValue("")]                                          //设置默认值
[Localizable(true)]                                         //设置是否支持本地化操作
public string ResignURL                                     //设置登录跳转 URL
{
    get { return(String)ViewState["ResignURL"]; }           //获取 URL 的值
    set { ViewState["ResignURL"]=value; }                   //设置 URL 默认值
}
```

编写完属性后，就可以通过重写 Render 方法呈现不同的 HTML，示例代码如下。

```csharp
protected override void RenderContents(HtmlTextWriter output)    //编写页面输出
{
    output.RenderBeginTag(HtmlTextWriterTag.Div);    //创建 div 标签
    output.RenderBeginTag(HtmlTextWriterTag.Tr);     //创建 tr 标签
    NameTextBox.RenderControl(output);               //添加控件
    output.RenderBeginTag(HtmlTextWriterTag.Td);     //创建 td 标签
    output.RenderBeginTag(HtmlTextWriterTag.Br);     //创建 br 标签
    output.RenderBeginTag(HtmlTextWriterTag.Tr);     //创建 tr 标签
    PasswordTextBox.RenderControl(output);           //添加控件
    output.RenderBeginTag(HtmlTextWriterTag.Td);     //输出 td 标签
}
```

上述代码使用了 HtmlTextWriter 类，HtmlTextWriter 类能够动态地创建 HTML 标签，使用 HtmlTextWriter 类的对象的 RenderBeginTag()方法可以创建相应的 HTML 标签。重写 Render 方法呈现不同的 HTML 后，用户就能够看到登录界面，当用户单击"登录"按钮后，执行登录事件，事件代码如下。

```csharp
public void Submit_Click(object sender, EventArgs e)
{
    EventArgs arg=new EventArgs();           //编写按钮事件方法
    if(LoginClick !=null)
    {
        LoginClick(LoginButton, arg);        //触发事件
    }
}
```

编写按钮事件后，整个自定义控件就制作完毕了。相比之下，自定义控件的制作并不是那么难，反而自定义控件能够实现更多的效果，并呈现不同的样式，并且允许界面开发人员能够通过相应的配置呈现不同的样式。

9.4 用户控件和自定义控件的异同

对比用户控件和自定义控件，很多人会认为用户控件容易开发，而自定义控件的门槛较高，不方便应用程序的开发。其实不然，用户控件更适合创建内部应用程序的特定控件，例如用户登录控件会在该项目中经常使用，所以创建用户控件能够极快地提高应用程序开发。而自定义控件更适合创建通用的可再分发的控件，例如常用的开源 HTML 编辑器 Fckeditor 就是一个优秀的自定义控件。

通常用户控件在一个项目中经常使用，而自定义控件常用在通用的程序中，在网站应用程序开发中，导航控件如果用用户控件实现，是非常方便的。但是如果用自定义控件实现，可能并不能适合所有的应用场合，当需要适应其他场合时，还需要重新开发和编译。具体地讲，用户控件和自定义控件可以从以下几个方面来加以区别。

1. 使用率

在选择使用用户控件和自定义控件时，可以首先考虑使用率。如果开发的应用程序只在小范围内使用，则可以考虑用户控件，而如果要在大部分应用程序中被应用，则可以考虑自定义控件。

2. 创建技术

用户控件和自定义控件的创建技术是不相同的，并且创建的难度也不相同，用户控件是以.ascx 形式声明并创建的，开发过程比较简单，并且有设计器提供设计支持；而自定义控件是从 System.Web.UI.Control 派生而来的，开发过程稍微复杂，也没有设计器提供设计支持。

3. 生成方式

用户控件和自定义控件生成的方式不同，用户控件是以.ascx 的形式呈现，而自定义控件是以 DLL 的形式呈现，通过添加引用，自定义控件能够在工具箱中显示，像服务器控件一样能够拖动到页面上，并且通过编程开发增加自定义属性。而用户控件无法在工具箱显示，也不能增加自定义属性。

4. 性能

虽然用户控件和自定义控件编写的过程不同，也遵循不同的创建模型，但是用户控件和自定义控件都是从 System.Web.UI.Control 直接或间接派生而来的，在性能上没有很大的差别，这是因为当用户控件在页面中第一次使用时，将作为普通的服务器控件被解析并编译为控件，而第二次使用时，就和其他编译型控件没有区别了。

9.5 用户控件示例

创建用户控件能够在应用程序开发中起到非常好的作用，并且能提高代码的复用性。ASP.NET 允许开发人员创建用户控件和自定义控件，并在 Visual Studio 2008 中为开发人员提供原生的开发环境。

9.5.1　ASP.NET 登录控件

在应用程序开发过程中,登录是必不可少的,例如当用户初次访问该页面时,可以选择登录,也可以选择注册,但是需要有一个登录框作为指导,否则用户无法登录到该网站。当用户再次回访时,登录控件应允许用户快速地进行登录访问。

作为登录控件,不仅需要对用户的身份进行判断,还需要对用户输入的字符串进行判断,例如,"'"号是 SQL 数据库中的关键字,如果非法用户利用了 SQL 关键字中的"'"号进行登录,则会出现错误,系统会提示异常,暴露数据库,这样是非常不安全的,所以登录控件还需要对输入的字符串进行判断,判断完成后,如果不是非法用户,则再继续对身份进行验证。

9.5.2　ASP.NET 登录控件的开发

ASP.NET 登录控件开发起来并不难,主要是需要厘清以下几个基本概念。

(1) 用户是否已经注册过,注册过就可以直接登录。

(2) 用户如果没注册过,则需要跳转到注册页面。

(3) 如果用户输入的是非法字符或没有任何输入,则先不对身份进行验证,而是先对输入框进行验证。

(4) 用户的验证是通过用户名和密码一起验证的。

当厘清了以上思路之后,就能够进行 ASP.NET 登录控件的开发了。首先,在现有项目中添加一个新项并在弹出窗口中选择"Web 用户控件"选项,如图 9-16 所示。

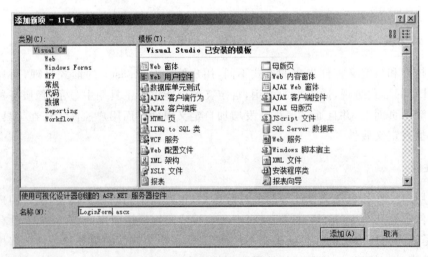

图 9-16　"添加新项"对话框

创建一个用户控件,并命名为 LoginForm.ascx,方便在今后的开发中进行识别。

注意: 良好的命名习惯也是一种良好的开发习惯,当页面增多时,可以通过页面命名的含义快速寻找到相应的页面,当用户控件增多时,良好的命名也可以帮助大家快速寻找到相应的控件。

创建完一个 LoginForm 用户控件后,需要对用户控件进行页面布局,布局步骤如下。
(1) 拖动两个 TextBox,一个作为用户名输入框,一个作为密码输入框。
(2) 将密码输入框的 TextMode 属性设置为 Password。
(3) 拖动一个 Button 按钮,当用户单击 Button 按钮时,进行登录操作。
(4) 拖动一个 LinkButton 按钮,当用户单击 LinkButton 按钮时,跳转到登录页面。
大概厘清控件布局后,可以针对控件的功能进行布局,如图 9-17 所示。

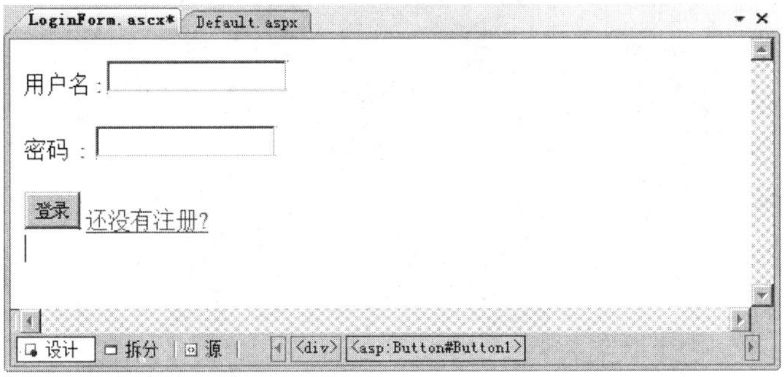

图 9-17　登录框控件初步布局

初步对登录控件进行布局后,发现并不美观。对于访问者而言,看到一个不美观的登录控件,很可能就没有想要登录或注册的想法了。一个好的用户登录控件的布局,能够提升访问者的兴趣,于是就需要对控件进行布局更改,这里需要借助表格等布局工具,打开菜单栏中的"表"菜单,选择菜单中的"插入表"命令,系统会弹出"插入表格"对话框,如图 9-18 所示。如果需要 3 行 2 列进行布局,可以在对话框中设置行数为 3、列数为 2,如图 9-19 所示。

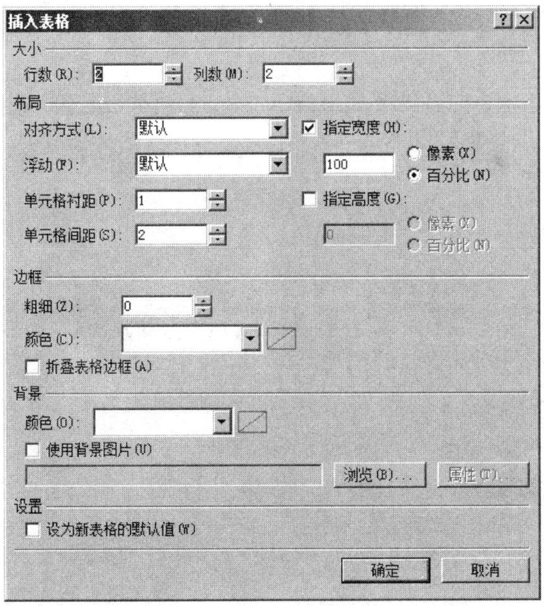

图 9-18　表格默认值

技巧:配置表格属性后,可以选中"设为新表格的默认值"复选框,那么下一次创建表格时,就无须再次配置了。当需要大量的同样格式的表格时,可优先考虑此方案。

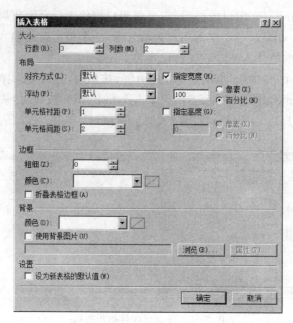

图 9-19　配置表格属性

编写好表格后,拖动表格进行用户控件的布局即可,布局后 HTML 代码如下。

```
<style type="text/css">
    .style1
    {
        width: 100%;
        font-size:12px;
    }
</style>
<div style="border:1px solid #ccc; background:#f0f0f0; font-size:12px;">
    <table class="style1">
        <tr>
            <td>
                用户名：
            </td>
            <td>
                <asp:TextBox ID="TextBox1" runat="server"></asp:TextBox>
            </td>
        </tr>
        <tr>
            <td>
                密码   :</td>
            <td>
                <asp:TextBox ID="TextBox2" runat="server"></asp:TextBox>
            </td>
        </tr>
        <tr>
            <td>
```

```
                <asp:Button ID="Button1" runat="server" Text="登录" />
            </td>
            <td>
                <asp:LinkButton ID="LinkButton1" runat="server">还没有注册?
                </asp:LinkButton>
            </td>
        </tr>
    </table>
</div>
```

运行上述代码,所呈现的登录控件样式如图 9-20 所示。

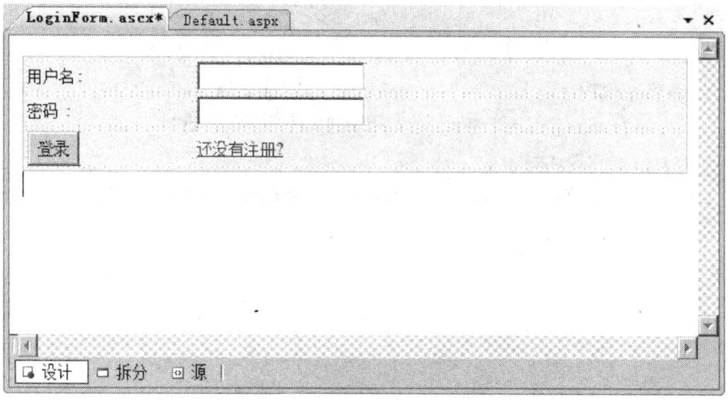

图 9-20　更改样式后的登录控件

登录控件的样式初步制作完成后,需要增加一些验证控件,并编写登录框的事件。增加验证控件后的 HTML 代码如下。

```
<style type="text/css">
    .style1
    {
        width: 100%;
        font-size:12px;
    }
</style>
<div style="border:1px solid #ccc; background:#f0f0f0; font-size:12px;">
    <table class="style1">
        <tr>
            <td>
                用户名:
            </td>
            <td>
                <asp:TextBox ID="TextBox1" runat="server"></asp:TextBox>
                <asp:RequiredFieldValidator ID="RequiredFieldValidator1" runat="server"
                    ControlToValidate="TextBox1"
                    ErrorMessage="用户名不能为空">
                </asp:RequiredFieldValidator></td>
        </tr>
        <tr>
            <td>
```

```
                密码 :</td>
            <td>
                <asp:TextBox ID="TextBox2" runat="server" TextMode="Password">
                </asp:TextBox>
                <asp:RequiredFieldValidator ID="RequiredFieldValidator2"
                    runat="server" ControlToValidate="TextBox2"
                    ErrorMessage="密码不能为空">
                </asp:RequiredFieldValidator></td>
        </tr>
        <tr>
            <td>
                <asp:Button ID="Button1" runat="server" Text="登录"
                    onclick="Button1_Click" /></td>
            <td>
                <asp:LinkButton ID="LinkButton1" runat="server"
                    PostBackUrl="resign.aspx">还没有注册？
                </asp:LinkButton>
                <asp:Label ID="Label1" runat="server" style="color: #FF3300">
                </asp:Label></td>
        </tr>
    </table>
</div>
```

然后可以编写登录事件,示例代码如下。

```
protected void Button1_Click(object sender, EventArgs e)
{
    if(TextBox1.Text !="test" && TextBox2.Text !="test")      //如果用户名不匹配
    {
        Label1.Text="登录失败";                                //提示登录失败
    }
    else
    {
        Label1.Text="登录成功";                                //否则登录成功
    }
}
```

上述代码判断用户名不等于 test 且密码不等于 test 时,提示登录失败,否则登录成功。

技巧:在这里可以使用 ADO.NET 对数据库中的用户表进行操作,通过 SELECT 语句查询相应的用户,如果查询后返回值大于 0,则说明有这个用户,否则没有这个用户,判断"登录失败"。

9.5.3 ASP.NET 登录控件的使用

编写完 ASP.NET 登录控件后,可以使用登录控件进行登录页面的制作。在使用登录控件前,必须通过使用 Register 关键字向页面注册该用户控件,示例代码如下。

```
<%@ Register TagPrefix="Sample" TagName="Login" Src="~/LoginForm.ascx" %>
```

第 9 章 用户控件和自定义控件

上述代码向页面注册了该控件。当页面被执行时，会通过 TagPrefix 以及 TagName 判断 ASP.NET 标签，并解析成相应的 ASP.NET 控件，然后呈现到页面中供用户查看。当需要使用该控件时，则需在页面中编写引用代码，示例代码如下。

```
<Sample:Login runat="server" id="Login1"></Sample:Login>
```

上述代码运行后，在相应的位置显示了用户控件，如图 9-21 所示。

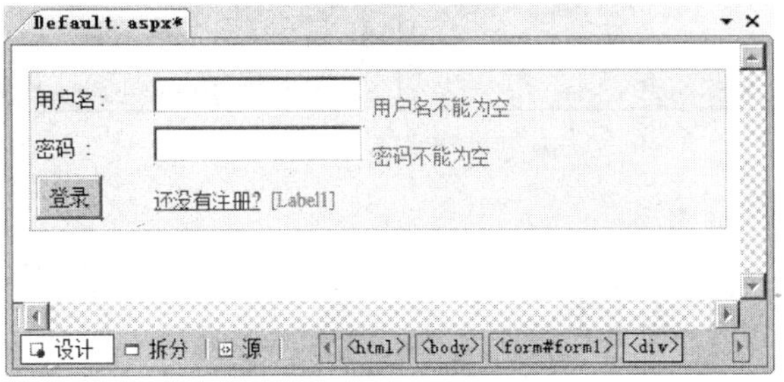

图 9-21 使用用户控件 1

对使用用户控件的页面进行页面布局，不会影响到用户控件的布局，同样的，对用户控件的布局，也不会影响到页面的布局。另外，使用用户控件的页面无须考虑事件，也无须在该页面编写任何 C# 代码，这让页面变得更加简洁，且事件的操作可以交付给用户控件，示例代码如下。

```
<%@ Page Language="C#" AutoEventWireup="true" CodeBehind="Default.aspx.cs"
    Inherits="_11_4._Default" %>
<%@ Register TagPrefix="Sample" TagName="Login" Src="~/LoginForm.ascx" %>
<html xmlns="http://www.w3.org/1999/xhtml" >
<head runat="server">
    <title>无标题页</title>
</head>
<body>
    <form id="form1" runat="server">
    <div>
        <Sample:Login runat="server" id="Login1"></Sample:Login>
    </div>
    </form>
</body>
</html>
```

从上述代码可以看出，使用用户控件，并没有任何冗余的代码，使页面代码显得非常整洁和整齐。虽然从表面看上去只有 HTML 代码，但并没有影响页面中程序的实现。运行结果如图 9-22 所示。

虽然在页面中并没有实现控件的布局和事件的处理，但是依旧可以呈现相应的控件布局和事件处理，这就是自定义控件的好处，即能够将复杂的样式或事件存储在一个控件中，以便在不同的页面中使用。

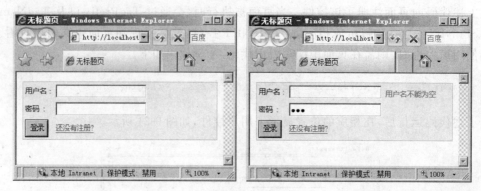

图 9-22 使用用户控件 2

9.6 自定义控件实例

虽然用户控件能够尽快地上手并运用在开发中,但是自定义控件的编写能够实现更多的效果,如在大部分的数据索引中,都需要使用分页,如果存在一个分页控件,只须指定需要分页的表,就可以自动分页,那将会使应用程序开发更加方便。

9.6.1 ASP.NET 分页控件

ASP.NET 能够编写自定义控件,并将自定义控件编译为 DLL 文件以保证在任何其他的项目中均能使用。在 ASP.NET Web 应用程序开发中,通常情况下是不可能全部将数据索引到一个页面的,所以在显示数据时,就需要进行分页操作。

当用户打开一个页面时,如果将全部的数据一起显示在页面,会使页面臃肿难看,而且用户也很难找到自己需要的信息。而如果对页面数据进行整理和索引,就能够让用户更加方便地找到自己需要的信息。不仅如此,一次全部将数据呈现到 HTML 页面,也势必会造成 HTML 页面数据的冗长,在运行页面时,会增加服务器的压力,让 Web 应用程序变得非常缓慢。

1. 属性设置

使用 ASP.NET 分页控件,能够让数据分开显示,还能让用户自行选择页码,查看相应的数据。创建一个 MyPager 自定义控件,用来执行分页操作,如图 9-23 所示。

创建完成后,需要确定一些基本的属性,这些属性能够方便控件的使用者进行相应的配置,可以尽快地使用控件并完成编程目的。对于分页控件,通常需要确定的属性如下。

(1) PageSize:用户希望一个页面呈现多少数据。
(2) Server:数据库服务器的地址。
(3) Database:数据库服务器的数据库。
(4) Pwd:数据库服务器的有效密码。
(5) Uid:数据库服务器的有效用户名。
(6) Table:需要执行分页的表,如果不指定 SqlCommand,则自动生成语句。

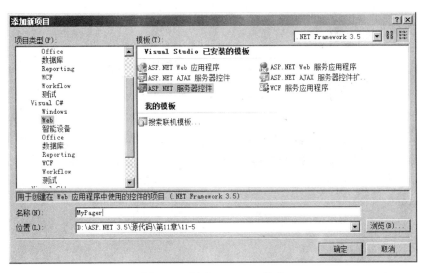

图 9-23 创建 MyPager 控件

(7) SqlCommand:如果不指定表,则执行 SqlCommand。

(8) IndexPage:一开始的索引页面。

(9) PageName:当前页面的名称,用于跳转。

2. 数据属性配置

在基本确定了以上属性后,可以编写相应代码。首先需要为数据库连接和数据库的 SQL 语句的功能实现编写相应的属性,示例代码如下。

```
[DefaultProperty("Text")]                                    //默认属性
[ToolboxData("<{0}:MyPager runat=server></{0}:MyPager>")]
                                                             //控件呈现代码
public class MyPager : WebControl
{
    [Bindable(true)]                                         //设置是否支持绑定
    [Category("Appearance")]                                 //设置类别
    [DefaultValue("")]                                       //设置默认值
    [Localizable(true)]                                      //设置是否支持本地化操作
    public string Text                                       //文本属性
    {
        get                                                  //获取属性
        {
            String s= (String)ViewState["Text"];             //获取文本属性
            return((s==null)?"["+this.ID+"]" : s);           //设置文本属性默认值
        }
        set                                                  //设置属性
        {
            ViewState["Text"]=value;
        }
    }
    [Bindable(true)]                                         //设置是否支持绑定
    [Category("Data")]                                       //设置类别 Data
```

```csharp
    [DefaultValue(10)]                                      //设置默认值
    [Localizable(true)]                                     //设置是否支持本地化操作
    public int PageSize                                     //分页数属性
    {
        get
        {
            try
            {
                Int32 s=(Int32)ViewState["PageSize"];       //获取分页值
                return((s.ToString()==null)?10 : s);        //设置默认值
            }
            catch                                           //如果用户输入异常
            {
                return 10;                                  //返回分页数
            }
        }
        set
        {
            ViewState["PageSize"]=value;                    //设置分页
        }
    }
```

上述属性设置了分页属性，当开发人员使用该控件进行分页设置时，该控件会根据不同的分页属性进行分页设置并进行分页操作。在执行分页前，还需要进行数据库的连接，这就需要编写数据连接属性，示例代码如下。

```csharp
[Bindable(true)]                                            //设置是否支持绑定
[Category("Data")]                                          //设置类别
[DefaultValue("")]                                          //设置默认值
[Localizable(true)]                                         //设置是否支持本地化操作
public string Server                                        //服务器地址
{
    get
    {
        String s= (String)ViewState["Server"];              //设置服务器地址
        return((s==null)?("(local)"): s);                   //默认服务器地址
    }
    set
    {
        ViewState["Server"]=value;                          //设置默认值
    }
}
[Bindable(true)]                                            //设置是否支持绑定
[Category("Data")]                                          //设置类别
[DefaultValue("")]                                          //设置默认值
[Localizable(true)]                                         //设置是否支持本地化操作
public string DataBase                                      //数据库属性
{
    get
    {
```

```csharp
            String s=(String)ViewState["DataBase"];     //设置数据库属性
            return((s==null)?("none"): s);              //设置默认值
        }
        set
        {
            ViewState["DataBase"]=value;                //设置默认值
        }
    }
    [Bindable(true)]                                    //设置是否支持绑定
    [Category("Data")]                                  //设置类别
    [DefaultValue("")]                                  //设置默认值
    [Localizable(true)]                                 //设置是否支持本地化操作
    public string Uid                                   //数据库用户名
    {
        get
        {
            String s=(String)ViewState["Uid"];          //设置 UID 属性
            return((s==null)?("uid"): s);               //设置默认值
        }
        set
        {
            ViewState["Uid"]=value;                     //设置默认值
        }
    }
    [Bindable(true)]                                    //设置是否支持绑定
    [Category("Data")]                                  //设置类别
    [DefaultValue("")]                                  //设置默认值
    [Localizable(true)]                                 //设置是否支持本地化操作
    public string Pwd                                   //数据库密码
    {
        get
        {
            String s=(String)ViewState["Pwd"];          //设置密码属性
            return((s==null)?("none"): s);              //设置默认值
        }
        set
        {
            ViewState["Pwd"]=value;                     //设置默认值
        }
    }
    [Bindable(true)]                                    //设置是否支持绑定
    [Category("Data")]                                  //设置类别
    [DefaultValue("")]                                  //设置默认值
    [Localizable(true)]                                 //设置是否支持本地化操作
    public string Table                                 //分页的表
    {
        get
        {
            String s=(String)ViewState["Table"];        //设置分页的表
            return((s==null)?("none"): s);              //设置默认值
        }
```

```csharp
        set
        {
            ViewState["Table"]=value;                    //设置默认值
        }
    }
    [Bindable(true)]                                     //设置是否支持绑定
    [Category("Data")]                                   //设置类别
    [DefaultValue("")]                                   //设置默认值
    [Localizable(true)]                                  //设置是否支持本地化操作
    public string SqlCommand                             //SQL 语句
    {
        get
        {
            String s=(String)ViewState["SqlCommand"];    //设置 SQL 语句
            return((s==null)?("none"): s);               //设置默认值
        }
        set
        {
            ViewState["SqlCommand"]=value;               //设置默认值
        }
    }
```

上述代码为数据库连接进行了属性配置，这些属性分别包括数据库连接字符串、数据库服务器 IP、数据库用户名、数据库密码等，这些属性用于配置不同的数据库以呈现不同的数据。

3. 页面属性配置

在编写了数据属性后，还需要编写相应的页面属性以便能够对页面进行控制，这些属性包括页面名称、索引等，示例代码如下。

```csharp
    [Bindable(true)]                                     //设置是否支持绑定
    [Category("Data")]                                   //设置类别
    [DefaultValue("")]                                   //设置默认值
    [Localizable(true)]                                  //设置是否支持本地化操作
    public string IndexPage                              //索引页面
    {
        get
        {
            String s=(String)ViewState["IndexPage"];     //获取当前页面配置属性
            return((s==null)?("none"): s);               //返回默认值
        }
        set
        {
            ViewState["IndexPage"]=value;                //设置默认配置属性
        }
    }
    [Bindable(true)]                                     //设置是否支持绑定
    [Category("Data")]                                   //设置类别
    [DefaultValue("")]                                   //设置默认值
```

```csharp
[Localizable(true)]                                    //设置是否支持本地化操作
public string PageName                                 //页面名称
{
    get
    {
        String s=(String)ViewState["PageName"];        //获取页面名称
        return((s==null)?("none"):s);                  //设置默认值
    }
    set
    {
        ViewState["PageName"]=value;                   //返回默认值
    }
}
```

在编写完相应的属性后,就需要重写 Render 方法来执行 HTML 流输出,示例代码如下。

```csharp
protected override void RenderContents(HtmlTextWriter output)
{
    string html="";
    string str="server='"+Server+"';database='"+
        DataBase+"';uid='"+Uid+"';pwd='"+Pwd+"'";
    string strsql="";
    SqlConnection con=new SqlConnection(str);          //创建连接对象
    try
    {
        con.Open();                                    //打开数据连接
        if(SqlCommand=="none" || SqlCommand=="")       //如果不自定义 Table 则自动生成
        {
            strsql="select count(*)as mycount from "+Table+"";
                                                       //生成 SQL 语句
        }
        else
        {
            strsql=SqlCommand;                         //设置默认 SQL 语句
        }
        SqlDataAdapter da=new SqlDataAdapter(strsql, con);   //创建适配器
        DataSet ds=new DataSet();                      //创建数据集
        int count=da.Fill(ds,"count");                 //填充数据集
        int page=0;                                    //数据表中的行数
        int pageCount=0;                               //分页数
        if(count >0)                                   //获取数据表中的行数
        {
            page=Convert.ToInt32(ds.Tables["count"].Rows[0]["mycount"].
                ToString());
        }
        if(page %PageSize >0)                          //开始分页
        {
            pageCount=(page / PageSize)+1;             //分页计算
        }
```

```csharp
        else
        {
            pageCount=page / PageSize;
        }
        html+="<table><tr>";
        for(int i=0; i <pageCount; i++)
        {
            if(IndexPage !=i.ToString())              //如果查看的是当前页面,则高亮显示
            {
                html+="< td style=\"padding:5px 5px 5px 5px;background:#f0f0f0;
                border:1px
                dashed #ccc;\">";                      //呈现相应的 HTML
            }
            else
            {
                html+="< td style = \"padding: 5px 5px 5px 5px; background: Gray;
                border:1px
                dashed #ccc;\">";                      //呈现相应的 HTML
            }
            html+="<a href=\""+PageName+"?page="+i+"\">"+i+"</a>";
            html+="</td>";                             //完成 HTML
        }
        html+="</tr></table>";                         //完成 HTML
    }
    catch(Exception ee)                                //出现错误抛出异常
    {
        html=ee.ToString();                            //输出异常
    }
    finally
    {
        output.Write(html);                            //页面呈现
        con.Close();
    }
}
```

上述代码会查询相应的数据库,例如 Table。当查询到相应数据库中数据的行数之后,再与 PageSize 属性进行对比,并执行分页查询,查询完成后将通过查询的条目数循环遍历输出 HTML,并将 HTML 呈现在页面中。

9.6.2 ASP.NET 分页控件的使用

分页控件能够使用在各种其他的应用程序开发中,而任何其他的应用程序如果需要使用分页控件,则需要首先添加引用。右击当前项目,在弹出的快捷菜单中,选择"添加引用"命令,打开"浏览"选项卡,浏览到项目的 bin 目录下,选择相应的 DLL 文件即可,如图 9-24 所示。

添加引用后,同样需要在使用页面进行注册,示例代码如下。

```
<%@ Register TagPrefix="MyControl" Namespace="MyPager" Assembly="MyPager" %>
```

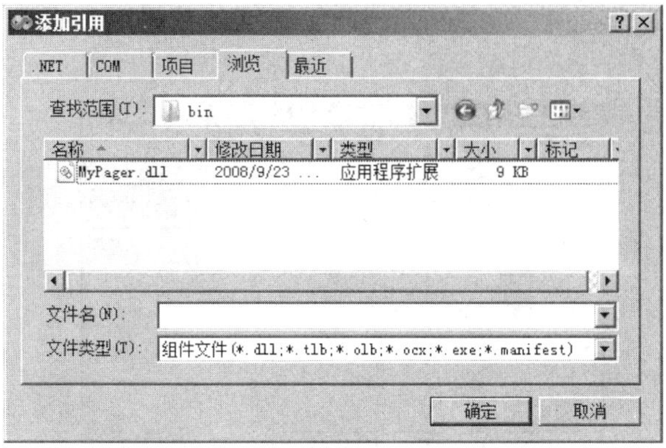

第 9 章 用户控件和自定义控件

图 9-24 添加引用

添加注册后,在工具箱中就会显示自定义控件,拖动自定义控件到页面中就可以使用自定义控件并配置相应的属性,系统自动生成的 HTML 代码如下。

```
<%@ Register TagPrefix="MyControl" Namespace="MyPager" Assembly="MyPager" %>
<html xmlns="http://www.w3.org/1999/xhtml">
<head runat="server">
    <title>无标题页</title>
</head>
<body>
    <form id="form1" runat="server">
    <div>
        <MyControl:MyPager ID="MyPager1" runat="server" DataBase="mytable"
            IndexPage="1" PageName="default.aspx" PageSize="1" Pwd="Bbg0123456#"
            Table="mynews" Uid="sa" />
    </div>
    </form>
</body>
</html>
```

为了使分页控件能够自动进行分页,需要对属性进行相应的配置,如图 9-25 所示。配置完成后,控件就能够实现自动分页,如图 9-26 所示。

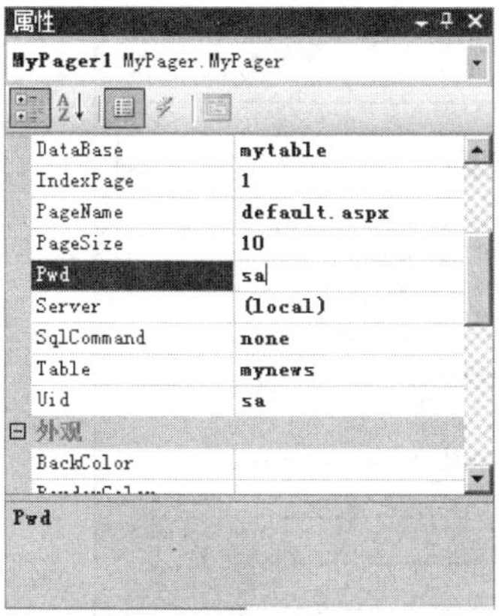

图 9-25 配置属性   图 9-26 分页控件

通过修改相应的属性，能够为不同的表，甚至不同的数据库进行分页操作，运行结果如图 9-27 所示。

图 9-27　运行分页控件

当配置 PageSize 属性为 1 时，系统会按每页 1 个数据来进行分页，同样当配置 PageSize 属性为 10 时，则系统会按照每页 10 个数据来进行分页。

注意：在编写分页控件时配置服务器信息是非常不安全的，这里的属性配置可以放在 Web.config 文件中，具体可参考 SqlDataSource 的做法。

9.7　母版页

在 Web 应用开发过程中，经常会遇到 Web 应用程序中很多页面布局相同的情况。在 ASP.NET 中，可以使用 CSS 和主题减少多页面的布局问题，但是 CSS 和主题在很多情况下还无法胜任多页面的开发，这时就需要使用母版页。

9.7.1　母版页基础

开发人员能够使用母版页定义某一组页面的呈现样式，甚至能够定义整个网站的页面呈现样式，Visual Studio 2008 能够轻松地创建母版页文件，对网站的全部或部分页面进行样式控制。单击"添加项"命令，选择"母版页"选项，即可向项目中添加一个母版页，如图 9-28 所示。

图 9-28　添加母版页

母版页的后缀名为.master。母版页同 Web 窗体在结构上基本相同,不同的是,母版页的声明方法不是使用 Page 的方法声明,而是使用 Master 关键字进行声明,示例代码如下。

```
<%@Master Language="C#" AutoEventWireup="true"
CodeBehind="MyMaster.master.cs" Inherits="_12_2.MyMaster" %>
```

母版页的结构基本同 Web 窗体,但是母版页通常情况下用来进行页面布局。当 Web 应用程序中的很多页面的布局相同,甚至中间需要使用的用户控件、自定义控件、样式表都相同时,则可以在一个母版页中定义和编码,对一组页面进行样式控制。编写母版页的方法非常简单,同编写 HTML 页面一样。在编写网站页面时,首先需要确定通用的结构,并且确定需要使用的控件或 CSS 页面,如图 9-29 所示。

图 9-29 母版页页面布局

在确定了母版页布局的通用结构后,就可以编写母版页的结构了。这里使用 Table 进行布局,在布局前,首先需要定义若干样式,示例代码如下。

```
<style type="text/css">
    body
    {
        font-size:12px;
        text-align:center;
    }
    .style1
    {
        width: 100%;
        height: 129px;
    }
    .style2
    {
        background:url('images/bg.jpg')repeat-x;
        height: 111px;
        text-align: center;
        font-size:18px;
        font-weight:bolder;
    }
    .style3
    {
        background:url('images/bg.jpg')repeat-x;
        height: 94px;
    }
    .style4
    {
        background:url('images/bg2.jpg')repeat-x;
        width: 129px;
    }
```

```
            .style5
            {
                background:url('images/bg2.jpg')repeat-x;
                width: 476px;
            }
            .style6
            {
                background:url('images/bg2.jpg')repeat-x;
            }
        </style>
    </head>
```

上述代码规定了一些基本样式,使用 Table 进行页面的布局,整页布局代码如下。

```
<body>
    <form id="form1" runat="server">
    <div>
        <table class="style1">
            <tr>
                <td class="style2">标题</td>
            </tr>
            <tr>
                <td>
                    <table class="style1">
                        <tr>
                            <td class="style4">左侧</td>
                            <td class="style5">中间</td>
                            <td class="style6">右侧</td>
                        </tr>
                    </table>
                </td>
            </tr>
            <tr>
                <td class="style3">底部说明</td>
            </tr>
        </table>
    </div>
    </form>
</body>
```

上述代码对页面进行了布局,并定位了头部、中部和底部这 3 个部分,而中部又分为左侧、中间和右侧 3 个部分,布局完成后效果如图 9-30 所示。

通过编写 HTML,能够进行母版页的布局,不仅如此,母版页还能够嵌入控件、用户控件和自定义控件,方便母版页中通用模块的编写。母版页提供了一个对象模型,其他页面能够通过母版页快速地进行样式控制和布局,使用母版页具有以下好处。

(1) 母版页可以集中处理页面的通用功能,包括布局和控件定义。

(2) 使用母版页可以定义通用性的功能,包括页面中某些模块的定义,这些模块通常由用户控件和自定义控件实现。

(3) 母版页允许控制占位符控件的呈现方式。

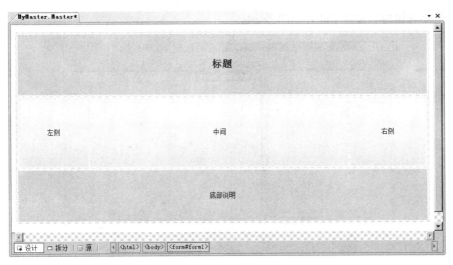

图 9-30　母版页最终布局效果

（4）母版页能够为其他页面提供一致外观，其他页面能够使用母版页进行二次开发。

母版页能够将页面布局集中到一个或若干个页面中，这样无须在其他页面中过多的关心页面布局。

9.7.2　内容窗体

使用母版页的页面被称作内容窗体（也称内容页）。内容窗体不是专门负责设计的页面，只需要关注一般页面的布局、事件以及窗体结构即可，所以内容窗体无须过多地考虑页面布局。当用户请求内容窗体时，内容窗体将与母版页合并，且将母版页的布局和内容窗体的布局组合在一起呈现到浏览器。

创建内容窗体的方法基本同 Web 窗体一样，在 Visual Studio 2005 中创建 Web 窗体时，必须选中"选择母版页"选项，而在 Visual Studio 2008 中，有单独的内容页可以选择，如图 9-31 所示。单击"添加"按钮，系统会提示相应的母版页，选择相应的母版页后，单击"确

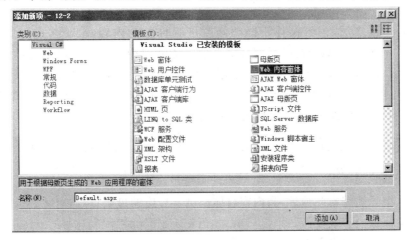

图 9-31　创建 Web 内容窗体

定"按钮即可创建内容窗体，如图 9-32 所示。

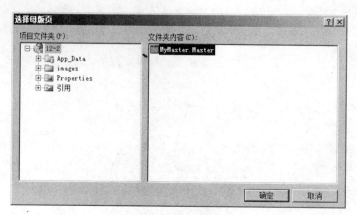

图 9-32　选择母版页

选择母版页后，系统会自动将母版页和内容整合在一起，如图 9-33 所示。

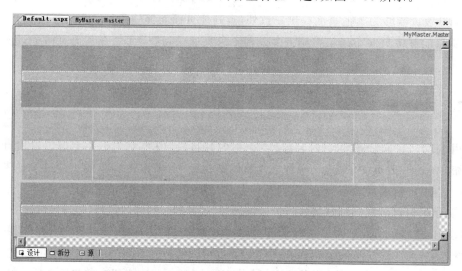

图 9-33　使用母版页

在使用母版页之后，内容窗体不能够修改母版页中的内容，也无法向母版页中新增 HTML 标签，在编写母版页时，必须使用容器使得能够在相应的位置填充内容页。例如按图 9-29 所示编写母版页，内容窗体不能够对其中的文字进行修改，也无法在母版页中插入文字。编写母版页后，如果需要在某一区域允许内容窗体新增内容，就必须使用 ContentPlaceHolder 控件来占位，母版页中的代码如下。

```
<asp:ContentPlaceHolder ID="ContentPlaceHolder1" runat="server">
</asp:ContentPlaceHolder>
```

在母版页中无须编辑此控件，当内容窗体使用了相应的母版页后，能够编辑此控件并向此占位控件中添加内容或控件。单击 ContentPlaceHolder 控件后，选择 Content 命令，可在占位控件中增加控件或自定义内容，如图 9-34 所示。

编辑完成后，整个内容窗体就编写完毕了。内容窗体无须进行页面布局，也无法进行页

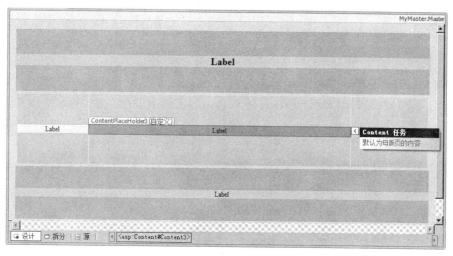

图 9-34　编辑内容窗体

面布局,否则会抛出异常。在内容窗体中,只需要按照母版页中的布局进行控件的拖放即可。

9.7.3　母版页的运行方法

在使用母版页时,母版页和内容页通常是一起协调运作的,母版页和内容页协调运作方式如图 9-35 所示。

在母版页运行后,内容窗体中 ContentPlaceHolder 控件会被映射到母版页的 ContentPlaceHolder 控件,并向母版页中的 ContentPlaceHolder 控件填充自定义控件。运行后,母版页和内容窗体将会整合形成结果页面,然后呈现到用户的浏览器。母版页运行的具体步骤如下。

(1) 通过 URL 指令加载内容页面。

(2) 页面指令被处理。

(3) 将更新过内容的母版页合并到内容页面的控件树里。

(4) 单独的 ContentPlaceHolder 控件的内容被合并到相对的母版页中。

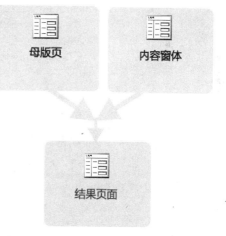

图 9-35　母版页和内容窗体

(5) 合并的页面被加载并显示给浏览器。

从浏览者的角度来说,母版页和内容窗体的运行并没有什么本质的区别,因为在运行过程中,其 URL 是唯一的。而从开发人员的角度来说,实现的方法不同,母版页和内容窗体分别是单独且离散的页面,分别进行各自的工作,在运行后才合并生成相应的结果页面呈现给用户。在内容页中使用母版页,无须存放在特殊的目录中,只须放在普通的目录文件中即可,内容页需要使用母版页时,使用 MasterPageFile 属性即可,示例代码如下。

```
<%@ Page Language="C#" MasterPageFile="~/MyMaster.Master"
    AutoEventWireup="true" CodeBehind="Default.aspx.cs"
    Inherits="_12_2.Default" Title="无标题页" %>
```

使用 MasterPageFile 属性声明母版时,Page 指令中的 MasterPageFile 属性会解析为一个 .master 页面,在运行时,就能够将母版页和内容窗体合并为一个 Web 窗体并呈现给浏览器。

9.7.4 嵌套母版页

母版页之间能够嵌套运行,让一个母版页作为另一个母版页的子母版,方便将页面进行模块化。当编写 Web 应用时,可以使用母版页进行较大型的框架布局,对一个页面进行整体的样式控制,同时使用母版页进行嵌套,对细节的地方进行细分。

母版页的结构和 Web 窗体的结构十分相似,母版页也可以包含母版页,被包含的母版页称为子母版。子母版通常会包含一些控件,这些控件将映射到父母版的内容占位符上。在 MyMaster 页面中,可以编写相应的代码进行嵌套,示例代码如下。

```
<body>
    <form id="form1" runat="server">
    <div>
        <table class="style1">
            <tr>
                <td class="style2">
                    <asp:ContentPlaceHolder ID="ContentPlaceHolder1" runat=
                    "server">
                    </asp:ContentPlaceHolder>
                </td>
            </tr>
            <tr>
                <td>
                    <table class="style1">
                        <tr>
                            <td class="style4">
                                <asp:ContentPlaceHolder ID="ContentPlaceHolder2"
                                runat="server">
                                </asp:ContentPlaceHolder>
                            </td>
                            <td class="style5">
                                <asp:ContentPlaceHolder ID="ContentPlaceHolder3"
                                runat="server">
                                    Master 母版页:
                                    <asp:TextBox ID="TextBox1" runat="server"></
                                    asp:TextBox>
                                </asp:ContentPlaceHolder>
                            </td>
                            <td class="style6">
```

```
                    <asp:ContentPlaceHolder ID="ContentPlaceHolder4"
                    runat="server">
                    </asp:ContentPlaceHolder>
                </td>
            </tr>
        </table>
    </td>
</tr>
<tr>
    <td class="style3">
        <asp:ContentPlaceHolder ID="ContentPlaceHolder5" runat=
        "server">
        </asp:ContentPlaceHolder>
    </td>
</tr>
</table>
</div>
</form>
</body>
```

上述代码创建了 MyMaster 母版页,并使用了 Content 控件进行占位控件的编写。右击当前项目并选择"新建项"命令,创建一个 Child.master 子母版页并为子母版页编写相应的 HTML 代码,示例代码如下。

```
<%@ Master Language="C#" AutoEventWireup="true" CodeBehind="Child.master.cs"
    Inherits="_12_2.Child" MasterPageFile="~/MyMaster.Master"%>
<asp:Content ID="ContentPlaceHolder4"
    ContentPlaceHolderID="ContentPlaceHolder4" runat="server">
    子母版页:<asp:TextBox ID="TextBox2" runat="server"></asp:TextBox>
</asp:Content>
```

上述代码在子母版页中创建了一个文本框,则可以在父母版页中使用此母版页,使用方法同样是采用 MasterPageFile 属性进行声明。由于已经在 Child 子母版中声明了 MyMaster 母版页,在使用和加载 Child 页面时,可以使用 MasterPageFile = " ~/ MyMaster.Master" 对子母版页的母版进行声明。在上述代码中 Child 母版页使用了 MyMaster 母版页,并使用 ContentPlaceHolderID = "ContentPlaceHolder4" 属性对该控件进行占位控件的填充,如图 9-36 所示。

母版页嵌套完毕后,使用母版页的页面也应该进行相应的修改,在使用嵌套后,子母版页应该被声明到需要使用的页面。简单地说,需要使用的页面应该声明的是子母版页,而不是父母版页,在这里应该为 Child.master,示例代码如下。

```
<%@ Page Language="C#" MasterPageFile="~/Child.Master"
    AutoEventWireup="true" CodeBehind="Default.aspx.cs"
    Inherits="_12_2.Default" Title="无标题页" %>
```

上述代码声明了该页的母版页为 Child.master,运行结果如图 9-37 所示。
嵌套母版页之后,使用子母版页的页面将不能直接进行页面编辑,在 Visual Studio

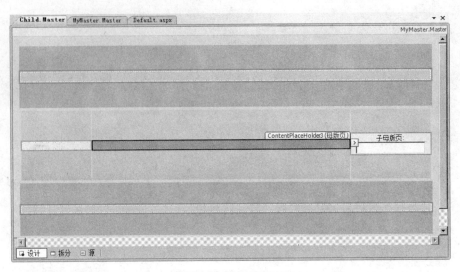

图 9-36　嵌套母版页

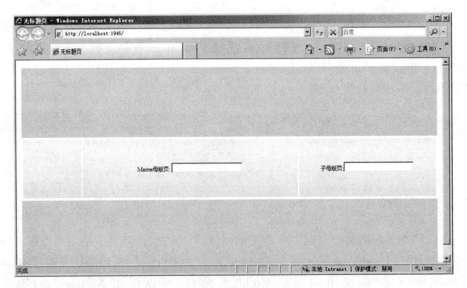

图 9-37　嵌套母版页

2008 中，使用子母版页的页面将显示为空白，但并不表示页面显示将为空白。

9.8　本章小结

　　本章在服务器控件的基础上，着重讲解了用户控件和自定义控件。使用用户控件和自定义控件的优势在于二者都能够非常简单地完成且达到开发的需求，而无须重复进行代码编写。

　　在传统的开发概念中，用户控件和自定义控件都比较复杂，而通过本章的学习就会了解到用户控件和自定义控件的开发并没有想象中那么复杂，用户控件和自定义控件能够适应更多的应用场合，这些控件能够重复使用和自定义，极大地方便了应用程序的开发。同时，本章还介绍了母版页，通过母版页能够将页面布局和控件分离，只须由母版页进行页面布局和样式控制,由内容窗体嵌入相应的控件即可。本章主要内容总结如下。

(1) 用户控件,包括什么是用户控件和如何创建用户控件。

(2) 将 Web 窗体转换成用户控件。

(3) 复合自定义控件。

(4) 用户控件和自定义控件的异同。

(5) 母版页的运行方法。

(6) 进行母版页的嵌套。

本章分别通过实例创建和使用了用户控件和自定义控件,能够轻松地了解用户控件和自定义控件的异同和编程模型,对以后的开发有很大的帮助。

9.9 本章习题

1. 什么是用户控件?作用是什么?
2. Web 窗体与用户控件的区别是什么?
3. 用户控件与自定义控件的区别是什么?

第10章 注册模块设计

注册模块在网站开发中是一个必不可少的模块,能够让用户在网站上注册自己的信息,以便在以后的访问中可以直接登录,网站也可以通过注册模块保存用户信息,让用户能够在网站上随时查阅自己的信息和相关资源。

10.1 场景导入

设计用户注册模块,如图10-1所示,可以让用户在注册页面填写相应的注册信息,并将这些信息保存到相应的网站上,同时还能够让网站对这些信息进行归纳和整合。

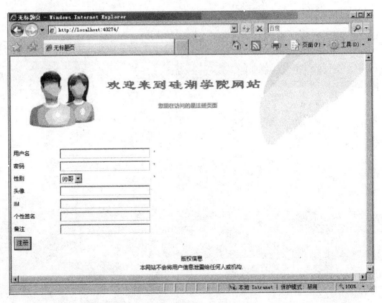

图10-1 注册模块运行示例

用户可以在该页面填写用户信息,并进行注册。用户填写相关选项时,系统会进行验证和关键字符的过滤,如果用户是一个非法用户,系统检测到非法的方法(如SQL注入和字符注入)时,能够验证当前用户注册方法为不正常的方法,就会提示用户注册中所填的项目是错误的。同样如果用户忘记填写相应的选项时,系统也会提示用户必须填写相应的项目,否则不予注册。

这种做法是基于Web应用的安全考虑的,不仅提高了网站的健壮性,也让数据库中避免了过多的非法信息,保证了Web应用的其他模块能够正常的运行。当用户注册信息错误时，系统会提示信息错误，如图 10-2 所示。

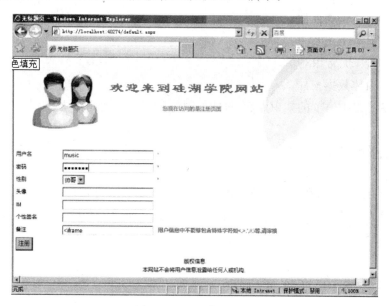

图 10-2　注册信息异常

如果用户注册成功，将会跳转到登录页面，登录页面会在后面的模块中讲解。对于 Web 应用而言，需要对现有的用户信息进行管理，所以管理员能够在后台管理页面中进行编辑和删除等操作，如图 10-3 所示。

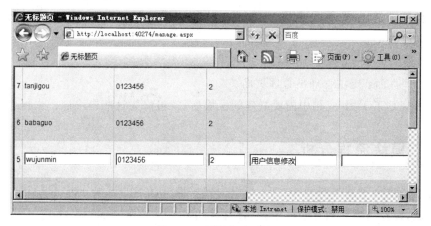

图 10-3　编辑相应用户

管理员可以在管理页面对用户数据库中的相应字段进行修改和增加，如果用户忘记了自己的密码，也可以联系管理员获取和修改自己的密码，对于恶意注册的用户，管理员可以轻易地删除该用户。

10.2　学习要点

注册模块会涉及一些 ASP.NET 3.5 的基本知识，如果要仔细学习注册模块的开发，需要详细了解本书一些章节的知识，这些章节如下所示。

(1) ASP.NET 的网页代码模型。
(2) Web 窗体基本控件。
(3) 数据库基础。
(4) ADO.NET 常用对象。
(5) Web 窗体数据控件。

基本了解了以上章节的知识点后,将能够熟练学习和开发此模块。

10.3　系统设计

进行系统开发时,无论是模块开发还是整体规划,都需要进行系统设计。系统设计不仅能够方便开发人员的系统开发,还能节约在后期维护中所需的时间和成本。系统设计就好像是一张软件制造计划书,通过计划书能够高效的进行软件开发和软件维护。

10.3.1　模块功能描述

注册模块是网站中最常用也是必不可少的模块,对于注册模块的开发,首先需要确定一个基本的用户流程图,如图 10-4 所示。

从注册模块的基本用户流程图可以看出,用户注册非常简单。首先用户需要访问网站,选择是否进行注册,如果需要注册则网站提供一个注册模块给用户,在用户完成注册后,用户信息交由管理员,管理员通过用户管理页面进行页面管理。从上述用户流程图可以基本规划以下几个页面。

(1) 注册页面:提供用户注册操作。
(2) 管理页面:提供管理员管理页面。

在基本规划了 Web 应用中需要制作的模块后,就可以为这些模块进行流程分析了。

10.3.2　模块流程分析

在对业务进行了基本的划分之后,可以为模块进行基本的流程分析,包括这个模块中最基本的函数,以及这些函数在页面中是如何执行的。

对注册页面而言,首先需要确定用户需要提供哪些注册内容,如果 Web 应用希望用户提供真实的信息,例如校内网这样的 SNS,那么就需要用户提供真实的信息,以及用于验证用户真实性的应用程序。如果 Web 应用无须验证信息真伪,那么应用程序的开发就只需要进行入库即可。

对管理页面而言,管理人员需要对用户信息进行操作,包括修改和删除。在 ASP.NET 3.5 中,可以使用 SQL 数据源控件和 SQL 数据绑定控件完成此功能。了解了基本的模块流程和制作后,就可以模拟模块流程分析图,如图 10-5 所示。

用户直接进入 register.aspx 页面进行注册,注册完成后进行数据操作,将用户信息加入到数据库中。管理人员进入 manage.aspx 对用户的注册信息进行数据操作即可。

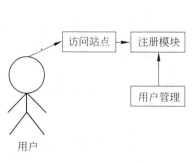

图 10-4　注册模块基本用户流程图

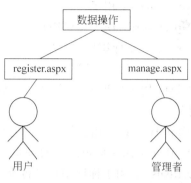

图 10-5　基本模块流程图

10.4　数据库设计

数据库设计是软件设计中最为重要的一部分，在软件开发过程中对数据库模型的更改会引起很多的变动，如果更改数据库中的一个字段，很可能需要对大部分代码中的 SQL 语句进行更改，因此，良好的数据库设计是非常必要的。

10.4.1　数据库的分析和设计

用户在网站进行登录，首先要确定对网站而言需要用户的哪些基本信息，这些基本信息可以暂时归纳如下。

（1）用户名：用于保存用户的用户名，当用户登录时可以通过用户名验证。
（2）密码：用于保存用户的密码，当用户使用登录时可以通过密码验证。
（3）性别：用于保存用户的性别。
（4）头像：用于保存用户的个性头像。
（5）QQ/MSN：用于保存用户的 QQ/MSN 等信息。
（6）个性签名：用于展现用户的个性签名等资料。
（7）备注：用于保存用户的备注信息。
（8）用户情况：用于保存用户的状态，可以设置为通过审批和未通过等。

对数据库的基本分析完成后，就可以创建数据库表来存储用户的注册信息。这里需要创建一个 Register 数据库，创建完成后就能够在 Register 数据库中创建数据表了。

10.4.2　数据表的创建

数据表可以通过 SQL Server Management Studio 视图进行创建，也可以通过 SQL Server Management Studio 查询使用 SQL 语句进行创建，本书已在前文中进行过介绍。这个模块的数据库设计比较简单，为了保存用户信息，可以创建一个 Register 表并为数据库分析中的基本信息创建字段，如图 10-6 所示。

正如图 10-6 所示，在数据表中为用户的基本信息创建了字段，这些字段的意义如下。
（1）id：用于标识用户的 ID 号，并为自动增长的主键。

（2）username：用于标识用户名。

（3）password：用于标识用户密码。

（4）sex：用于标识用户性别。

（5）picture：用于标识用户头像。

（6）IM：用于标识用户的 IM 信息，包括 QQ/MSN 等。

（7）information：用于标识用户的个性签名。

（8）others：用于标识用户的备注信息。

（9）ifisuser：用于标识用户是否为合法用户。

列名	数据类型	允许空
id	int	□
username	nvarchar(50)	☑
password	nvarchar(50)	☑
sex	int	☑
picture	nvarchar(MAX)	☑
IM	nvarchar(50)	☑
information	nvarchar(MAX)	☑
others	nvarchar(MAX)	☑
ifisuser	int	☑

图 10-6　数据库表结构

创建数据表的 SQL 查询语句代码如下。

```
USE [Register]
GO
SET ANSI_NULLS ON
GO
SET QUOTED_IDENTIFIER ON
GO
CREATE TABLE [dbo].[Register](                        //创建数据库
    [id] [int] IDENTITY(1,1)NOT NULL,
    [username] [nvarchar](50)COLLATE Chinese_PRC_CI_AS NULL,
    [password] [nvarchar](50)COLLATE Chinese_PRC_CI_AS NULL,
    [sex] [int] NULL,
    [picture] [nvarchar](max)COLLATE Chinese_PRC_CI_AS NULL,
    [IM] [nvarchar](50)COLLATE Chinese_PRC_CI_AS NULL,
    [information] [nvarchar](max)COLLATE Chinese_PRC_CI_AS NULL,
    [others] [nvarchar](max)COLLATE Chinese_PRC_CI_AS NULL,
    [ifisuser] [int] NULL,
CONSTRAINT [PK_Register] PRIMARY KEY CLUSTERED
(
    [id] ASC
)WITH(PAD_INDEX=OFF, STATISTICS_NORECOMPUTE=OFF, IGNORE_DUP_KEY=OFF,
    ALLOW_ROW_LOCKS=ON, ALLOW_PAGE_LOCKS=ON)ON [PRIMARY]
)ON [PRIMARY]
```

上述代码创建了一个数据库并将 ID 设为自动增长的主键，在用户注册时，可以不向该字段进行数据操作。

10.5　界面设计

良好的界面设计是吸引用户的基本，将注册页面设计得丰富多彩，可以吸引用户的注册和登录，并提高回访率。在进行页面设计时，可以使用 CSS 也可以使用表格进行页面布局，相比之下 CSS 具有更高的灵活性。

10.5.1　基本界面

进行页面布局前，只需创建一个基本页面以满足应用程序的需求即可。注册模块需要一些基本的控件,这些控件包括 TextBox 控件、Label 控件和按钮控件。

上述代码创建了一个头部信息层、一个注册信息层和一个底部信息层,这三个层分别负责头部图片的显示、注册信息的样式控制和底部版权说明,在没有 CSS 控制时,其效果如图 10-7 所示。

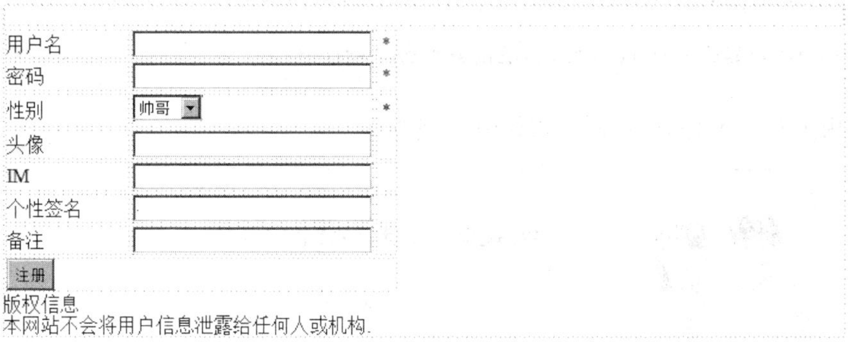

图 10-7 基本样式

在基本样式中,注册信息层使用表格进行排版能够快速地进行页面的布局控制,还可以使用 CSS 进行样式控制。

10.5.2 创建 CSS

使用 CSS 进行网页布局能够极大地加强网页布局的灵活度,同时在网页布局中提高了代码的复用性并将 HTML 页面代码与 CSS 代码相分离,CSS 页面代码如下。

```css
body                                              //设置页面样式
{
    font-size:12px;
    font-family:Geneva, Arial, Helvetica, sans-serif;
    margin:0px 0px 0px 0px;
}
.top                                              //设置头部样式
{
    background:white url(top.png)no-repeat top center;
    height:200px;
    margin:0px auto;
    width:800px;
}
.register                                         //设置注册样式
{
    margin:0px auto;
    width:800px;
}
.end                                              //设置底部样式
{
    background:#f9fbfd;
    margin:0px auto;
```

```
    width:800px;
    text-align:center;
    padding:10px 10px 10px 10px;
}
```

在 CSS 页面编写完文件样式后,就需要在相应的页面进行引用,示例代码如下。

```
<link href="css.css" rel="stylesheet" type="text/css" />
```

在使用了 CSS 文件后,页面样式如图 10-8 所示。

图 10-8 CSS 样式控制后的页面

上述页面在 CSS 的样式控制下显得非常友好,用户在进行注册时,会感觉应用程序是在用心制作的情况下上线的,提高了用户的回访率。

10.6 代码实现

在完成基本的控件布局和 CSS 样式布局之后,页面就能够呈现在客户端浏览器中。但是如果用户想要在页面中执行逻辑操作,就需要进行代码实现,以保证用户注册功能能够良好的运行。

10.6.1 验证控制

用户进行注册操作时,需要进行用户验证控制,例如在用户没有输入密码的情况下单击了注册控件,数据是不应该被插入到数据库中的,但如果没有进行验证则会插入很多空数据,影响数据库功能。若要实现验证控制,可以使用现有的验证控件进行验证控制。

上述代码使用 RequiredFieldValidator 控件进行了基本的验证,如果用户输入的用户名和密码以及性别为空,则会说明用户名和密码以及性别为空,请重新输入,如图 10-9 所示。

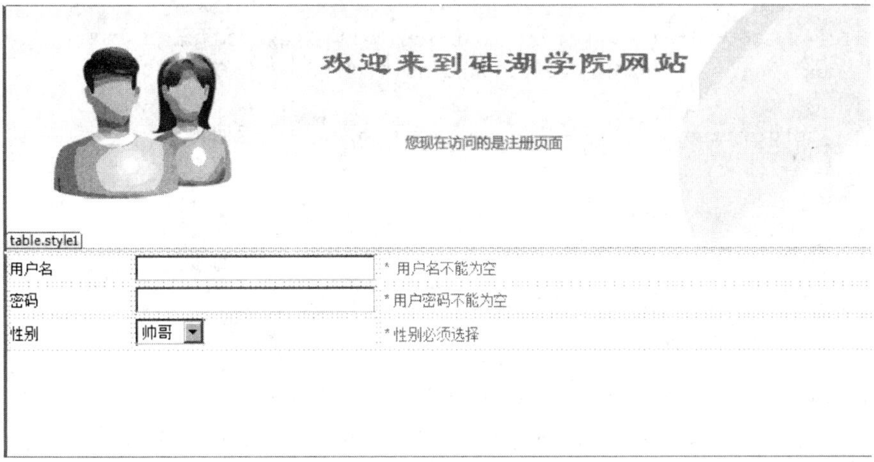

图 10-9　验证控制

进行验证控制后,就能够防止非法用户或用户疏忽所造成的空数据库问题,也方便了数据维护的进行。

10.6.2　过滤输入信息

在进行数据操作之前,并不能只凭用户输入的信息是否为空判断用户是否是合法用户。在 Web 应用中包括很多不好的信息,特别是违法内容或者是特殊的字符串,都有可能对网站造成危害。

注意:不仅仅是违法的内容会对网站造成危害,特殊的字符串还有可能造成 SQL 注入等更大的危害。

在用户单击按钮控件时会执行数据插入操作,在数据插入之前就需要对信息进行过滤,示例代码如下。

```
protected void Button1_Click(object sender, EventArgs e)
{
    if(Check(TextBox1.Text)||Check(TextBox2.Text)||Check(TextBox4.Text)||
        Check(TextBox5.Text)||Check(TextBox6.Text)||Check(TextBox7.Text))
                                            //判断
    {
        Label8.Text="用户信息中不能够包含特殊字符如<,>,',/,\\等,请审核";
                                            //输出信息
    }
    else
    {
                                            //注册代码
    }
}
```

上述代码使用了 Check 函数对文本框控件进行了用户资料的判断,Check 函数的实现如下。

```csharp
protected bool Check(string text)                           //判断实现
{
    if(text.Contains("<")||text.Contains(">")||text.Contains("'")||
      text.Contains("//")||text.Contains("\\"))             //检查字符串
    {
        return true;                                        //返回真
    }
    else
    {
        return false;                                       //返回假
    }
}
```

Check 函数定义了基本的判断方式,如果文本框信息中包含"<",">","'","/","\"等字符串时,该方法将会返回 true,否则会返回 false。也就是说,如果字符串中包含了这些字符,则会返回 true,在 Button1_Click 函数中就会判断包含非法字符,并进行提示。对关键字的过滤是非常必要的,这样能够保证应用程序的完整性并提高应用程序的健壮性,同时也对数据库的完整性进行了保护。

10.6.3 插入注册信息

当用户单击按钮控件且对用户进行了非空验证和关键字过滤后,就能够进行数据的插入了,用户可以使用 ADO.NET 进行数据操作,示例代码如下。

```csharp
protected void Button1_Click(object sender, EventArgs e)
{
    if(Check(TextBox1.Text)||Check(TextBox2.Text)||Check(TextBox4.Text)||
      Check(TextBox5.Text)||Check(TextBox6.Text)||Check(TextBox7.Text))
                                                            //检查字符串
    {
        Label8.Text="用户信息中不能够包含特殊字符如<,>,',//,\\等,请审核";
                                                            //输出信息
    }
    else
    {
        try
        {
            SqlConnection con=new SqlConnection("server='(local)';
              database='Register';uid='sa';pwd='sa'");//建立连接
            con.Open();                                     //打开连接
            string strsql="insert into register (username,password,sex,picture,im,information,others,ifisuser)values ('"+
              TextBox1.Text+"','"+TextBox2.Text+"','"+DropDownList1.Text+"',
              '"+TextBox4.Text+"','"+TextBox5.Text+"','"+TextBox6.Text+"','"
              + TextBox7.Text+"',0)";
            SqlCommand cmd=new SqlCommand(strsql,con);      //创建执行
            cmd.ExecuteNonQuery();                          //执行 SQL
```

```
                    Label8.Text="注册成功,请牢记您的信息";        //提示成功
                }
                catch
                {
                    Label8.Text="出现错误信息,请返回给管理员";      //抛出异常
                }
            }
        }
```

上述代码通过 ADO.NET 实现了数据的插入,但是上述代码存在一个缺点,如果用户完成注册且名称为 abc,那么当这个用户注销并再注册一个用户名称为 abc 时,依旧可以将数据插入到数据库,这样会出现错误的。值得注意的是,这个错误并不是逻辑错误,但是这个错误会造成不同的用户可能登录了同一个用户信息并产生信息错误。为了避免这种情况的发生,在用户注册前首先需要执行判断,示例代码如下。

```
string check="select * from register where username='"+TextBox1.Text+"'";
SqlDataAdapter da=new SqlDataAdapter(check,con);    //创建适配器
DataSet ds=new DataSet();                            //创建数据集
da.Fill(ds, "table");                                //填充数据集
if(da.Fill(ds, "table")>0)                           //判断同名
{
    Label8.Text="注册失败,有相同用户名";               //输出信息
}
else
{
    SqlCommand cmd=new SqlCommand(strsql, con);      //创建执行对象
    cmd.ExecuteNonQuery();                           //执行 SQL
    Label8.Text="注册成功,请牢记您的信息";             //输出成功
}
```

用户注册时,首先查询数据库是否已经包含这个用户名的信息,如果包含则不允许用户注册,否则说明该用户是一个新用户,可以进行注册。

10.6.4 管理员页面

管理员页面功能非常简单,只需要对数据进行删除和修改即可,无须进行任何数据操作,使用 ASP.NET 本身的数据源控件和数据绑定控件就能够实现管理员页面的编写和制作。使用 GridView 控件可以进行数据的呈现,同时还支持编辑和删除功能。

10.6.3 小节的代码编写了 GridView 控件的样式并且为 GridView 控件配置了数据源,同时也配置 GridView 控件能够支持编辑和删除等操作,在数据源配置时,需要新建一个连接字符串,如图 10-10 所示。

建立连接字符串并保存到 Web.config 文件中,单击"下一步"按钮,可以生成 SQL 语句,为了方便管理,管理员通常都是对最新注册用户进行管理,因此可生成 SQL 语句如图 10-11 所示。

为了能够让数据源自动支持编辑和删除操作,必须进行数据源高级配置,如图 10-12 所示。

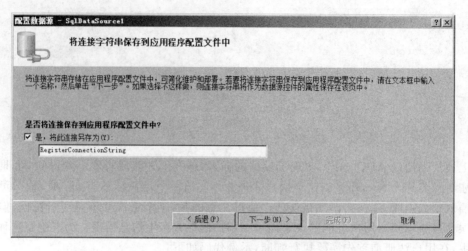

图 10-10　建立连接字符串

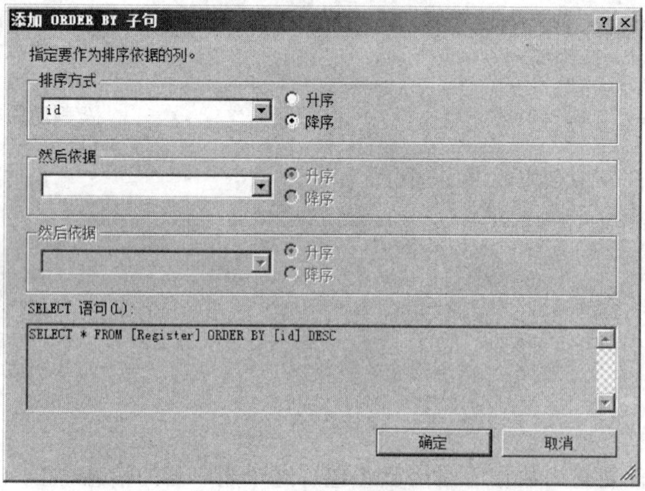

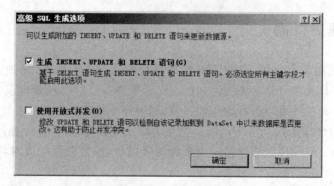

图 10-11　选择排序方式

图 10-12　生成数据操作语句

　　选中"生成 INSERT、UPDATE 和 DELETE 语句"复选框,以支持数据源控件自动进行编辑和删除等操作,单击"确定"按钮,将数据源控件配置完成。
　　从上述代码可以看出使用数据源控件能够简化开发人员对数据的开发。

10.7 本章小结

本章介绍了注册模块的开发流程和核心代码,注册模块是网站应用中非常重要的模块,通过注册模块能够实现网站和用户的信息交流,本章从案例分析、数据库设计到代码编写都进行了讲解。此外还巩固了以下内容。

(1) ASP.NET 的网页代码模型。

(2) Web 窗体基本控件。

(3) 数据库基础。

(4) ADO.NET 常用对象。

(5) Web 窗体数据控件。

通过本章的学习能够巩固和强化对本书中这些章节的理解。

第11章 ASP.NET 校友录系统设计

在现在的网络应用中,用户是网络应用的中心,如今最风靡的校园网都是把用户放到了网络应用的第一位,而校园网的成功在很大程度上是因为它是一个真实的社交网络,本章将要介绍的校友录系统也是利用了真实的社交网络进行设计和开发的。

11.1 场景导入

在编码完成后还需要对现有的项目进行测试,测试时需要准备数据源并进行数据操作,同时还需要进行程序中的页面测试,对错误的布局和逻辑进行修正。在数据源的准备中,需要考虑在所有的应用场景中进行相应的数据插入。而在页面测试时,不仅要对页面的显示进行测试,同样还需要对页面逻辑进行测试。

11.1.1 准备数据源

在 ASP.NET 校友录系统中,现有的代码并没有为校友录中日志的分类进行添加、删除管理等操作,可以使用 SQL 语句进行数据库中的数据添加,以便用户在校友录中添加日志时选择分类,添加分类的 SQL 语句如下。

```
INSERT INTO diaryclass(classname)VALUES('生活日记')
INSERT INTO diaryclass(classname)VALUES('青青校园')
INSERT INTO diaryclass(classname)VALUES('天下驴友')
INSERT INTO diaryclass(classname)VALUES('社会时事')
```

上述代码在数据库中添加了4个分类,当用户进行日志发布时可以选择相应类别进行归类。

注意:由于篇幅限制,校友录系统并没有开发日志分类的添加和删除,但校友录系统分类的系统开发在前面的新闻模块章节中都有所涉及。

11.1.2 实例演示

当用户访问 friend.aspx 页面时,系统会判断用户是否已经登录。如果用户没有登录,则会跳转到 login.aspx 登录页面进行登录,同时允许没有账户的用户进行注册,且注册后自动跳转到登录页面,用户必须登录后才能够进行校友录系统的访问。注册和登录界面如图 11-1 和图 11-2 所示。

图 11-1　用户注册页面

图 11-2　用户登录页面

用户完成登录后,系统会跳转到校友录首页,当前校友录系统中还没有任何日志,系统会提示用户发布日志,在侧边栏中会显示用户列表,用户列表控件的实现就是通过加入校友控件实现的,如图 11-3 所示。当有多个用户注册时,侧边的用户列表就会显示多个用户,校友能够点击相应的用户进入用户索引。当用户进入 new.aspx 时,可以发布日志,如图 11-4 所示。

图 11-3　加入校友控件

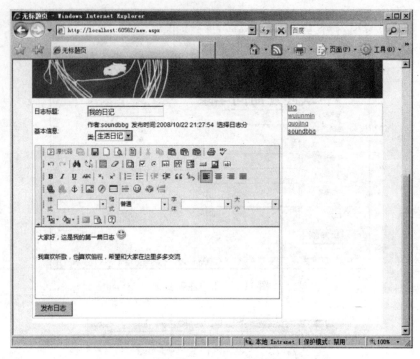

图 11-4 添加日志

发布日志时可以进行富文本编写,还能够添加表情、进行编写检查等操作,这样能够提高日志的可读性,丰满日志。查看日志页面如图 11-5 所示。

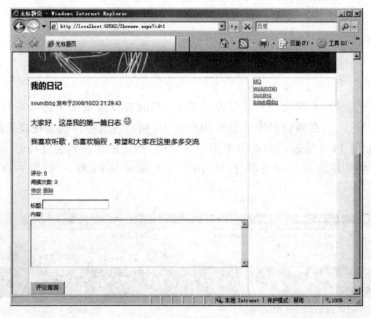

图 11-5 浏览日志

用户访问相应的日志后,还能够对日志进行评论,评论的内容会随着相应新闻而呈现在页面中,对于不同的新闻所呈现的留言内容也不同,如图 11-6 所示。

第 11 章　ASP.NET 校友录系统设计

图 11-6　日志评论

对于感兴趣的用户，如图 11-7 中的 wujunmin，可以单击其用户名跳转到相应的索引页面，如果访问的用户为管理员，可以进行删除操作。

图 11-7　删除用户操作

管理员能够单击相应的用户跳转到用户界面并对用户进行删除操作，删除用户后该用户的所有日志和留言，以及用户相关的信息均被删除。此外，管理员还能够修改和删除日志，删除日志后，与日志相应的评论也随之被删除。

注意：无论是系统开发还是系统测试，都需要遵守数据的完整性，否则可能造成大量的垃圾数据。

11.1.3　管理后台演示

管理员在前台登录后，可以通过用户面板进行后台的访问，用户面板如图 11-8 所示。

单击红色的"管理员"超链接字样，系统将会跳转到后台页面。在后台界面，管理员能够进行日志管理、评论管理以及用户管理,如图 11-9 所示。

图 11-8　用户面板　　　　　　　图 11-9　管理侧边栏

单击"日志管理"跳转到日志管理页面,管理员可以进行日志的修改和删除,如图 11-10 所示。

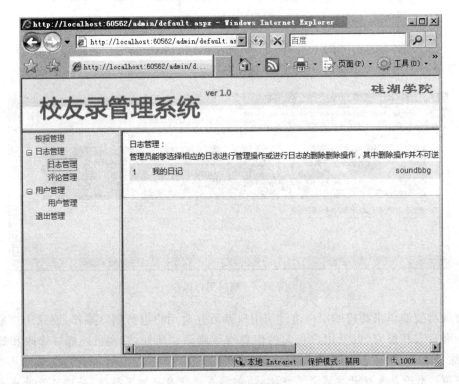

图 11-10　日志管理

管理员在日志管理中修改日志时,可以修改前台用户不能修改的字段,如图 11-11 所示,修改完成后,管理员可以单击"修改"按钮进行数据更新。

单击"评论管理"超链接可对用户评论进行管理。当前台校友发布了不良信息时,可以通过"评论管理"选项管理评论并删除相应的评论,如图 11-12 所示。

第 11 章　ASP.NET 校友录系统设计

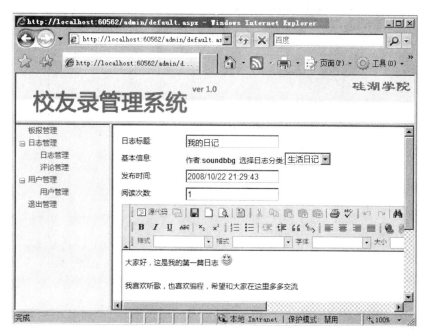

图 11-11　日志修改

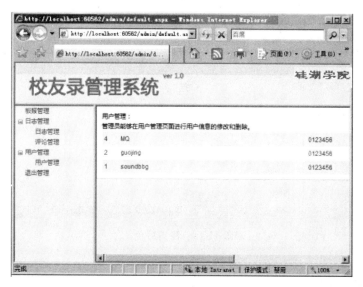

图 11-12　用户管理

单击"用户管理"超链接能够对用户进行管理。如果一个用户是非法用户或者并不是校友录中的相关用户（如这个校友录是给某个班级做的，而这个用户又不是这个班级的人），那么管理员就能够在"用户管理"选项中删除用户。此外，还能够提升一个用户为管理员或将一个管理员降级为普通用户，如图 11-13 所示。

管理员操作完毕后，可以单击"退出管理"超链接进行注销，注销完成后，系统会跳出后台并转回到登录界面，如图 11-14 所示。

注销后台后，管理员在前台的用户信息也同时被注销，如果管理员希望在前台登录或者继续在后台进行管理，将需要再次进行登录操作。

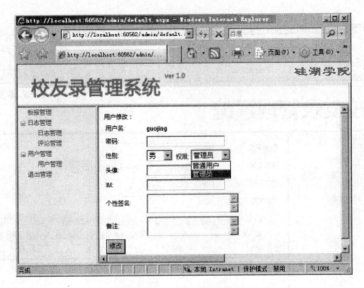

图 11-13 用户权限管理

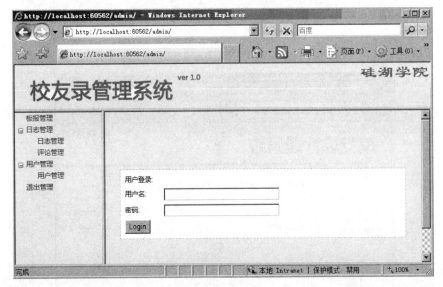

图 11-14 注销后台

11.2 系统设计

在编写校友录系统前,首先需要确定校友录系统所需要的一些功能模块和适用场景,例如校友录是以何种形式呈现给用户的,如何判断这个用户是不是一个真实的用户等,这些功能都是需要在开发初期进行设计和规划的。

11.2.1 需求分析

需求分析是系统设计中一个最为重要的组成部分,良好的需求分析设计能够极大地方便后续过程中的软件开发以及软件维护。

1. 目录

需求分析通常情况下是一个单独的文档,为了模拟软件开发过程中的开发顺序,以及软件开发的步骤,这里将对需求分析文档的基本结构以及相关的部分进行描述。

1. 引言(通常需求分析文档的引言是供用户描述为何编写需求分析文档的)。
1.1 编写目的(用户描述为何编写需求分析文档)。
1.2 项目背景(编写相应的项目背景)。
1.3 定义缩写词和符号(编写在需求分析文档中定义的缩写词或符号等)。
1.4 参考资料(用户描述在需求分析文档中所参考的资料)。
2. 任务描述(定义任务,通常情况下用于描述完成何种任务)。
2.1 开发目标(定义开发目标,包括为何要进行开发)。
2.2 应用目标(定义应用目标,包括系统应用人员要实现什么功能,以及有哪些应用等)。
2.3 软件环境(用于定义软件运行的环境)。
3. 数据描述(用户进行数据库中数据设计开发的描述)。

对于需求分析文档而言,其格式像论文或软件开发说明书一样,在文档前通常会有一个目录方便客户和开发人员进行文档的阅读。上述目录描述了引言、编写文档的目录、项目背景等,当客户进行翻阅文档时可以很方便地进行文档的查询。

2. 引言

对于ASP.NET校友录系统而言,其作用是为了增加同学之间的友情,在需求分析文档的引言部分可以简单地编写为何要开发该系统以及相应的背景。引言编写内容如下。

随着互联网的发展,越来越多的交流社区应用被广泛地接受,这些社区的存在都是为了能够加强人与人之间的交流。在针对现有的系统进行调查后,拟开发一套校友录系统进行校友联络,这样不仅方便校友之间的联络,也能够加强老校友和新校友之间的感情。

此规格说明书是在详细的调查了客户现有的应用模块和基本的操作流程后进行编写的,对校友录系统及其功能进行了详细的规划、设计,明确了软件开发中应具有的功能、性能,使得系统开发人员和维护人员能够详细清楚的了解软件是如何开发和进行维护的,并在此基础上进一步提出概要设计说明书,完成后续设计与开发工作。本规格说明书的预期读者包括客户、业务或需求分析人员、测试人员、用户文档编写者、项目管理人员等。

3. 项目背景

由于互联网的迅猛发展,越来越多的用户希望在互联网上能够即时的、快速的与家人或朋友进行联络。而传统的C/S(客户/服务器)模式的软件开发成本较高,且难以维护。

而随着互联网的发展,越来越多的用户已经能够适应基于浏览器的应用程序,即Web应用,也有越来越多的用户尝试在Web服务上进行自己的应用,包括QQ空间、博客、个人日志等,都是基于浏览器的应用程序。

为了解决C/S模式的应用程序中日志、照片、音乐等难以交互的情况,现开发ASP.NET校友录系统用于进行校友之间的交流,方便校友与校友之间进行通信。校友之间不仅能够分享日志,还能够分享身边的信息,这样就加强了人与人之间的交互。

4. 任务描述

任务描述是对客户的任务，以及如何完成任务的描述，ASP.NET 校友录系统的任务描述编写是为了解决传统的 C/S 应用程序中信息交互不够的问题，并加强用户之间的信息交互，现开发基于.NET 平台的校友录应用程序，供用户进行通信和信息分享，不仅能够加强校友之间的感情，还能够增强现有的社交。

5. 开发目标

ASP.NET 校友录系统的开发目标是为了加强现有用户之间的信息交互，解决传统的用户之间沟通不便和沟通内容不够丰富的问题，进行用户和用户之间的数据整合和交互。

开发 ASP.NET 校友录系统可以为现有学校所使用，也可以被班级或个人进行使用，适用性广泛，不仅能够在大型应用中使用，同时也能够适用小型应用。

6. 应用目标

ASP.NET 校友录是为了能够让校友之间进行真实的交互，用于加强校友之间的感情，同时也能够收集校友的信息。

11.2.2 系统功能设计

ASP.NET 校友录是学校内的一个交流平台，供校友之间进行信息交互。校友可以在校友录系统进行注册，待管理员审核相应的用户，进行相应的用户操作，并审核通过后，用户就可以在校友录中分享新鲜事了。在 ASP.NET 校友录系统的开发过程中需要确定基本的系统功能，这些基本系统功能的内容如下。

1. 用户注册功能

当用户访问 Web 页面时需要进行注册，否则将不能够发表和回复留言，也不能分享相应的信息。管理员可以配置是否需要进行登录才能够查看校友录的内容，如果管理员设置为需要登录，则用户只有在登录后才能够查看相应的内容。

2. 用户登录功能

用户注册后就需要实现用户的登录，登录的用户可以进行信息的发表、回复以及相应内容的分享，登录用户的操作也会被记录在日志中。此外，用户可以通过自己的 ID 进行校友录中的功能或文章的索引。

3. 用户日志功能

用户注册和登录后就能够在校友录中进行日志分享，发表关于自己的最新事件，其他人能够查阅该日志并进行相应的日志操作。

4. 用户留言功能

用户可以查看校友录中的日志并进行相应的评论，不仅如此，用户还能够在回复中发布表情、进行文字处理等操作,让留言功能更加丰富,同时还能在校友录系统中对校友的日志进行评分。

5. 管理员审核功能

用户注册后,需要对用户进行身份审核,管理员可以审核已知用户的身份,如果用户不是校友录系统的指定用户,则管理员可以不允许用户进行身份验证和登录,以确保校友录系统中的用户的身份都是真实的。

6. 文章管理功能

管理员需要对校友发布的相应信息进行管理,如果校友发布了违法内容,管理员有权进行修改、屏蔽和删除等操作。

7. 留言管理功能

管理员需要对校友发布的相应留言进行管理,如果校友发布了含有违法内容的留言,管理员可以对相关留言进行删除操作。

8. 用户管理功能

当用户进行了非法操作或者注册后发布了违法内容时,管理员可以将用户删除,同时系统数据库中的数据也会被删除。

9. 板报/公告等功能

管理员在校友录系统中还可以发布和管理板报、公告等,让页面看上去更像学生时代课堂的样子,这样提高了界面的友好度也能够及时地将相应的信息反馈给校友,以便校友能够获取该校友录的最新活动消息。

11.2.3 模块功能划分

ASP.NET 校友录系统中的模块非常多,这些模块包含最基本的注册、登录等模块,还包括文章管理、用户管理等模块,这些模块都应在不同程度上进行系统的协调。当介绍了系统所需实现的功能模块并执行了相应的功能模块的划分和功能设计后,可以编写相应的模块操作流程并绘制模块图,ASP.NET 校友录总体模块划分如图 11-14 所示。

图 11-15 描述了 ASP.NET 校友录系统的总体模块划分,用户在校友录系统中需要进行注册登录等操作。对用户而言,在 ASP.NET 校友录中必须要进行注册和登录操作,否则将无法查看 ASP.NET 校友录中校友的信息,ASP.NET 校友录中用户的模块流程图如图 11-16 所示。

用户访问 Web 应用并进行注册后,还不能立即进行相应的操作,如果用户没有被管理员审核,将只能对校友录中的数据和信息进行查看,并不能进行修改等操作,如果管理员对用户进行了身份审核并通过后,用户才可以被认为是一个真实的用户,此时该用户才能够执行相应操作。

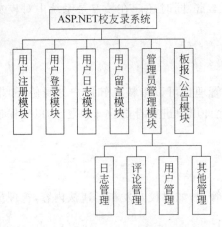

图 11-15　ASP.NET 校友录系统模块划分

图 11-16　用户登录模块流程图

对管理员而言,不仅要能够作为用户的一部分进行用户活动,包括编写日志等,还应该具备管理功能,这些管理功能包括用户的审核、帖子的审核和用户的管理等,管理员模块流程图如图 11-17 所示。

管理员在进行操作时,同样需要对其管理员身份进行验证,由于管理员也是用户的一部分,所以在进入后台管理时,需要判断用户是否有进行管理权限,如果有管理权限,才能够在后台进行相应的管理操作;否则不允许用户进行操作。

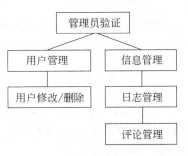

图 11-17　管理员模块流程图

对管理员进行身份验证后,管理员主要进行两部分管理,一个是用户管理,另一个是信息管理。对于用户管理而言,管理员主要是进行用户的删除、积分等操作,而对于信息管理而言,主要是对不良的日志、评论进行修改和删除管理。

注意:一个校友录可以有多个管理员,这些管理员是用户的一部分,所以在数据库设计中需要额外的字段进行描述。

11.3　数据库设计

ASP.NET 校友录在数据库设计上更加复杂,不同的表之间还包含着连接。在这些数据表中,单个表或多个表都用来描述校友录的相应功能,在设计数据库时,还需要考虑数据的约束和完整性约束以便维护数据库。

11.3.1　数据库分析和设计

在前面的系统设计中已经对功能和模块进行了仔细划分并对相应的用户(校友、管理员)进行了模块流程分析,在此基础上就能够进行数据库设计了。从模块中可以看出 ASP.NET 校友录包含了很多的功能,这些功能能够让校友用户在网站上分享自己的照片、音乐、视频等,所以在数据库的设计上,其表的数量和表之间的关系也比原有的模块或系统更加复杂。针对现有的模块以及模块流程图可以归纳数据库中相应的表,数据库设计图如图 11-18 所示。

对数据库中的表进行初步设计,这里包括 5 个表,其作用具体如下。

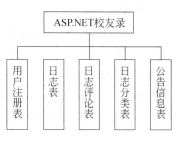

图 11-18　数据库设计图

(1) 用户注册表:用于存放用户的注册信息,以便登录时使用。

(2) 日志表:用户可以发布相应的日志,这些日志都存放在日志表中。

(3) 日志评论表:用户可以对相应的日志进行评论。

(4) 日志分类表:用户可以选择自己喜欢的分类进行日志发布,但日志分类由管理员管理。

(5) 公告信息表:管理员可以在校友录中发布最新的信息。

其中用户在发布日志时可以选择相应的分类,例如选择"最近心情"或"好歌欣赏"等,同时还能进行相应分类日志的索引。在 ASP.NET 校友录系统中最为重要的就是日志表及与之相关的表,用户在校友录系统中主要通过日志进行信息交换和分享。其中日志表的字段可以归纳如下。

(1) 日志 ID:日志的 ID,为自动增长的主键。

(2) 日志标题:日志的标题,用于显示日志标题的信息。

(3) 日志作者:日志的作者,用于显示发布日志的作者。

(4) 日志发布时间:日志发布时间,用于显示日志发布的日期。

(5) 日志内容:日志内容,用于呈现日志的内容,包括音乐、图片等信息。

(6) 日志打分:日志打分,其他用户可以为该日志进行评分。

(7) 日志所属分类:日志所属分类,用于显示日志的分类所属。

(8) 日志阅读次数:用于表示日志被访问的次数。

(9) 日志所属用户 ID:用于标识该日志所属的用户信息。

日志表能够描述日志的基本信息,而日志分类表和日志所属用户表用于描述整个日志的其他信息,这些信息包括日志的分类、日志发布作者的个性签名等。日志分类表可以规划如下。

(1) 分类编号:用于标识日志分类的编号,为自动增长的主键。

(2) 分类名称:用于描述分类的名称,如"阳光男孩"等。

一个日志可以有一个分类,当对日志进行分类描述后,用户可以通过索引查看相应的分类日志,例如有某个用户对"阳光男孩"这个分类特别感兴趣,那么用户就能够索引这个分类的所有文章,而暂时关闭对其他文章的浏览。注册模块在前面的章节中都涉及,这里同样需要注册模块,注册模块的字段描述如下所示。

(1) 用户名:用于保存用户的用户名,当用户登录时可以通过用户名验证。

(2) 密码:用于保存用户的密码,当用户使用登录时可以通过密码验证。

(3) 性别:用于保存用户的性别。

(4) 头像:用于保存用户的个性头像。

(5) QQ/MSN:用于保存用户的 QQ/MSN 等信息。

(6) 个性签名:用于展现用户的个性签名等资料。

(7) 备注：用于保存用户的备注信息。

(8) 用户情况：用于保存用户的状态，可以设置为通过审批和未通过等。

(9) 用户权限：用户区分是管理员还是普通用户。

与前面的用户注册不同的是，这里多了一个用户权限字段，由于管理员也能够进行普通用户的操作，所以需要一个字段进行用户权限的描述。当用户登录后，可以对相应的日志进行评论。同样，当管理员进行管理登录后，可以对日志的评论进行删除，日志评论表字段如下所示。

(1) 评论 ID：用于标识评论，是自动增长的主键。

(2) 评论标题：用于显示评论的标题。

(3) 评论时间：用于显示评论的时间。

(4) 评论内容：用于显示评论的内容。

(5) 用户 ID：用于标识评论的用户 ID，可以通过该 ID 进行多表连接查询。

(6) 日志 ID：用于标识评论所在的日志，可以通过该 ID 进行多表连接查询。

这些表能够实现校友录的基本信息，在校友录首页就能够通过查询相应的数据进行校友录中的用户和数据的查看。

11.3.2 数据表的创建

数据表可以通过 SQL Server Management Studio 视图进行创建，也可以通过 SQL Server Management Studio 查询使用 SQL 语句进行创建。

1. 事务表

在创建日志表之前首先需要创建 friends 数据库，创建完成后就能够进行其中的表的创建。在 ASP.NET 校友录系统中最为重要模块的就是日志模块，日志模块的表结构分别如图 11-19 和图 11-20 所示。

列名	数据类型	允许空
id	int	☐
title	nvarchar(500)	☑
author	nvarchar(50)	☑
time	datetime	☑
[content]	nvarchar(MAX)	☑
marks	int	☑
classid	int	☑
userid	int	☑
hits	int	☑

图 11-19 日志表结构

列名	数据类型	允许空
id	int	☐
classname	nvarchar(50)	☑

图 11-20 日志分类表结构

从数据库中可以看出日志表中的字段信息，日志表中的字段意义如下。

(1) id：日志的 ID，为自动增长的主键。

(2) title：日志的标题，用于显示日志标题的信息。

(3) author：日志的作者，用于显示发布日志的作者。

(4) time：日志发布时间，用于显示日志发布的日期。

(5) content：日志内容，用于呈现日志的内容，包括音乐、图片等信息。

(6) marks：日志打分，其他用户可以为该日志进行评分。

(7) classid：日志所属分类，用于显示日志的分类所属。

(8) hits：用于表示日志被访问的次数。

(9) userid：日志所属用户 ID，用于标识该日志所属的用户信息。

创建数据表的 SQL 查询语句代码如下。

```
USE [friends]
GO
SET ANSI_NULLS ON
GO
SET QUOTED_IDENTIFIER ON
GO
CREATE TABLE [dbo].[diary](
    [id] [int] IDENTITY(1,1) NOT NULL,
    [title] [nvarchar](500) COLLATE Chinese_PRC_CI_AS NULL,
    [author] [nvarchar](50) COLLATE Chinese_PRC_CI_AS NULL,
    [time] [datetime] NULL,
    [content] [nvarchar](max) COLLATE Chinese_PRC_CI_AS NULL,
    [marks] [int] NULL,
    [classid] [int] NULL,
    [userid] [int] NULL,
    [hits] [int] NULL,
 CONSTRAINT [PK_diary] PRIMARY KEY CLUSTERED
 (
    [id] ASC
 )WITH(PAD_INDEX=OFF, STATISTICS_NORECOMPUTE=OFF, IGNORE_DUP_KEY=OFF,
 ALLOW_ROW_LOCKS=ON, ALLOW_PAGE_LOCKS=ON) ON [PRIMARY]
) ON [PRIMARY]
```

同样，日志分类表的字段如下。

(1) id：用于标识日志分类的编号，为自动增长的主键。

(2) classname：用于描述分类的名称，如"阳光男孩"等。

创建数据表的 SQL 查询语句代码如下。

```
USE [friends]
GO
SET ANSI_NULLS ON
GO
SET QUOTED_IDENTIFIER ON
GO
CREATE TABLE [dbo].[diaryclass](
    [id] [int] IDENTITY(1,1) NOT NULL,
    [classname] [nvarchar](50) COLLATE Chinese_PRC_CI_AS NULL,
 CONSTRAINT [PK_diaryclass] PRIMARY KEY CLUSTERED
 (
    [id] ASC
 )WITH(PAD_INDEX=OFF, STATISTICS_NORECOMPUTE=OFF, IGNORE_DUP_KEY=OFF,
 ALLOW_ROW_LOCKS=ON, ALLOW_PAGE_LOCKS=ON) ON [PRIMARY]
) ON [PRIMARY]
```

在用户发布日志后,可以对相应的日志进行评论,评论表和日志表的连接也是非常重要的,在相应的日志下需要筛选出相应的日志的评论并呈现,另外也允许用户在相应的日志中添加自己的评论,评论表字段可以归纳如下。

(1) id:用于标识评论,是自动增长的主键。
(2) title:用于显示评论的标题。
(3) time:用于显示评论的时间。
(4) content:用于显示评论的内容。
(5) userid:用于标识评论的用户 ID,可以通过该 ID 进行多表连接查询。
(6) diaryid:用于标识评论的所在的日志,可以通过该 ID 进行多表连接查询。

创建数据表的 SQL 查询语句代码如下。

```
USE [friends]
GO
SET ANSI_NULLS ON
GO
SET QUOTED_IDENTIFIER ON
GO
CREATE TABLE [dbo].[diarygbook](
    [id] [int] IDENTITY(1,1)NOT NULL,
    [title] [nvarchar](500)COLLATE Chinese_PRC_CI_AS NULL,
    [time] [datetime] NULL,
    [content] [nvarchar](max)COLLATE Chinese_PRC_CI_AS NULL,
    [userid] [int] NULL,
    [diaryid] [int] NULL,
 CONSTRAINT [PK_diary_gbook] PRIMARY KEY CLUSTERED
(
    [id] ASC
)WITH(PAD_INDEX=OFF, STATISTICS_NORECOMPUTE=OFF, IGNORE_DUP_KEY=OFF,
ALLOW_ROW_LOCKS=ON, ALLOW_PAGE_LOCKS=ON)ON [PRIMARY]
)ON [PRIMARY]
```

评论表需要同多个表进行连接,其中 userid 需要与注册表进行连接用于查询用户的信息,而 diaryid 用于同日志表进行连接查询所在的日志。在进行日志呈现时,同样需要连接日志评论表进行相应的评论的筛选。

2. 验证表

在用户注册中,增加了对管理员身份验证的字段,用户注册表字段如下。
(1) id:用于标识用户 ID,为自动增长的主键。
(2) username:用于保存用户的用户名,当用户登录时可以通过用户名验证。
(3) password:用于保存用户的密码,当用户使用登录时可以通过密码验证。
(4) sex:用于保存用户的性别。
(5) pic:用于保存用户的个性头像。
(6) IM:用于保存用户的 QQ/MSN 等信息。
(7) information:用于展现用户的个性签名等资料。
(8) others:用于保存用户的备注信息。

(9) ifisuser：用于保存用户的状态，可以设置为通过审批和未通过等。

(10) userroot：用于验证用户是管理员还是普通用户。

创建数据表的 SQL 查询语句代码如下。

```sql
USE [friends]
GO
SET ANSI_NULLS ON
GO
SET QUOTED_IDENTIFIER ON
GO
CREATE TABLE [dbo].[Register](
    [id] [int] IDENTITY(1,1) NOT NULL,
    [username] [nvarchar](50) COLLATE Chinese_PRC_CI_AS NULL,
    [password] [nvarchar](50) COLLATE Chinese_PRC_CI_AS NULL,
    [sex] [int] NULL,
    [picture] [nvarchar](max) COLLATE Chinese_PRC_CI_AS NULL,
    [IM] [nvarchar](50) COLLATE Chinese_PRC_CI_AS NULL,
    [information] [nvarchar](max) COLLATE Chinese_PRC_CI_AS NULL,
    [others] [nvarchar](max) COLLATE Chinese_PRC_CI_AS NULL,
    [ifisuser] [int] NULL,
    [userroot] [int] NULL,
 CONSTRAINT [PK_Register] PRIMARY KEY CLUSTERED
(
    [id] ASC
)WITH(PAD_INDEX=OFF, STATISTICS_NORECOMPUTE=OFF, IGNORE_DUP_KEY=OFF,
 ALLOW_ROW_LOCKS=ON, ALLOW_PAGE_LOCKS=ON) ON [PRIMARY]
) ON [PRIMARY]
```

上述代码创建了一个可以进行身份判断的用户表，开发人员可以通过 userroot 字段进行管理员身份的判断，其结构如图 11-21 所示。

列名	数据类型	允许空
id	int	☐
username	nvarchar(50)	☑
password	nvarchar(50)	☑
sex	int	☑
picture	nvarchar(MAX)	☑
IM	nvarchar(50)	☑
information	nvarchar(MAX)	☑
others	nvarchar(MAX)	☑
ifisuser	int	☑
userroot	int	☑
		☐

图 11-21 注册表结构

3. 公告数据

公告数据可以不使用数据库进行存储，在这里选择使用 TXT 文档。这样不仅可以减轻数据库服务器的压力，也能够增加公告中文本的可扩展性。

注意：公告的数据直接存储在 TXT 文档中，当首页需要调用公告时，可直接从 TXT 文档中读取数据进行 HTML 呈现。

11.4 数据表关系图

系统数据库中需要进行约束的表包括用户表、留言表和留言分类表,其约束可以使用 SQL Server Management Studio 视图进行编写。在 ASP.NET 校友录系统中,包括一些数据约束用于保持数据库中数据的完整性,数据表关系如图 11-22 所示。

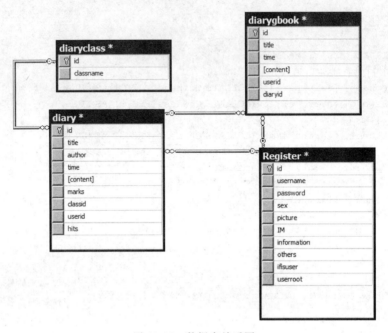

图 11-22 数据库关系图

图 11-21 说明了数据库中表之间的关系,对表之间的数据给予了一定的约束。当进行数据插入时,就会判断数据库中表的约束情况和完整性,如果用户表没有任何数据而要进行日志表中数据的插入是不被允许的。在进行关系的保存之后系统表就会被关系所更改,其中创建数据库的 SQL 语句也会相应地更改,将不会是原来那么简单的创建语句,而会包含了相关的键值约束关系。当对数据库中的表进行约束后,则在进行数据操作时就必须按照规范来进行插入、删除等操作。

11.5 系统公用模块的创建

在 ASP.NET 校友录系统中,用户要分享自己的日志就需要使用 HTML 编辑器,HTML 编辑器是系统的公用模块,可以通过 HTML 编辑器进行富文本编写和呈现。另外,为了简化数据操作,也可以使用 SQLHelper 类进行数据操作。

11.5.1 使用 Fckeditor

Fckeditor 是现在最热门的开源 HTML 编辑器,使用 Fckeditor 能够像 Word 一样进行页面排版和布局,Fckeditor 还能够使用表情、进行拼写检查等。

对于校友录系统而言,用户可以分享自己的日志并进行日志布局和排版,这需要复杂的 HTML 代码来进行页面呈现,而 Fckeditor 能够完成这一系列复杂的操作。在 Fckeditor 编辑器中,可以进行文本框制作和二次开发。

要在项目中添加 Fckeditor 的引用,需首先将 Fckeditor 文件夹复制到项目中。由于 ASP.NET 应用程序的关系,Fckeditor 并不会在解决方案管理器中呈现,单击"解决方案资源管理器"上方的"显示所有文件"图标可以进行所有文件的显示,如图 11-23 所示。

显示所有文件后就能够看到 Fckeditor 编辑器文件夹,右击 Fckeditor 文件夹,选择"添加到项目"命令就能够将文件夹中的所有文件批量添加到项目中,如图 11-24 所示。

图 11-23　显示所有文件

图 11-24　添加 Fckeditor

添加文件后还需要添加相应的 DLL 文件,以便在程序开发中使用 Fckeditor 编辑器进行文本框开发。右击现有项目,在快捷菜单中选择"添加现有项"命令,然后选择"浏览"选项卡,找到"附-Fckeditor 编辑器"目录中的 bin 目录并添加到项目中,如图 11-25 所示。

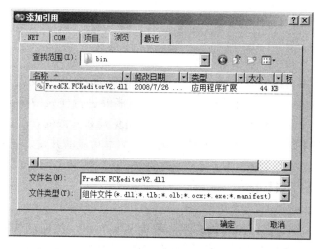

图 11-25　添加引用

添加引用后就能够在开发中使用 Fckeditor 编辑器进行富文本编辑,还能够在工具栏中添加 Fckeditor 编辑器。在工具箱的空白区域右击,在快捷菜单中选择"选择项"命令,选择刚才添加的 DLL 文件，然后单击"确定"按钮即可添加控件。控件添加完毕后就会在工具箱中呈现相应的控件，如图 11-26 所示。

开发人员能够将 Fckeditor 编辑器控件拖动到其他区域，以适合自己的开发方式。控件添加完成后，就可以向页面中添加控件了，示例代码如下。

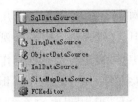

图 11-26　添加后的 Fckeditor 编辑器控件

```
<body>
    <form id="form1" runat="server">
    <div>
        <FCKeditorV2:FCKeditor ID="FCKeditor1" runat="server">
        </FCKeditorV2:FCKeditor>
    </div>
    </form>
</body>
```

上述代码使用了 Fckeditor 编辑器控件进行富文本操作，运行效果如图 11-27 所示。

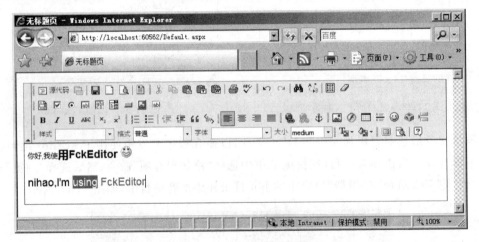

图 11-27　Fckeditor 编辑器

使用 Fckeditor 编辑器可以更快地进行富文本的编辑，如果开发人员从头开发 HTML 编辑器会花费大量的时间，而使用 Fckeditor 编辑器能够进行样式的布局、文本格式化等操作，将无须从头进行开发。另外，Fckeditor 编辑器是免费和开源的，开发人员能够免费下载 Fckeditor 编辑器并进行二次开发，极大地简化了富文本功能的开发。

11.5.2　使用 SQLHelper

SQLHepler 是一个数据库操作的封装，使用 SQLHepler 类能够快速地进行数据的插入、查询、更新等操作，而无须使用大量的 ADO.NET 代码进行连接，使用 SQLHelper 类为开发人员进行数据操作提供了极大的便利，在现有系统的解决方案管理器中可以选择添加现有项并添加现有类库的引用，也可以通过自行创建类进行引用。

11.5.3 配置 Web.config

Web.config 文件为系统的全局配置文件，在 ASP.NET 中，Web.config 文件提供了自定义可扩展的系统配置，这里同样可以通过配置＜appSettings/＞配置节配置自定义信息，示例代码如下。

```
<appSettings>
    <add key="server" value="(local)"/>        //编辑 server 项
    <add key="database" value="guestbook"/>    //编辑 guestbook 项
    <add key="uid" value="sa"/>                //编辑 uid 项
    <add key="pwd" value="sa"/>                //编辑 pwd 项
    <add key="look" value="false"/>            //编辑 look 项
</appSettings>
```

上述代码对配置文件 Web.config 进行了相应的配置，＜appSettings/＞配置节的配置信息能够在程序中通过 ConfigurationManager.AppSettings 获取，在 SQLHelper 类中就使用 ConfigurationManager.AppSettings 进行相应的自定义配置节的参数值的获取。这些配置节相应的意义如下。

(1) server：用于配置数据库服务器的服务器地址。
(2) database：用于配置数据库服务器的数据库名称。
(3) uid：用于配置数据库服务器的用户名。
(4) pwd：用于配置数据库服务器的密码。
(5) look：用于配置用户是否需要登录才能进行查看。

在配置了 Web.config 中＜appSettings/＞的配置信息后，不仅 SQLHelper 类能够进行相应参数的获取，在应用程序中也能够获取 Web.config 中＜appSettings/＞配置节的参数值。

11.6 系统界面和代码实现

在 ASP.NET 校友录系统中使用 Fckeditor 以及 SQLHelper 简化了 HTML 编辑器的开发和数据操作，也使系统界面编写和代码实现更加容易。对于校友录系统而言，具有比较多的页面，这些页面用于注册、登录、发布日志和管理。

11.6.1 用户注册实现

用户进行校友录系统登录前必须进行注册，对注册而言，本书的前面章节已经做了比较详细的介绍，这里就不再做过多的介绍，用户注册只需要将数据插入到数据库即可。

上述代码进行了用户注册页面的基本布局，当用户打开校友录页面时，系统会提示用户进行登录操作，如果用户没有登录账号则须先进行注册，注册页面如图 11-28 所示。

当用户进行注册时，需要将数据插入到数据库中，使用 SQLHelper 类能够简化数据操作，示例代码如下。

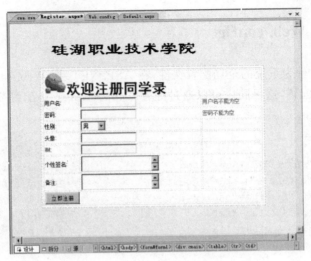

图 11-28 注册页面

```
protected void Button1_Click(object sender, EventArgs e)
{
    try
    {
        string strsql ="insert into register(username,password,sex,picture,IM,
information,others,ifisuser,userroot) values('"+TextBox1.Text+"','"+
TextBox2.Text+"','"+DropDownList1.Text+"','"+TextBox3.Text+"','"+
TextBox4.Text+"','"+TextBox5.Text+"','"+TextBox6.Text+"',0,0)";
        SQLHelper.SQLHelper.ExecNonQuery(strsql);    //执行 SQL 语句
        Response.Redirect("login.aspx");             //注册后跳转到登录页面
    }
    catch
    {
        Response.Redirect("default.aspx");           //出错后跳转到首页
    }
}
```

当用户执行注册后，如果注册成功系统就会跳转到登录页面进行登录操作，如果没有注册成功（抛出异常），则系统会认定用户执行了非法操作，将跳转到首页。在进行注册时，默认情况下 ifisuser 字段为 0，用户注册后并不会立即通过，而需管理员进行身份验证。

注意：进行注册时首先需要查询是否已经是现有的用户，这里可以参考注册模块。由于前面已经讲解了很多关于注册的操作，这里就不再详细讲解如何实现。

11.6.2 用户登录实现

用户登录操作在前面章节中讲得非常多，并且还详细介绍了用户登录模块的开发，这里使用简单的登录模块进行登录操作即可，无须实现复杂的登录控制。

用户注册完成后就会跳转到登录页面，登录页面能够给用户配置相应的 Session 对象以存储用户状态。登录界面布局如图 11-29 所示。

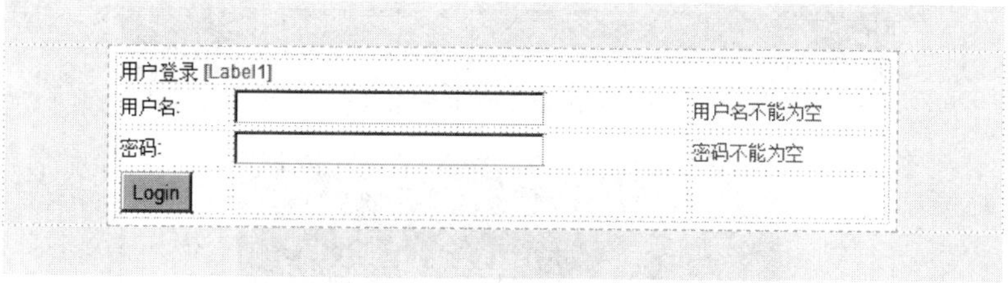

图 11-29 登录界面布局

当用户单击 Login 按钮时进行登录，使用 SQLHelper 类能够进行快速查询，示例代码如下。

```
protected void Button1_Click(object sender, EventArgs e)
{
    string strsql="select * from register where username='"+TextBox1.Text+
                "' and password='"+TextBox2.Text+"'";          //编写 SQL
    SqlDataReader sdr=SQLHelper.SQLHelper.ExecReader(strsql);  //执行查询
    if(sdr.Read())
    {
        Session["username"]=TextBox1.Text;                     //用户名
        Session["userid"]=sdr["id"].ToString();                //用户 ID
        Session["admin"]=sdr["userroot"].ToString();           //管理员判断
        Response.Redirect("friends.aspx");                     //页面跳转
    }
    else
    {
        Label1.Text="无法登录,用户名或密码错误";                //提示错误登录
    }
}
```

用户登录后，系统会为用户赋予三个 Session 对象，这个三个对象的意义为用户名、用户 ID 和管理员判断。在用户表中，其字段 userroot 用于判断是否为管理员，如果 userroot 为 0，说明不是管理员，否则说明该用户是一个管理员用户。

11.6.3 校友录页面规划

校友录页面是校友录系统中最丰富的页面，大部分用户都会在校友录页面中停留较长的时间，在校友录页面不仅要呈现相应的日志，还需要呈现黑板报、公告、管理员等信息，在开发校友录页面时，首先需要进行页面规划。页面规划如图 11-30 所示。

正如图 11-30 所示，校友录页面的基本规划可以分为 5 块，具体内容如下。

1-显示头部信息，包括 Logo 等。

2-背景，用户填充背景颜色。

3-显示公告、管理员等。

4-显示最新发布的日志。

5-显示最新加入的同学，最热门的日志等。

为了提高界面的友好度，可以将管理员命名为"值日生"，而将用户命名为"同学"，使之

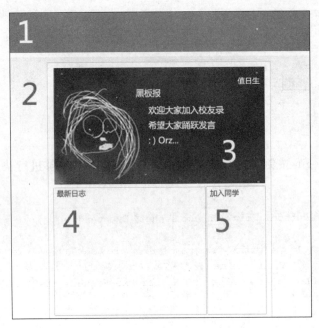

图 11-30 校友录页面规划

更有校园的感觉。

11.6.4 自定义控件实现

在进行了页面规划后,就需要使用自定义控件进行相应数据的呈现,例如呈现值日生、最新加入的同学等。采用自定义控件进行数据呈现并没有多大的难度,而且自定义控件能够方便开发和维护。当开发管理员显示时,只需要修改相应的自定义控件即可。

1. 值日生控件

值日生控件用于显示校友录系统的管理员,管理员在校友录系统中被称为"值日生",这样具有更好的友好度,值日生控件实现代码如下。

```
namespace DiaryAdmins
{
    [ToolboxData("<{0}:Myadmins runat=server></{0}:Myadmins>")]
                                                                //控件呈现形式
    public class Myadmins : WebControl
    {
        protected override void RenderContents(HtmlTextWriter output)
        {
            try
            {
                StringBuilder str=new StringBuilder();           //使用String
                string strsql="select * from register where userroot=1 order by id desc";
                                                                //创建SQL语句
```

```
                SqlDataReader sdr=SQLHelper.SQLHelper.ExecReader(strsql);
                                                            //查询内容
                while(sdr.Read())                           //遍历对象
                {
                    str.Append("<span style=\"color:white\"><a href=\"userindex.aspx?uid="+sdr["id"]+"\">"+sdr["username"]+"</span></a><br/>");
                                                            //输出 HTML
                }
                output.Write(str);                          //呈现 HTML
            }
            catch
            {
                output.Write("");                           //输出空
            }
        }
    }
}
```

上述代码编写了值日生控件。使用值日生控件能够将校友录的管理员呈现在页面中。

2. 加入校友控件

加入校友控件用于呈现最新加入的校友，校友可以关注最新加入的校友并与他成为好友，加入校友控件代码如下。

```
namespace AddFriends
{
    [ToolboxData("<{0}:NewFriends runat=server></{0}:NewFriends>")]
                                                            //控件呈现形式
    public class NewFriends : WebControl
    {
        protected override void RenderContents(HtmlTextWriter output)
        {
            try
            {
                StringBuilder str=new StringBuilder();      //使用 String
                string strsql="select top 10 * from register where userroot=0 order by id desc";
                                                            //编写 SQL
                SqlDataReader sdr=SQLHelper.SQLHelper.ExecReader(strsql);
                                                            //执行查询
                while(sdr.Read())                           //遍历对象
                {
                    str.Append("<span style=\"color:white\"><a href=\"userindex.aspx?uid="+sdr["id"]+"\">"+sdr["username"]+"</span></a><br/>");
                                                            //输出 HTML
                }
                output.Write(str);                          //呈现 HTML
            }
            catch
            {
```

```
            output.Write("");                    //输出空符串
        }
    }
}
```

上述代码与值日生控件不同的是，值日生控件是遍历用户表中的 userroot 为 1 的用户，而校友控件是遍历用户表中 userroot 为 0 的用户。userroot 字段用于辨别用户身份，可以通过该字段进行筛选。

11.6.5 校友录页面实现

图 11-30 可以作为页面布局的规范，页面布局人员能够使用该图片作为页面布局的蓝本进行页面布局，校友录页面布局头部 HTML 代码如下。

```
<div class="top">
    <img src="images/logo.png" />
</div>
```

在校友录界面头部布局实现中，需要使用 Logo 进行页面呈现，这里可以使用 HTML 控件进行图片呈现。显式了 Logo 之后，就需要呈现 banner 标签。banner 标签的样式在 CSS 文件中进行编写，在实际的校友录系统中，可直接使用，示例代码如下。

```
<div class="banner">
</div>
```

在实现了 banner 标签后，就需要实现校友录页面中最重要的页面，即 center 标签内的内容。center 标签中包括 main_board、main_site 以及 main_right 标签。

在编写了校友录页面的主窗体后，就能够编写校友录底部信息，示例代码如下。在 end 标签中，开发人员能够进行版权的声明和编写。

```
<div class="end">
    校友录系统由××开发完成
</div>
```

在校友录页面中使用了 GridView 控件和自定义控件，GridView 控件主要是用于呈现日志数据，其排序方式为按照最后回复时间进行排序，而自定义控件包含值日生控件和加入校友控件，用户呈现相应的用户数据。

注意：在使用自定义控件时，可能会提示 SQLHelper 类异常，开发人员可不予理会，也能自己编辑异常处理进行错误信息处理。

11.6.6 日志发布实现

在日志发布页面，用户能够使用 HTML 编辑器进行富文本编辑，提高交互性，也能够使用 HTML 编辑器编写更多丰富的内容，包括音乐分享和文件上传。日志发布页面只需要将数据插入到相应的表即可。

上述代码使用了相同日志显示页面相同的 CSS 和样式进行布局，这是因为在一些相同的应用中使用相同的样式和布局能够提高用户的熟悉程度，让用户尽快适应。当用户填写了相应的日志之后，就能够进行日志提交了，日志提交代码如下。

```
protected void Button1_Click(object sender, EventArgs e)
{
    try
    {
        string strsql =" insert into diary (title, author, time, content, marks,
        classid,userid,hits)values('"+TextBox1.Text+"','"+Session["username"].
        ToString() +"','" + DateTime.Now +"','" + FCKeditor1.Value +"',0,"+
        DropDownList1.Text+",'"+Session["userid"].ToString()+"',0)";
                                                          //编写 SQL 语句
        SQLHelper.SQLHelper.ExecNonQuery(strsql);   //执行插入
        Response.Redirect("friends.aspx");          //页面跳转
    }
    catch
    {
        Label3.Text="出现错误,请检查日志";           //提示错误信息
    }
}
```

在页面载入时，首先需要进行用户身份的判断，才能够进行相应的操作，如果用户没有登录则不允许进行日志操作。在载入时需要使用 Page_Load 方法进行判断，示例代码如下。

```
protected void Page_Load(object sender, EventArgs e)
{
    if(Session["username"]==null || Session["userid"]==null)
                                                          //如果未登录
    {
        Response.Redirect("login.aspx");            //跳转到登录页
    }
}
```

如果用户没有登录或者登录超时，则会跳转到登录页面重新进行登录操作。

11.6.7 日志修改实现

日志修改页面与日志添加页面基本相同，这里就不再重复 HTML 代码了。日志修改页面中的控件与日志添加页基本相同，但在日志修改页面中需要使用控件进行传递参数的存放，当需要进行修改等操作时可以使用控件进行日志修改。

在页面加载时，需要通过传递的参数进行日志的查询和控件中数据的填充，而当用户进行修改时，需要判断用户是否为作者，否则将不能运行修改功能，日志页面加载的实现代码如下。

```csharp
protected void Page_Load(object sender, EventArgs e)
{
    if(!IsPostBack)
    {
        if(Session["username"]==null || Session["userid"]==null)   //判断状态
        {
            Response.Redirect("login.aspx");                        //页面跳转
        }
        else
        {
            string strsql="select * from diary where id='"+
                        Request.QueryString["id"]+"'";
            SqlDataReader sdr=SQLHelper.SQLHelper.ExecReader(strsql);
                                                                    //编写 SQL
            if(sdr.Read())                                          //存在该文章
            {
                if(sdr["userid"].ToString()==Session["userid"].ToString()
                || Session["admin"].ToString()=="1")               //判断权限
                {
                    TextBox1.Text=sdr["title"].ToString();          //控件值初始化
                    Label1.Text=sdr["author"].ToString();           //控件值初始化
                    Label2.Text=sdr["time"].ToString();             //控件值初始化
                    FCKeditor1.Value=sdr["content"].ToString();     //控件值初始化
                    DropDownList1.Text=sdr["classid"].ToString();   //控件值初始化
                }
                else
                {
                    Response.Redirect("error/cmodi.aspx?id="+sdr["id"]);
                                                                    //跳转错误
                }
            }
            else
            {
                Response.Redirect("login.aspx");                    //登录跳转
            }
        }
    }
}
```

当页面加载时会判断用户是否登录,如果未登录则跳转到登录页面,否则进行数据库查询,判断该文章是否为当前用户所能够操作的文章,如果不是,则跳转到错误页面。当用户进行修改时,需执行 UPDATE 语句对数据库中的数据进行更改,示例代码如下。

```csharp
protected void Button1_Click(object sender, EventArgs e)
{
    try
    {
        string strsql="update diary set title='"+TextBox1.Text+"',content='"+
            FCKeditor1.Value+"' where id='"+Request.QueryString["id"]+"'";
                                                                    //更新语句
```

```
            SQLHelper.SQLHelper.ExecNonQuery(strsql);   //执行更新
            Response.Redirect("news?id="+sdr["id"]);    //页面跳转
        }
        catch
        {
            Label3.Text="出现错误,请检查日志";              //抛出异常
        }
}
```

当用户进行日志更新时,只需要执行 UPDATE 语句就能够进行更新,完成更新后可跳转到相应的页面。

注意:管理员也能够进行日志的修改,通过判断 userroot 字段的值进行管理员权限判断,如果 userroot 的值为 1 则说明该用户是管理员,可以无条件地对日志进行更改。

11.6.8 管理员日志删除

删除页面,同前面的章节一样无须实现 HTML 页面的呈现,只需要进行相应的逻辑实现即可,示例代码如下。

```
protected void Page_Load(object sender, EventArgs e)
{
    if(Session["admin"]==null)                              //判断有没有登录
    {
        Response.Redirect("friends.aspx");                  //跳转到校友录
    }
    else
    {
        if(Session["admin"].ToString()=="1")                //判断是不是管理员
        {
            string strsql="delete from diary where id='"+
                    Request.QueryString["id"]+"'";
            SQLHelper.SQLHelper.ExecNonQuery(strsql);       //执行删除操作
            Response.Redirect("friends.aspx");              //页面跳转
        }
        else
        {
            Response.Redirect("errors/cdelete.aspx?id="+Request.QueryString["id"]);
        }
    }
}
```

当用户进行删除操作时,页面需要对用户进行身份验证。如果用户是管理员,则允许执行操作,否则会跳转到错误页面,并提示不允许进行相应的操作。

11.6.9 日志显示页面

当校友发布日志后,就能够进行日志显示了,其他校友也能够进入相应的页面进行日志

的查看和评论。校友能够对自己的日志进行编辑处理,而管理员能够对校友的相关日志进行查看、删除、编辑等操作。

日志显示页面包括多个小模块进行数据显示,这些小模块包括日志显示模块、评论显示模块以及评论模块。日志显示页面 HTML 代码与日志发布页面基本相同,而各个模块根据其显示效果的不同而不同。

其中,页面代码使用了 DataList 控件和 SqlDataSource 控件进行日志显示,通过传递的页面参数 id 进行数据查询并呈现在相应的 DataList 控件中。当用户评论后,日志显示页面还需要对相应的评论进行显示。

显式评论代码用于呈现用户的评论并按照一定的 HTML 格式输出。当用户阅读日志并希望能够进行相应的评论时,可以在页面的评论模块中进行评论操作。当用户填写完标题和内容后,可通过按钮控件进行评论的提交,评论提交代码如下。

```
protected void Button1_Click(object sender, EventArgs e)
{
    string strsql="insert into diarygbook (title,time,content,userid,diaryid) values ('"+TextBox1.Text+"','"+DateTime.Now+"','"+TextBox2.Text+"','"+Session["userid"].ToString()+"','"+Request.QueryString["id"]+"')";
                                                            //编写 SQL
    SQLHelper.SQLHelper.ExecNonQuery(strsql);      //执行 SQL
    Response.Redirect("shownew.aspx?id="+Request.QueryString["id"]);
                                                            //页面跳转
}
```

当用户进行留言操作后会对该页面进行刷新并呈现用户的留言信息。

11.6.10　用户索引页面

当用户发布日志后,可以通过索引页面索引自己的日志并查看相关的日志。不仅是用户自身,而且校友和管理员都能够进行用户索引的查看。

管理员可以在用户索引页面进行用户的管理,用户也能够在用户索引页面进行相应的用户信息的查看,例如一个校友用户对另一个校友感兴趣,可以单击用户名跳转到用户索引页面查看该用户曾经发布的信息。

11.6.11　管理员用户删除

由于数据库中数据表之间具有约束关系,因此删除用户时需要对多个表进行操作。用户删除页面同样不需要呈现相应的 HTML 代码而可以直接执行逻辑处理,示例代码如下。

```
protected void Page_Load(object sender, EventArgs e)
{
    if(Session["admin"]==null)                              //判断是否登录
    {
        Response.Redirect("friends.aspx");                  //页面跳转
    }
```

```
        else
        {
            if(Session["admin"].ToString()=="1")            //判断是否为管理员
            {
                string strsql="delete from diary where userid='"+
                            Request.QueryString["uid"]+"'";
                string strsql1="delete from diarygbook where userid='"+
                            Request.QueryString["uid"]+"'";
                string strsql2="delete from register where id='"+
                            Request.QueryString["uid"]+"'";
                SQLHelper.SQLHelper.ExecNonQuery(strsql);    //删除用户日志
                SQLHelper.SQLHelper.ExecNonQuery(strsql1);   //删除用户留言
                SQLHelper.SQLHelper.ExecNonQuery(strsql2);   //删除用户信息
                Response.Redirect("friends.aspx");
            }
            else
            {
                Response.Redirect("errors/cdelete.aspx?id="+
                                Request.QueryString["id"]);
            }
        }
    }
}
```

进行删除用户操作时，首先删除用户日志中的数据，然后再删除用户的评论数据，清空后才能够进行用户信息的删除。

注意：数据库的表之间包含约束关系，考虑到数据的完整性，如果不按照数据规范进行操作，则系统会抛出异常。

11.7 用户体验优化

在前面的小节中只是简单的实现应用程序所需要的功能，但并不能够满足现今越来越丰富的应用程序要求。用户体验优化是现在应用程序开发的必经阶段，提高用户体验有助于快速地加入和使用应用程序。

11.7.1 超链接样式优化

超链接样式是用户体验优化中一个非常简单却极其重要的部分。超链接显示着不同连接之间的样式，用户能够通过超链接进行跳转。按 F5 键运行现有的应用程序，如图 11-31 所示。

从图 11-31 中可以看出，超链接文本样式为默认文本样式，这样就显得不太美观。在进行样式控制时，可以在 CSS 文件中进行超文本链接样式的控制。为了能够更好地配合校友录系统，这里将超文本链接样式设置为蓝色链接样式，示例代码如下。

```
a:link
{
    text-decoration: none;
```

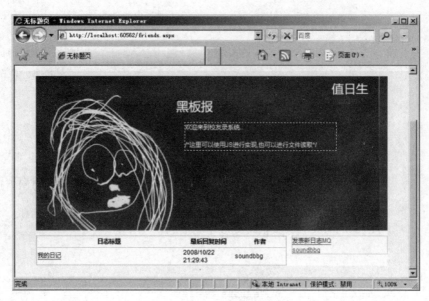

图 11-31 应用程序运行

```
    color: #3b5888;
}
a:active
{
    text-decoration: none;
    color: #3b5888;
}
a:visited
{
    text-decoration: none;
    color: #3b5888;
}
/*设置超链接鼠标经过样式*/
a:hover
{
    text-decoration:underline;
    color:White;
    background: #3b5888;
}
```

上述代码使用了超链接文本控制样式进行样式控制。其中包括了 a:link、a:active、a:visited 和 a:hover。在 CSS 层叠样式表中,样式是能够继承的。在校友录应用程序开发中,可以定义一个全局超链接样式表,另外,也可以为单独的某个样式进行超链接文本样式控制。示例代码如下。

```
.main_right a:link
{
    text-decoration: none;
    color: #3b5888;
}
```

```css
.main_right a:active
{
    text-decoration: none;
    color: #3b5888;
}
.main_right a:visited
{
    text-decoration: none;
    color: #3b5888;
}
.main_right a:hover
{
    text-decoration:underline;
    color:#3b5888;
    font-weight:bolder;
    background:white;
}
```

main_right是样式表中用于控制侧边栏的样式。在校友录系统中,如果系统希望右侧边栏的超链接样式与全局的超链接样式不同,那么开发人员就能够通过继承的方法将相应层中的超链接文本样式进行覆盖,从而呈现另一种超链接文本样式。

在定义了一个全局超链接文本样式后,全局的超链接文本样式都会被更改成全局样式,如图11-32所示。而局部定义的超链接文本样式会被局部样式覆盖,如图11-33所示。

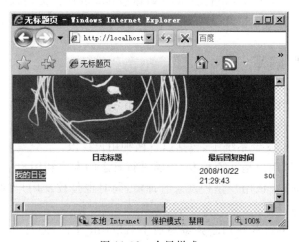

图11-32 全局样式

11.7.2 默认首页优化

默认首页对网站整体应用而言是非常重要的,当用户访问网站时,默认首页会首先展示在用户面前。但在前面的代码实现中,并没有制作默认首页,这样就会导致用户访问网站时找不到网站页面。这里设置默认首页加载时首先跳转到校友录页面。示例代码如下。

图 11-33　局部样式

```
public partial class _default : System.Web.UI.Page
{
    protected void Page_Load(object sender, EventArgs e)
    {
        Response.Redirect("friends.aspx");           //跳转到校友录页面
    }
}
```

当系统载入首页时，首先会执行首页的 Page_Load 事件。上述代码在 Page_Load 事件中进行了页面跳转。当用户打开并访问页面时，页面即会跳转到 friend.aspx 页面。

11.7.3　导航栏编写

导航栏用于指引用户操作。当用户进入 Web 系统时，通常需要通过导航栏进行应用程序功能的查找。校友录系统的导航栏同样需要编写事务逻辑判断，以便不同身份权限的用户查看不同信息。在校友录系统中，包括以下两种用户权限。

（1）普通校友：该用户是普通校友，能够进行日志的发表和用户信息的索引。

（2）校友录管理员：该用户是校友录管理员，同时也是校友用户的一分子，该用户也能够进行日志和留言的发布。

在导航栏中进行逻辑事务判断并编写成 JavaScript 文件，通过其他文件的引用能够在多个不同页面中进行相同的功能的实现。JavaScript 文件示例代码如下。

```
<%
    if(Session["admin"].ToString()=="1")
    {
%>
document.write('<div style="margin:5px 5px 5px 5px;padding:5px 5px 5px 5px;
    border:1px dashed #ccc">');
document.write('<img alt="" src="../images/groups.png" style="width: 16px;
    height: 16px" />你好：
<%Response.Write(Session["username"].ToString()); %><br/>
```

```
            <img alt="" src="../images/gift.png" style="width: 16px; height: 16px" />
            你的身份是<a href="admin/default.aspx"><span style="color:Red">
            管理员</span></a> ');
        document.write('<br/><img alt="" src="../images/list.png"
            style="width: 16px; height: 16px" />
            <a href="../logout.aspx">注销</a> ');
        document.write('</div>');
<%
    }
    else
    {
%>
        document.write('<div style="margin:5px 5px 5px 5px;padding:5px 5px 5px 5px;
            border:1px dashed #ccc">');
        document.write('<img alt="" src="../images/groups.png"
            style="width: 16px; height: 16px" />
            你好:<%Response.Write(Session["username"].ToString()); %><br/>
            <img alt="" src="../images/gift.png"
            style="width: 16px; height: 16px" />你的身份是
            <span style="color:Red">普通用户</span> ');
        document.write('<br/><img alt="" src="../images/list.png"
            style="width: 16px; height: 16px" />
        <a href="../logout.aspx">注销</a> ');
        document.write('</div>');
<%
    }
%>
```

上述代码不仅简单地实现了导航栏的编写,还实现了用户信息的简约查看,如图 11-34 所示。如果用户是管理员,则会以管理员的导航样式形式进行呈现,如图 11-35 所示。

图 11-34　用户信息导航栏　　　　图 11-35　管理员导航样式

上述代码制作了一个用于呈现导航的 JavaScript 文件,通过调用此 JavaScript 文件能够呈现不同的导航,示例代码如下。

```
<div class="main_right">
    <script src="js/banner.aspx" type="text/javascript"></script><br/>
    <cc2:NewFriends ID="NewFriends1" runat="server" />
</div>
```

在需要使用导航的页面添加 JavaScript 调用,则相应的页面就能够呈现 JavaScript 导航信息。JavaScript 导航并不局限于网站页面或功能的导航,在很多情况下,JavaScript 导航还能够制作用户控制面板、网站页头、网站页尾等通用模块。

注意：JavaScript 导航不仅仅能够制作带有逻辑的页面引用，还能够采用 HTML 进行页面题头、题尾等通用模块的编写，这样不仅能够在多个页面中使用，还方便了系统的维护。但如果在网站中大量使用 JavaScript 页面进行逻辑判断，也可能会造成性能问题。

11.7.4 AJAX 留言优化

AJAX 能够提高应用程序的用户体验，在校友录系统的实现中，可使用 AJAX 进行无刷新实现。

为了能够使用 AJAX 进行无刷新功能的实现，需要将此控件放置在 AJAX 的局部更新控件中。在进行了数据绑定控件的模板配置后，还需要配置数据源。

其中，页面代码进行了数据源的配置。值得注意的是，数据在 AJAX 应用中也是非常重要的。用户执行数据更新时，数据绑定控件还需要通过数据源重绑定进行数据更新。当用户单击"留言"按钮后，系统会执行数据库插入操作并跳转到当前页面进行页面重加载。而使用 AJAX 进行页面局部更新则不需要进行页面跳转。

在应用程序代码控制中，只需要进行数据绑定控件的数据重绑定即可。在数据绑定控件中，大部分的数据绑定控件都具有 DataSourceID 属性，该属性用于指定当前用户使用的数据源，在指定了数据源之后，数据并不会自动进行绑定，还需要使用 DataBind 方法进行数据绑定，示例代码如下。

```
protected void Button1_Click(object sender, EventArgs e)
{
    string strsql="insert into diarygbook (title,time,content,userid,diaryid)
values ('"+TextBox1.Text+"','"+DateTime.Now+"','"+TextBox2.Text+"','"+
        Session["userid"].ToString()+"','"+Request.QueryString["id"]+"')";
                                                    //生成 SQL 语句
    SQLHelper.SQLHelper.ExecNonQuery(strsql);       //执行 SQL 语句
    DataList2.DataSourceID="SqlDataSource2";        //配置数据源属性
    DataList2.DataBind();                           //数据源重绑定
}
```

上述代码使用了 DataBind 方法进行数据重绑定。当执行了数据重绑定后，数据绑定控件将能够直接进行数据呈现，而无须通过页面跳转进行页面呈现，如图 11-36 所示。

值得注意的是，在使用 AJAX 控件进行留言等数据操作时，其控件的状态依旧会保持原有的数据状态，如图 11-36 所示，即向某个日志进行评论后，文本框控件中的文本并没有被清除。因此，在执行操作时还需要进行文本清除，示例代码如下。

```
TextBox1.Text="";
TextBox2.Text="";
```

注意：由于 ASP.NET 对 AJAX 进行了封装，AJAX 应用程序的开发已经非常容易，但在 AJAX 应用程序开发时，还需要注意 AJAX 运行过程中控件的状态。

第 11 章 ASP.NET 校友录系统设计

图 11-36 无刷新页面重绑定

11.7.5 优化留言表情

在很多应用程序中,留言和聊天的文本内都会出现表情,如 QQ 就可以使用表情,如图 11-37 所示。同样,在 Web 应用程序中也可以使用表情,最常见的就是论坛、博客和新闻评论了,如图 11-38 所示。在校友录系统中,只有正文能够使用表情,且该表情是通过 Fckeditor 进行实现的。为了让校友录系统更加丰富,可以使用 C♯和 JavaScript 共同实现表情功能。

在制作和实现表情功能时,首先需要考虑表情要如何呈现。从现有的应用中可以看出,当单击了表情之后,表情会以一种字符的形式呈现在相应的控件中(主要是文本框控件),如图 11-39 所示。当用户单击"发布"按钮进行留言发布后,该字符会被转义成表情图片进行呈现,所以表情功能实现的第一步就是表情的呈现。

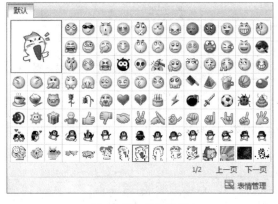

图 11-37 QQ 表情

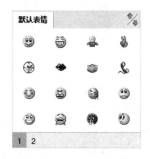

图 11-38 网站应用表情

图 11-39　表情呈现

1. 表情呈现和选择

正如图 11-38 所示，微笑的表情是字符":)"。当用户单击"笑脸"表情时，笑脸表情会首先转义成字符串":)"呈现在文本框控件中。表情可以使用图片按钮控件进行呈现，当单击相应的表情按钮时，会触发方法在文本框中呈现文本。

值得注意的是，当有多个表情时，采用这种方法会使代码变得非常复杂和冗长，而且这种方法也增加了页面的控件数量。而页面载入时，ASP. NET 托管程序首先会将控件进行转义和呈现并生成新的页面模型，当控件数量增大时，难免会带来页面性能问题。为了解决这个问题，可以使用 JavaScript 进行按钮控件的事件模拟。

右击现有项，在快捷菜单中选择"新建文件夹"→"添加新项"命令，在弹出的对话框中选择 JavaScript 文件，如图 11-40 所示。

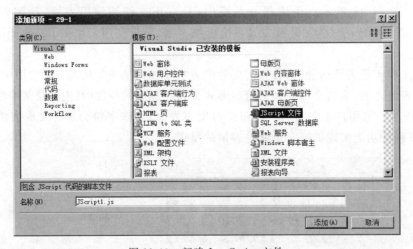

图 11-40　新建 JavaScript 文件

JavaScript 文件用于编写 JavaScript 函数，该函数能够在其他页面进行调用。添加表情函数示例代码如下。

```javascript
function add_smile(smile)
{
 var str=document.getElementById("TextBox2");
 str.value+=smile;
}
```

上述代码使用 JavaScript 创建了一个添加表情函数，其过程非常简单。该函数拥有一个参数，这个参数是表情的字符，如":)"字符串。当执行函数时，该函数首先会查找 ID 为 TextBox2 的文本框，然后将传递的字符串添加到相应的文本框控件中。编写了函数后就需要在页面中进行函数的引用，示例代码如下。

```
<script src="js/JScript1.js" type="text/javascript"></script>
```

上述代码声明了一个 JavaScript 页面的引用，当引用了该页面后，该页面的标签就能够使用其提供的函数。在表情的呈现过程中，使用图片控件或图片按钮控件都是不合适的，这里可以直接使用 HTML 图片并通过使用 add_smile 函数实现表情，示例代码如下。

```
<img src="smiles/0.gif" onclick="add_smile(':)')"/>
<img src="smiles/1.gif" onclick="add_smile(':s')"/>
<img src="smiles/2.gif" onclick="add_smile(':>')"/>
<img src="smiles/3.gif" onclick="add_smile(':-)')"/>
<img src="smiles/4.gif" onclick="add_smile(':->')"/>
<img src="smiles/5.gif" onclick="add_smile(':<')"/>
<img src="smiles/6.gif" onclick="add_smile(';)')"/>
<img src="smiles/7.gif" onclick="add_smile(':o')"/>
<img src="smiles/8.gif" onclick="add_smile(':zz')"/>
```

上述代码呈现了若干表情，并编写了 HTML 控件的 onclick 事件。该事件通过传递参数添加到文本框控件中。例如当单击 URL 为 smiles/0.gif 的图片时，会触发 add_smile(':)') 事件，该事件会传递一个":)"字符串到文本框 TextBox2 中，如图 11-41 所示。

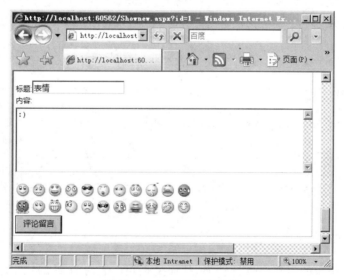

图 11-41　表情呈现和选择

2. 表情转义

如果直接单击"评论留言"按钮，系统将会进行数据插入。但是值得注意的是，":)"字符串并不会以表情的形式呈现，如果需要以表情的形式呈现，则需在执行数据插入前，将表情转换成 HTML 代码，核心代码如下。

```csharp
public string opFormatsmiles(object input)
{
    string data=input.ToString();                                           //获取传递的参数
    data=data.Replace("&amp;", "&");                                        //替换特殊符号
    data=data.Replace("&quot;", "/");                                       //替换特殊符号
    data=data.Replace("&qapos;", "'");                                      //替换特殊符号
    data=data.Replace("&lt;", "<");                                         //替换特殊符号
    data=data.Replace("&gt;", ">");                                         //替换特殊符号
    data=data.Replace(":o)", "<img src=\"smiles/13.gif\" ale=\"大笑\"/>");
                                                                            //替换成图片
    data=data.Replace(":)", "<img src=\"smiles/0.gif\" ale=\"我得意地笑\"/>");
                                                                            //替换成图片
    data=data.Replace(":s", "<img src=\"smiles/1.gif\" ale=\"委屈得很\"/>");
                                                                            //替换成图片
    data=data.Replace(":>", "<img src=\"smiles/2.gif\" ale=\"色色地笑\"/>");
                                                                            //替换成图片
    data=data.Replace(":-)", "<img src=\"smiles/3.gif\" ale=\"啊哦..呜呜..\"/>");
                                                                            //替换成图片
    data=data.Replace(":->", "<img src=\"smiles/4.gif\" ale=\"嘿嘿..\"/>");
                                                                            //替换成图片
    data=data.Replace(":<", "<img src=\"smiles/5.gif\" ale=\"我哭哭了..\"/>");
                                                                            //替换成图片
    data=data.Replace(";)", "<img src=\"smiles/6.gif\" ale=\"媚眼..\"/>");
                                                                            //替换成图片
    data=data.Replace(":o", "<img src=\"smiles/7.gif\" ale=\"有点小小的惊讶\"/>");
                                                                            //替换成图片
    data=data.Replace(":zz", "<img src=\"smiles/8.gif\" ale=\"睡觉觉咯..\"/>");
                                                                            //替换成图片
    data=data.Replace(":(", "<img src=\"smiles/9.gif\" ale=\"大哭特哭..\"/>");
                                                                            //替换成图片
    data=data.Replace("..", "<img src=\"smiles/10.gif\" ale=\"..\"/>");
                                                                            //替换成图片
    data=data.Replace(":xx", "<img src=\"smiles/11.gif\" ale=\"我恼火的很\"/>");
                                                                            //替换成图片
    data=data.Replace(":p", "<img src=\"smiles/12.gif\" ale=\"笑笑\"/>");
                                                                            //替换成图片
    data=data.Replace(":ma", "<img src=\"smiles/14.gif\" ale=\"惊讶\"/>");
                                                                            //替换成图片
    return data;
}
```

上述代码将相应的字符串进行转换，从而呈现相应表情的 HTML 图片。例如":)"字符串会在应用程序执行时被替换成字符串<img src=\"smiles/0.gif\" ale=\"我得意地笑\"/>。当页面呈现时，该字符串会以 HTML 的形式呈现，这样用户看到的字符串就是一个表情而不是一个文本字串。在执行数据插入之前，还需要通过该函数进行转换，示例代码如下。

```
    string strsql="insert into diarygbook(title,time,content,userid,diaryid) values
('"+TextBox1.Text+"','"+DateTime.Now+"','"+opFormatsmiles(TextBox2.Text)+"','"+
Session["userid"].ToString()+"','"+Request.QueryString["id"]+"')";
                                                    //转换后添加
    SQLHelper.SQLHelper.ExecNonQuery(strsql);       //执行 SQL 语句
```

上述代码在插入数据前使用了 opFormatsmiles 方法进行文本中字符串的替换，替换完成后才能够以 HTML 的形式呈现在留言信息中，如图 11-42 所示。

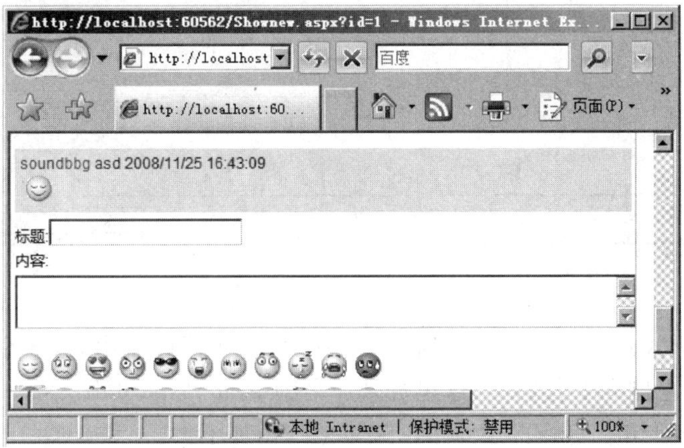

图 11-42　表情显示

注意：在表情功能实现中，还可以不进行替换直接将表情字符串添加到数据库中。当呈现留言或评论数据时，可以使用编程控制数据的呈现方式，即在呈现表情时进行字符串替换。

11.8　高级功能实现

在前面功能实现的章节中，只是制作了基本的应用开发所需要的功能，其中还有板报、管理员管理、后台留言管理以及关键字过滤等功能没有实现。虽然这些功能的实现并不复杂，但是这些功能都是健壮的应用程序所必备的。

11.8.1　后台管理页面实现

虽然管理员能够在前台进行数据管理，但是前台的数据管理往往非常不方便。复杂的前台管理功能不仅影响了用户体验，还暴露了管理功能和管理路径。而后台管理页面不仅能够保护管理功能防止非法用户进行管理的尝试，还为管理员提供了统一的管理界面和管理工具，管理员能够在后台管理页面方便地进行数据管理。

打开"开始"菜单，选择"程序"→Microsoft Expression→Microsoft Expression Web 2 命令，打开 Microsoft Expression Web 2 进行框架集的制作。在制作框架集之前首先需要确定框架的作用，这里可以创建一个"横幅和目录"形式的框架用于系统的管理，如图 11-43 所示。

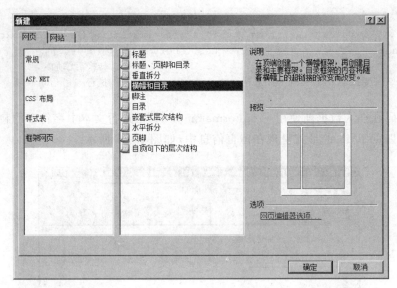

图 11-43 选择框架集

横幅和目录形式的框架包括 3 个窗口,从图 11-43 中可以看出,这 3 个窗口分别位于主窗口的上方、下方左侧和下方右侧,这里分别命名为 head.aspx、left.aspx 和 center.aspx 并将框架集保存为 default.aspx。这 3 个框架集的作用如下。

(1) head.aspx:用于呈现头部信息,通常情况下该框架集用于美工作用,并不呈现实际的作用。

(2) left.aspx:侧边栏用于快捷方式的存放,开发人员能够选择侧边栏进行相应的功能设置。

(3) center.aspx:中间部分用于呈现主工作区,当开发人员在侧边栏中选择了相应的快捷方式后,主工作区用于呈现工作所必需的界面。

在确定了 3 个框架的基本作用后,可以编写相应的页面进行框架呈现,示例代码如下。

```
<body style="background:white url('images/bg.png')repeat-x;">
<p><img alt="" height="96" src="images/logo.png" width="379" /></p>
</body>
```

上述代码实现了框架集头部代码,该代码用于实现头部布局。为了让管理人员方便地进行系统的管理和操作,可以在侧边栏使用 TreeView 控件进行导航。

其中,页面代码编写了一个 TreeView 控件用于后台系统的导航,TreeView 控件包括管理首页、日志管理、用户管理和退出管理几个模块。这几个模块的作用如下。

(1) 管理首页:主要是用于全局配置,包括关键字管理等。

(2) 日志管理:包括日志的修改和删除,管理员能够在后台管理日志并进行日志的删除操作。

(3) 用户管理:包括用户密码的修改、信息的修改以及用户的删除。

(4) 退出管理:主要用于管理员的退出操作。

在确定了基本的管理模块后就可以针对管理模块进行后台页面开发了。

11.8.2 日志管理实现

虽然管理员能够在前台页面进行日志的管理操作,但是前台的操作毕竟十分有限,在后台管理页面中,由于已经确认了管理员的身份,因此管理员能够对数据进行修改和删除操作,且在进行修改和删除操作时,日志数据中的任何字段都能够被管理员修改。

日志管理页面需要展示日志数据,并可供管理员快捷的进行日志的修改和删除操作。在日志管理页面,可以使用 GridView 控件来呈现数据。GridView 控件能够创建自定义连接并进行高级的数据操作,这里可以自行创建"修改"选项和使用系统默认的"删除"选项,示例代码如下。

```
<asp:HyperLinkField DataNavigateUrlFields="id"
    DataNavigateUrlFormatString="dmodi.aspx?id={0}" Text="修改">
    <ItemStyle Width="25px" />
</asp:HyperLinkField>
<asp:HyperLinkField DataNavigateUrlFields="id"
    DataNavigateUrlFormatString="del.aspx?id={0}" Text="删除">
    <ItemStyle Width="25px" />
</asp:HyperLinkField>
```

上述代码只是 GridView 控件的一部分,用于呈现自定义修改超链接和删除超链接。在代码中,系统创建了"修改"选项和"删除"选项,"修改"选项是自定义选项。当管理员单击"修改"超链接时,系统会跳转到 dmodi.aspx 页面并进行数据的呈现,管理员能够在 dmodi.aspx 页面进行数据的修改和更新。当管理员单击"删除"超链接时,系统会删除相应的新闻信息。

日志管理的数据源配置不需要使用自动生成 SQL 语句选项进行智能的 SQL 操作支持,因为在数据源操作的过程中,"修改"选项和"删除"选项所需要实现的数据操作都是通过自定义模块进行实现的。日志管理页面的数据源只需要连接数据即可,示例代码如下。

```
<asp:SqlDataSource ID="SqlDataSource1" runat="server"
    ConnectionString="<%$ConnectionStrings:friendsConnectionString %>"
    SelectCommand="SELECT * FROM [diary] ORDER BY [id] DESC">
</asp:SqlDataSource>
```

上述代码只使用了 SqlDataSource 控件的 SelectCommand 属性进行数据的呈现,如图 11-44 所示,管理员只需要对其中的数据进行查看和筛选即可。

图 11-44　日志管理页面

11.8.3 日志修改和删除实现

在前台页面中,已经实现了日志的修改和删除,在后台页面中,日志修改和删除的操作也基本相同。另外,管理员在修改日志时具备比前台修改更多的权限,包括前台不能够修改的字段,管理员也能够在后台进行修改。

1. 日志修改实现

后台管理页面中的日志修改可以修改不同的用户、不同的字段,相比之下,从后台进行日志修改能够更加方便地进行多个保密字段的修改。

在前台页面中,管理员能够修改用户的基本信息,但是无法修改用户日志的发布时间和阅读次数。而在后台系统中,管理员能够修改用户日志的发布时间以便修正用户的日志信息。另外,管理员还能够修改阅读次数。

由于用户发布的日志是基于Fckeditor编辑器进行发布的,所以在后台日志管理页面中,同样需要使用Fckeditor进行日志修改,示例代码如下。

```
<td colspan="2">
    <FCKeditorV2:FCKeditor ID="FCKeditor1" runat="server" Height="300px">
    </FCKeditorV2:FCKeditor>
</td>
```

当管理员修改了相应的选项后,可以单击"修改"按钮进行日志修改。当单击"修改"按钮后,系统还需要进行字段的检查才能够进行数据更新,示例代码如下。

```
protected void Button1_Click(object sender, EventArgs e)
{
    try
    {
        string strsql="update diary set title='"+TextBox1.Text+"',content='"+
            FCKeditor1.Value+"',time='"+TextBox2.Text+"',hits='"+
            TextBox3.Text+"' where id='"+Request.QueryString["id"]+"'";
                                                        //更新数据库
        SQLHelper.SQLHelper.ExecNonQuery(strsql);    //执行更新语句
        Response.Redirect("dmanage.aspx");           //跳转到管理页面
    }
    catch
    {
        Label3.Text="出现错误,请检查日志";              //提示异常信息
    }
}
```

当管理员单击"修改"按钮进行数据更新时,管理员所填写的字段会更新到数据库中。用户能够在前台的相应页面进行查看。

2. 日志删除实现

日志删除实现过程比较容易,但是在执行数据删除时同样要注意数据的约束性和完整

性,删除操作代码如下。

```
protected void Page_Load(object sender, EventArgs e)
{
    string strsql="delete form diarygbook where diaryid='"+
                   Request.QueryString["id"]+"'";           //删除评论
    string strsql1="delete from diary where id='"+Request.QueryString["id"]+"'";
                                                            //删除新闻
    SQLHelper.SQLHelper.ExecNonQuery(strsql);      //执行删除
    SQLHelper.SQLHelper.ExecNonQuery(strsql1);     //执行删除
    Response.Redirect("dmanage.aspx");              //页面跳转
}
```

执行了上述代码后,系统会将日志以及与日志有关的评论全部删除。但是在执行删除操作时,首先需要删除与目的数据相关的所有其他数据后才能够删除目的数据。

注意:在删除某个数据前,一定要检查数据的约束性和完整性,以便能够正确删除数据。

11.8.4 评论删除实现

评论删除功能的实现非常简单,直接使用系统数据源控件提供的删除功能即可实现评论的删除。

页面代码配置了 GridView 控件,以便该控件能够进行数据的呈现和删除功能的选择。由于该控件需要数据源支持删除操作,因此数据源必须支持智能的生成插入、更新、删除的 SQL 语句。

其中,页面中数据源控件的代码实现了数据的插入、更新和删除所需要使用的 SQL 语句的生成。当数据绑定控件执行了删除操作时,会触发数据源控件的 DeleteCommand 属性进行数据删除。

11.8.5 板报功能实现

在校友录的每个页面中,都有一个板报用于呈现相应的板报信息。校友能够通过板报了解校友录的最新动态,包括日志、管理员信息以及一些周边八卦等。在设计数据库时,并没有为板报功能专门设计数据库信息,因此板报可以通过 JavaScript 进行实现。在板报功能制作之前,首先需要知道板报功能是如何工作的。板报功能的实现需要两个文件,这两个文件分别为 TXT 文件和 JavaScript 文件,这两个文件的作用如下。

(1) TXT 文件:用于存放数据,显示板报内容。

(2) JavaScript 文件:用于调用 TXT 文件中的板报数据。

TXT 文件用于存放数据。在板报功能模块中,板报主要用于存放字符串数据,而字符串数据通常只是若干字符而已,最多显示一些图片,所以板报只需要打开 TXT 文件进行文件内容的增删即可。当板报管理页面加载时,首先需要加载 TXT 文本文件的内容,示例代码如下。

```
protected void Page_Load(object sender, EventArgs e)
{
    if(!IsPostBack)
    {
        try
        {
            StreamReader aw=File.OpenText(Server.MapPath("banbao.txt"));
                                                        //打开文本文件
            TextBox1.Text=aw.ReadToEnd();               //读文本文件
            aw.Close();                                 //关闭文本对象
        }
        catch
        {
            TextBox1.Text="公告文本文件读取错误";
        }
    }
}
```

在载入页面文件后,管理员能够在文本框中填写板报文本字段,填写之后,单击"保存公告"按钮就可以进行板报的发布了,示例代码如下。

```
protected void Button1_Click(object sender, EventArgs e)
{
    StreamWriter sw1=File.CreateText(Server.MapPath("banbao.txt"));
                                                    //创建文本文件
    sw1.Write(TextBox1.Text);                       //输出文本内容
    sw1.Close();                                    //关闭输出对象
    Response.Redirect("manage.aspx");               //页面跳转
}
```

板报数据会保存到文本文档 banbao.txt 中,当页面需要读取 banbao.txt 文档的文本时,同样可以使用 StreamReader 类进行读取。另外,还可以使用 JavaScript 进行文本文档中内容的读取,示例代码如下。

```
<%@ Page Language="C#" AutoEventWireup="true" CodeBehind="banbao.aspx.cs"
    Inherits="_15_1.js.banbao" %>
document.write('<%Response.Write(str); %>');
```

上述代码输出了共有字符串 str,在页面逻辑代码实现中,可以从文本中读取字符串并赋值给 str 变量进行文本输出,示例代码如下。

```
public partial class banbao : System.Web.UI.Page
{
    public string str="";                           //声明共有变量以便输出
    protected void Page_Load(object sender, EventArgs e)
    {
        try
        {
```

```
            StreamReader aw=File.OpenText(Server.MapPath("../admin/banbao.txt"));
                                                        //读取文本
            str=aw.ReadToEnd();                         //读取文本
            aw.Close();                                 //关闭读取对象
        }
        catch
        {
            str="暂时没有任何公告";                      //抛出异常
        }
    }
}
```

上述代码声明了一个共有的字符串型变量 str,该共有变量能够在页面中直接进行输出。值得注意的是,由于该 JavaScript 文件保存在根目录的 js 文件夹下,所以读取文本的路径也应该随之改变。无法读取文本时,为了提高用户的体验度,系统将不会输出异常信息,而是直接输出"暂时没有任何公告"。在需要使用公告的页面可以通过 JavaScript 调用进行数据呈现,示例代码如下。

```
<div class="main_board_font">
    <script src="js/banbao.aspx" type="text/javascript"></script>
</div>
```

注意:在使用 JavaScript 形式呈现数据时,要过滤""等符号,因为 JavaScript 无法显示某些关键字或特殊符号,如果字符串中包含了这些符号,则可能无法呈现字符串。

11.8.6 用户修改和删除实现

管理员能够在前台进行用户信息的访问和用户索引的查看,在后台的操作中,还能够对用户信息进行删除。删除用户信息时,为了保证用户数据的约束性和完整性,还需要对用户评论和用户数据中的数据进行删除。当页面初次被载入时,首先需要从数据库中读取相应的数据,示例代码如下。

```
protected void Page_Load(object sender, EventArgs e)
{
    if(!IsPostBack)
    {
        string str="select * from register where id='"+
                Request.QueryString["id"]+"'";              //执行查询
        SqlDataReader da=SQLHelper.SQLHelper.ExecReader(str); //填充适配器
        while(da.Read())                                    //读取数据
        {
            Label1.Text=da["username"].ToString();          //填充控件
            TextBox2.Text=da["password"].ToString();        //填充控件
            DropDownList1.Text=da["sex"].ToString();        //填充控件
            TextBox3.Text=da["picture"].ToString();         //填充控件
            TextBox4.Text=da["im"].ToString();              //填充控件
            TextBox5.Text=da["information"].ToString();     //填充控件
```

```
            TextBox6.Text=da["others"].ToString();           //填充控件
        }
    }
}
```

当页面被载入时执行上述代码,首先会查询数据库中的数据并呈现在用户控件中。当管理员进行用户信息填写后,可以单击"修改"按钮进行数据更改,示例代码如下。

```
protected void Button1_Click(object sender, EventArgs e)
{
    if(String.IsNullOrEmpty(TextBox2.Text))              //判断密码
    {
        string str="update register set sex='"+DropDownList1.Text+
                "',picture='"+TextBox3.Text+"',im='"+TextBox4.Text+
                "',information='"+TextBox5.Text+"',others='"+ TextBox6.Text+
                "'where id='"+Request.QueryString["id"]+"'";
                                                         //生成 SQL 语句
        SQLHelper.SQLHelper.ExecNonQuery(str);           //执行 SQL 语句
    }
    else
    {
        string str="update register set password='"+TextBox2.Text+
                "',sex='"+ DropDownList1.Text+"',picture='"+
                TextBox3.Text+"',im='"+TextBox4.Text+"',information='"+
                TextBox5.Text+"',others='"+TextBox6.Text+
                "' where id='"+Request.QueryString["id"]+"'";
                                                         //生成 SQL 语句
        SQLHelper.SQLHelper.ExecNonQuery(str);           //执行 SQL 语句
    }
}
```

在修改用户信息时,管理员可以填写用户的密码进行用户密码的更改,如果管理员不填写用户密码,那么在执行更新时不会更新用户的密码。管理员管理用户时,对于长期不上线的用户可以进行删除操作,删除用户信息还需要删除与用户相关的所有数据。在校友录系统中,与注册用户信息相关的数据包括评论数据和日志数据,在执行用户信息删除前首先要删除这些数据,示例代码如下。

```
protected void Page_Load(object sender, EventArgs e)
{
    string strsql1="delete from diarygbook where userid='"+
                Request.QueryString["uid"]+"'";
    string strsql2=" delete from diary where userid='"+
                Request.QueryString["uid"]+"'";
    string strsql3="delete from register where id='"+
                Request.QueryString["uid"]+"'";
    SQLHelper.SQLHelper.ExecNonQuery(strsql1);    //删除日志评论
    SQLHelper.SQLHelper.ExecNonQuery(strsql2);    //删除日志信息
    SQLHelper.SQLHelper.ExecNonQuery(strsql3);    //删除用户信息
}
```

上述代码首先删除日志评论以保证日志数据的约束性和完整性,然后再删除日志以保证用户信息的约束性和完整性,当删除了以上数据后,才能最后删除用户信息。上述代码分别进行数据的删除,在执行删除时,还可以通过编写复杂的删除 SQL 语句进行数据的删除,示例代码如下。

```
protected void Page_Load(object sender, EventArgs e)
{
    string strsql1 =" delete from diarygbook, diary, register where diarygbook.userid=diary.userid and diarygbook.userid=register.id and diarygbook.userid='"+ Request.QueryString["uid"]+"'";
    //上述代码进行复杂的 SQL 语句删除多个表
    SQLHelper.SQLHelper.ExecNonQuery(strsql1);         //执行数据删除
}
```

运行上述代码时,系统会删除用户的所有相关信息并保证了用户数据的约束性和完整性。系统管理页面如图 11-45 所示。

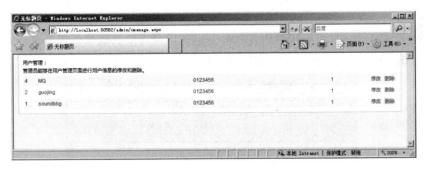

图 11-45　用户管理界面

11.8.7　用户权限管理

在数据库设计时,用户的权限是通过 userroot 字段进行描述的。如果用户的 userroot 字段值为 0 时,那么这个用户就是一个普通的校友用户,如果 userroot 字段的值为 1 时,则用户会在系统中被判断为管理员。用户权限的管理就是用户信息的管理,如果需要修改用户权限,可以直接使用用户修改功能进行实现。在修改模块中添加一个 DropDownList 控件用于权限的选择,示例代码如下。

```
<asp:DropDownList ID="DropDownList2" runat="server">
    <asp:ListItem Value="0">普通用户</asp:ListItem>
    <asp:ListItem Value="1">管理员</asp:ListItem>
</asp:DropDownList>
```

在用户权限管理中,还需要在页面加载时载入数据,示例代码如下。

```
DropDownList2.Text=da["userroot"].ToString();
```

在执行更新时,需要将用户权限进行更新,示例代码如下。

```
if(String.IsNullOrEmpty(TextBox2.Text))
{
    string str="update register set sex='"+DropDownList1.Text+
            "',picture='"+ TextBox3.Text+"',im='"+TextBox4.Text+
            "',information='"+TextBox5.Text+"',others='"+ TextBox6.Text+
            "',userroot='"+DropDownList2.Text+"' where id='"+
            Request.QueryString["id"]+"'";           //更新
    SQLHelper.SQLHelper.ExecNonQuery(str);           //执行 SQL
}
else
{
    string str="update register set password='"+ TextBox2.Text +"', sex='"+
            DropDownList1.Text +"', picture='"+ TextBox3.Text +"', im='"+
            TextBox4.Text+"',information='"+ TextBox5.Text+"',others='"+
            TextBox6.Text+"',userroot='"+DropDownList2.Text+"' where id='"+
            Request.QueryString["id"]+"'";           //更新 SQL 语句
    SQLHelper.SQLHelper.ExecNonQuery(str);           //执行 SQL 语句
}
```

当更改了 SQL 语句，更新用户信息时也会更新用户权限。如果管理员希望升级某个校友用户的身份，可以使用下拉菜单控件进行身份的选择，如图 11-46 所示。

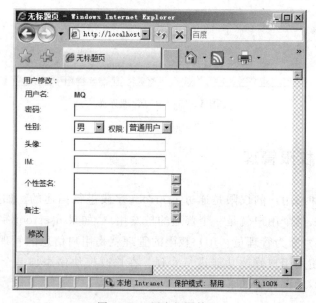

图 11-46 用户权限管理

11.8.8 权限及注销实现

在校友录系统中，无论是校友用户还是管理员都是从前台登录，并且校友用户和管理员都使用的是同一个表，唯一能够区分校友用户和管理员的就是 userroot 字段。在后台登录中，可以使用标识 userroot 的 Session 对象进行权限的判断，示例代码如下。

```csharp
if(Session["admin"]==null)                          //判断是否登录
{
    Response.Redirect("../login.aspx");             //未登录跳转
    if(Session["admin"].ToString()!="1")            //判断是否为管理员
    {
        Response.Redirect("../friends.aspx");       //非管理员跳转
    }
}
```

当管理员在前台登录后,才能从管理员面板进入后台。当管理员完成管理并离开系统时,可以选择"退出管理"选项进行注销操作,示例代码如下。

```csharp
protected void Page_Load(object sender, EventArgs e)
{
    Session["username"]=null;                       //清空用户名信息
    Session["userid"]=null;                         //清空用户 ID 信息
    Session["admin"]=null;                          //清空管理员信息
}
```

注意：在后台管理中,所有需要且只需要管理员操作的页面都需要进行页面权限判断。

11.9 本章小结

本章对 ASP.NET 校友录系统开发进行了讲解,其中包括了系统设计、模块划分、文档编写和数据设计等,由于篇幅限制,在 ASP.NET 校友录系统中还有一些功能没有实现,但是这些功能在前面的章节中已经实现,对开发人员而言不是很难的问题。

对于系统开发而言,其过程是非常复杂的,无论是系统设计还是开发中的界面设计和编码实现,都是非常复杂的过程,对初学者而言,可能是一个页面的代码实现,但在系统开发中是将系统模块化,进行分层开发,这对开发人员就有了更高的要求。

本章从系统规划入手,着手基本的分层开发,使用 SQLHelper 类库和自定义控件来降低维护成本,进行了 ASP.NET 校友录系统的开发,并在其中使用了开源 HTML 编辑器。本章主要内容总结如下。

(1) 数据表关系图：绘制了数据库关系图,保障数据库中的约束条件。
(2) 使用 Fckeditor：讲解了如何使用 Fckeditor 进行富文本编程。
(3) 校友录页面规划：讲解了在开发前如何对页面进行页面规划。
(4) 校友录页面实现：讲解了校友录页面的实现和自定义控件的实现。
(5) 日志发布实现：讲解了如何使用 Fckeditor 实现日志发布。
(6) 日志显示页面：讲解了如何通过多表查询进行日志显示。

校友录系统使用了前面章节中讲到的模块,包括注册模块、登录模块和新闻模块,将这些模块进行整合就能够开发出复杂的系统,但是在模块整合的过程中同样会遇到很多问题,这些问题还需要开发人员进行二次开发和完善。

参 考 文 献

[1] 房大伟,吕双.视频学 ASP.NET[M].北京:人民邮电出版社,2010.
[2] 朱宏.ASP.NET 网络程序设计[M].北京:清华大学出版社,2013.
[3] 李千目,严哲.ASP.NET 程序设计与应用开发[M].北京:清华大学出版社,2009.
[4] 靖定国,吴海华.SQL Server 数据库应用[M].南京:南京大学出版社,2013.
[5] Spaanjaars.ASP.NET 3.5 入门经典[M].张云,译.北京:清华大学出版社,2008.
[6] 虞益诚.SQL Server 2005 数据库应用技术[M].2 版.北京:中国铁道出版社,2009.
[7] 邱钦伦.ASP.NET 从入门到精通[M].北京:北京邮电大学出版社,2010.
[8] 房大伟.ASP.NET 开发实战 1200 例[M].北京:清华大学出版社,2011.